狩野 祐東［著］
サーティファイ Web 利用・技術認定委員会 公認

Webクリエイター能力認定試験 HTML5対応
エキスパート 公式テキスト

■本書の解説環境（試験の対応環境）

●Windows
- Windows 7、8、8.1
- Internet Explorer 10、Internet Explorer 11、Chrome（最新版）、Firefox（最新版）

●Mac OS
- Mac OS X
- Safari6、Safari7、Chrome（最新版）、Firefox（最新版）

- 本書に記載された内容は、情報の提供のみを目的としております。したがって、本書を用いての運用はすべてお客様自身の責任と判断において行ってください。
- 本書の制作にあたっては正確な記述につとめましたが、著者や出版社のいずれも、本書の内容に関してなんらかの保証をするものではなく、内容に関するいかなる運用結果についてもいっさいの責任を負いません。あらかじめご了承ください。
- 本書に掲載している画面イメージなどは、特定の設定に基づいた環境にて再現される一例です。ハードウェアやソフトウェアの環境によっては、必ずしも本書通りの画面にならないことがあります。あらかじめご了承ください。
- 本書は2015年2月段階での情報に基づいて執筆されています。本書に登場するソフトウェアのバージョン、URL、製品のスペックなどの情報は、すべてその原稿執筆時点でのものです。執筆以降に変更されている可能性がありますので、ご了承ください。
- 本書中に登場する会社名および製品名は、該当する各社の商標または登録商標です。本書では©およびTMマークは省略させていただいております。

■主な参考Webサイトおよび文献

●HTML5
http://www.w3.org/TR/html5/
●ウェブ・コンテンツ・アクセシビリティ・ガイドライン (WCAG) 2.0
http://waic.jp/docs/WCAG20/Overview.html
●WCAG 2.0 解説書
http://waic.jp/docs/UNDERSTANDING-WCAG20/Overview.html#contents
●Web Content Accessibility Guidelines (WCAG) 2.0（英語）
http://www.w3.org/TR/WCAG20/
●Understanding WCAG 2.0（英語）
http://www.w3.org/WAI/GL/UNDERSTANDING-WCAG20/
●JIS X 8341-3:2010 達成基準解説
http://jp.fujitsu.com/about/design/ud/jis-sc/
JISX8341-3（高齢者・障害者等配慮設計指針―情報通信における機器，ソフトウェア及びサービス―第3部：ウェブコンテンツ）
ハンディクラフトのデザイン学（三井英樹／日本ヴォーグ社）
情報デザイン―分かりやすさの設計（情報デザインアソシエイツ編／グラフィック社）
誰のためのデザイン？―認知科学者のデザイン原論（D.A. ノーマン・野島久男訳／新曜社認知科学選書）
デザインの生態学―新しいデザインの教科書（後藤武・佐々木正人・深澤直人／東京書籍）
デザイン言語入門―モノと情報を結ぶデザインのために知っておきたいこと（脇田玲／慶應義塾大学出版会）

はじめに

本書はサーティファイWeb利用・技術認定委員会主催『Webクリエイター能力認定試験HTML5対応 エキスパート』の公式テキストです。もちろん、認定試験対策テキストではありますが、それ以上に、「なぜこういう書き方をするの？」「どうしてこれがうまくいくの？」と、みなさんが疑問を持ち、その答えを見つけていくプロセスを通じて、HTML、CSS、デザイン理論について、基本的な考え方がしっかり身に付くことに重点を置いて書きました。

本書は全10章で構成されています。

第1章では、Webサイト制作に取り組むための基礎的な知識を紹介しています。

続く第2章から第8章まで、実際にWebサイトを制作しながら、HTMLやCSSをコーディングする技術を学びます。

第9章では、デザインの基礎知識を紹介します。レイアウトや色彩理論の基礎、使いやすさに焦点を当てた画面デザインの手法などを学びます。第10章には能力認定試験のサンプル問題とその解説を収録しています。

Webサイトはコーディングができれば完成するものではありません。サイトの価値を高めるには、全体の構成を練り、画面デザインを起こし、より多くの人に、的確に情報を伝えるための配慮が必要です。Webサイトを作り上げるための総合的な技術と知識を養いましょう。

2014年10月28日、国際的なWeb技術標準化団体W3CがHTML5規格を勧告し、これからの標準技術として正式に公開しました。実は、HTMLの規格としては実に12年ぶりのバージョンアップです。

なんともゆっくりした動きのように感じますが、その一方でここ数年Web技術を取り巻く環境は大きく変わっています。スマートフォンやタブレットが普及するにつれ、Webサイトもこれらの端末に最適化することがなかば当たり前になりました。それと同時に、ブラウザーの進化に伴って、今まで使われてきた技術と、新しい技術の入れ替えが急速に進んでいます。新しい手法がどんどん取り入れられているだけでなく、ほんの数年前まで〝常識〟とされていたテクニックが、今ではすっかり使われなくなっている、などということもあります。

しかし、変化の速いWeb業界で、はやりのテクニックばかり追いかけるのはあまり意味のないことだ、とわたしは考えています。新規格の策定に12年かかったことからも想像が付くかもしれませんが、土台となる基礎的な技術は、よく設計され、がっしりしていて、そうそう変わりません。

実践で重要になるのは、どんな場面にも対応できる応用力と、ジャンプして乗り越える創造力です。その力を支える、変わらない基礎知識や考え方を磨いてください。本書でそのお手伝いができることを願っています。

2015年3月

狩野祐東

Contents

本書をご利用いただく前に ……………………………………………………… 10
Webクリエイター能力認定試験とは？ ………………………………………… 12
Webクリエイター能力認定試験 HTML5対応　出題範囲 …………………… 14

第1章 Webサイト・制作の基礎知識

1-1 Webサイトの基礎知識 ……………………………………………… 18
Webページ、Webサイトとは ………………………………………… 18
Webページが表示される仕組み ……………………………………… 18
URLとドメイン ………………………………………………………… 19
ブラウザーの種類 ……………………………………………………… 21

1-2 ページを構成するファイル …………………………………………… 22
拡張子は必ず表示させておこう ………………………………………… 22
Webページで使用するファイルの種類 ………………………………… 24

1-3 Webページを作る手順 ……………………………………………… 29
作成するサンプルサイトの構成と学習内容 …………………………… 29
ページレイアウトと各部の名称 ………………………………………… 31
サイトの作成手順 ……………………………………………………… 33

1-4 HTMLファイル、CSSファイル編集の基本操作 …………………… 34
Windows 7/8/8.1の場合 ……………………………………………… 34
Mac OS Xの場合 ……………………………………………………… 37

第2章 HTMLの基礎と応用

2-1 HTMLの基礎知識 …………………………………………………… 42
HTMLはコンテンツを構造化するための言語 ………………………… 42
基本的なHTMLタグの書式と名称 ……………………………………… 42
空要素 …………………………………………………………………… 44
コメント文 ……………………………………………………………… 44
タグの親子関係 ………………………………………………………… 44

2-2 HTML5の特徴 ……………………………………………………… 46
セマンテック要素の追加 ……………………………………………… 46
意味が変更されたタグ ………………………………………………… 48
廃止されたタグ・属性 ………………………………………………… 48
書式が簡素化されたタグ ……………………………………………… 48

2-3 HTMLの記述法 ……………………………………………………… 50
HTML5で記述するときの注意 ………………………………………… 50

2-4 基本ページのHTMLを記述する ……………………………………… 52
すべてのHTMLドキュメントに必要なタグを記述する ……………… 52
タイトルとCSSへのリンクを記述する ………………………………… 53

- 2-5 <body>内に各ページ共通のHTMLを記述する ……………………… 55
  - ヘッダー領域のHTMLを記述する ……………………………………… 55
- 2-6 ナビゲーション領域を作成する ………………………………………… 59
  - ナビゲーション領域を作成する ……………………………………… 59
- 2-7 パンくずリストを作成する ……………………………………………… 61
  - パンくずリストのHTMLを記述する …………………………………… 61
- 2-8 コンテンツ領域・メイン領域・サブ領域を作成する ………………… 63
  - コンテンツ領域を作成する …………………………………………… 63
  - メイン領域を作成する ………………………………………………… 63
  - サブ領域を作成する …………………………………………………… 65
  - サブ領域にバナーを2つ追加する ……………………………………… 65
  - バナーにリンクを張る ………………………………………………… 68
- 2-9 フッター領域を作成する ………………………………………………… 70
  - フッターのHTMLを記述する …………………………………………… 70
  - コピーライトを追加する ……………………………………………… 72

第3章 CSSの基礎と応用

- 3-1 CSSの基礎知識 …………………………………………………………… 76
  - CSSはHTMLの表示を制御するための言語 …………………………… 76
  - CSSの基本的な仕組み ………………………………………………… 76
  - CSSの基本的な書式と各部の名称 …………………………………… 76
  - コメント文 ……………………………………………………………… 78
  - @ルール ………………………………………………………………… 78
  - 読みやすいCSSの記述 ………………………………………………… 79
- 3-2 セレクター ………………………………………………………………… 80
  - セレクターのパターン ………………………………………………… 80
- 3-3 CSSの使用・外部CSSファイルの読み込み …………………………… 81
  - CSSを適用する3つの方法 …………………………………………… 81
  - HTMLタグにstyle属性を追加する …………………………………… 81
  - <style>タグを使用する ………………………………………………… 82
  - 外部CSSファイルを読み込む①〜@importルールを使用する〜 …… 83
  - 外部CSSファイルを読み込む②〜<link>タグを使用する〜 ………… 84
- 3-4 各ページ共通のCSSを記述する ………………………………………… 85
  - CSSファイルから別のCSSファイルを読み込む ……………………… 85
- 3-5 背景色、テキスト色を指定する ………………………………………… 87
  - ページ全体の背景色、テキスト色を指定する ……………………… 87
  - ページ全体のフォントサイズと、行の高さを指定する …………… 90
- 3-6 ボックスモデルを理解する ……………………………………………… 95
  - ウィンドウの中央に配置する ………………………………………… 95
  - ロゴを中央に配置する ………………………………………………… 99
- 3-7 ナビゲーション領域のレイアウトを作成する ………………………… 102
  - 先頭の「・」を消す …………………………………………………… 102
  - ナビゲーションのリスト項目を一列に並べる ……………………… 104
  - ナビゲーションの各リンクにCSSを適用する ……………………… 106

		ナビゲーションに背景画像を指定する	108
3-8	2コラムレイアウトにする		110
		メイン領域・サブ領域にCSSを適用する	110
		フッター領域とコンテンツ領域の間に隙間を空ける	111
3-9	メイン領域にある見出しのCSSを調整する		114
		マージン、パディング、フォントサイズを調整する	114
		複数の背景画像を指定する	115
3-10	擬似クラスを使用する		120
		バナーにロールオーバーのスタイルを設定する	120
3-11	ページを複製する		123
		各ページのHTMLファイルを作成する	123
3-12	ページごとに少しだけ異なるCSSを適用する		125
		各ページに固有のid属性を付ける	125
		CSSシグネチャ	126
3-13	ナビゲーションのハイライトを作成する		127
		擬似クラスとCSSシグネチャを利用したCSSを記述する	127

第4章 高度なリストのデザイン

4-1	トップページのタイトルを書き替える		130
		タイトルを書き替える	130
4-2	スライドショーを組み込む		132
		パンくずリストのタグを書き替える	132
4-3	メイン領域のHTMLを作成する		137
		一部のタグを書き替える	137
		お知らせの内容を追加する	138
		日付の部分をタグで囲む	139
4-4	トップページのCSSを編集する		141
		お知らせの箇条書きにCSSを適用する	141
		日付を太字にする	145
4-5	スマートフォン向けのCSSを読み込む		148
		画面サイズが小さいときはレイアウトを変更する	148
		メディアクエリーを使って別のCSSファイルを読み込む	148

第5章 テキスト主体のページを作成

5-1	concept.htmlを作成する		154
		<section>を2つ追加する	154
		各セクションに画像を挿入する	157
5-2	画像にテキストを回り込ませる		158
		画像にフロートを適用する	158
		フロートを解除する	159
5-3	不要なマージンをなくす		161
		不要なマージンを0にする	161

第6章 テーブルとそのスタイル

- 6-1 タイトル、見出しを変更する　164
  - ページに合わせてタイトルと見出しを変更する　164
- 6-2 テーブルの基本的なHTMLを作成する　166
  - はじめに5行2列のテーブルを作成する　166
  - テーブルに2行追加して、一部の行を結合する　167
  - 見出しに関連するセルの方向を指定する　170
  - scope属性　171
- 6-3 キャプションを追加する　173
  - テーブルにキャプションを追加する　173
- 6-4 テーブル行をグループ化する　175
  - ヘッダー行、ボディ行をグループ化する　175
- 6-5 テーブルのレイアウトを調整する　178
  - セルに罫線を引く　178
  - 二重になっている罫線を1本にする　180
  - 1行目のセルの幅を指定する　182
  - 2行目以降のテキストを上端揃えにする　184
  - 奇数行と偶数行で背景色を変える　186
  - キャプションのCSSを調整する　189

第7章 ギャラリーレイアウト

- 7-1 タイトルなどを書き替えて、段落を1つ追加する　192
  - タイトル、パンくずリスト、見出しを書き替える　192
- 7-2 画像とキャプションのセットを追加する　194
  - 画像をキャプションのセットを追加する　194
  - <figure>をコピーして画像とキャプションのセットを2点追加する　197
  - あと3点の画像とキャプションを追加する　199
- 7-3 ギャラリーレイアウトを完成させる　202
  - すべての<figure>にフロートを適用して横に並べる　202
  - レイアウトの崩れを解消する　204
  - テキストと画像の間に余白を設ける　209

第8章 フォーム

- 8-1 「お問い合わせ」ページを作成する　218
  - フォームの基本　218
  - タイトル、パンくずリスト、見出しを書き替える　220
- 8-2 フォーム領域を作成する　222
  - フォーム領域を作成する　222
  - 領域の内容を作成する　223
- 8-3 コントロールを追加する　224
  - 名前が入力できるテキストフィールドを作成する　224

　　　　メールアドレスが入力できるテキストフィールドを作成する ……………………… 225
　　　　ラジオボタンを作成する …………………………………………………………… 227
　　　　テキストエリアを作成する ………………………………………………………… 229
　　　　ラベルテキストとコントロールを関連付ける …………………………………… 231
　　　　送信ボタンを作成する ……………………………………………………………… 232
　　　　入力必須の項目に必須属性を追加する …………………………………………… 234
　　8-4　設問ごとのマージンを調整する ……………………………………………… **237**
　　　　段落のマージンを調整する ………………………………………………………… 237
　　　　内容欄および送信ボタンの下マージンを調整する ……………………………… 238
　　8-5　コントロールのスタイルを調整する ………………………………………… **240**
　　　　テキストフィールドの幅を指定する ……………………………………………… 240
　　　　テキストエリアの幅と高さを大きくする ………………………………………… 244

第9章 Webデザインの基礎知識

　　9-1　ビジュアルデザインの基礎 …………………………………………………… **248**
　　　　レイアウトの原則 …………………………………………………………………… 248
　　　　グリッドシステム（グリッドデザイン）………………………………………… 250
　　9-2　シェイプとプロポーション …………………………………………………… **252**
　　　　黄金比・白銀比 ……………………………………………………………………… 252
　　　　Webデザインへの応用 ……………………………………………………………… 254
　　9-3　タイポグラフィ ………………………………………………………………… **255**
　　　　画像テキスト ………………………………………………………………………… 255
　　　　カーニング・字送り・文字詰め …………………………………………………… 256
　　　　ジャンプ率 …………………………………………………………………………… 258
　　9-4　色彩の基礎知識 ………………………………………………………………… **259**
　　　　無彩色と有彩色 ……………………………………………………………………… 259
　　　　色の三属性 …………………………………………………………………………… 259
　　　　色相環 ………………………………………………………………………………… 261
　　　　トーン ………………………………………………………………………………… 263
　　　　暖色と寒色 …………………………………………………………………………… 264
　　　　色の軽重 ……………………………………………………………………………… 264
　　　　進出色と後退色 ……………………………………………………………………… 264
　　9-5　配色の基礎知識 ………………………………………………………………… **265**
　　　　色の組み合わせ ……………………………………………………………………… 265
　　　　Webページの配色 …………………………………………………………………… 266
　　9-6　画像加工の操作 ………………………………………………………………… **267**
　　　　トリミング …………………………………………………………………………… 267
　　　　リサイズ ……………………………………………………………………………… 267
　　　　カラー補正 …………………………………………………………………………… 268
　　　　各種エフェクト ……………………………………………………………………… 268
　　9-7　ユーザビリティ・アクセシビリティに配慮したWebデザイン …………… **269**
　　　　メタファーとアフォーダンス ……………………………………………………… 269
　　　　文字色と背景色のコントラスト …………………………………………………… 270
　　　　リンクと通常のテキスト …………………………………………………………… 271

色に左右されないデザイン ……………………………………………………………… 272

第10章 サンプル問題

10-1 知識問題　確認事項 …………………………………………………… 274
　　注意事項 ………………………………………………………… 274
　　推奨画面レイアウト …………………………………………… 275
　　画面操作説明 …………………………………………………… 276
10-2 知識問題 ……………………………………………………………… 277
　　デザインカンプ ………………………………………………… 277
　　問題1 …………………………………………………………… 279
　　問題2 …………………………………………………………… 283
10-3 知識問題　正答 ……………………………………………………… 285
10-4 実技問題　確認事項 ………………………………………………… 286
　　注意事項 ………………………………………………………… 286
　　推奨画面レイアウト …………………………………………… 287
　　画面操作説明 …………………………………………………… 288
10-5 実技問題 ……………………………………………………………… 289
　　Webサイトの概要・仕様 ……………………………………… 289
　　作成するページの仕上り見本 ………………………………… 291
　　問題1　基本ページの作成 …………………………………… 299
　　問題2　トップページの作成 ………………………………… 306
　　問題3　「結婚式場のコンセプト」ページの作成 …………… 309
　　問題4　「プランのご案内」ページの作成 …………………… 311
　　問題5　「ブライダルフェア」ページの作成 ………………… 313
　　問題6　「お問い合わせ」ページの作成 ……………………… 315
10-6 実技問題　採点基準 ………………………………………………… 319
10-7 実技問題　正答例と解説 …………………………………………… 328

索引 ……………………………………………………………………………… 339

本書をご利用いただく前に

● 実習用データの使い方

本書で使用する実習用データは、FOM出版のホームページからダウンロードしたファイルを展開してご利用ください。

http://www.fom.fujitsu.com/goods/downloads/

■練習用データのダウンロードと展開

① ブラウザーを起動し、アドレスを入力してEnterキーを押します。
②「データダウンロード」のホームページが表示されます。
③「資格」の「Webクリエイター」をクリックします。
④「エキスパート」にある「Webクリエイター能力認定試験 HTML5対応 エキスパート 公式テキスト」の「ファイル名」の「fpt1418.zip」を右クリックします。
⑤ ポップアップメニューから[対象をファイルに保存]を選択します。
⑥「名前を付けて保存」ダイアログボックスが表示されます。
⑦ 保存する場所を選択し、[保存]をクリックします。
⑧ ファイルを保存した場所を開きます。
⑨ ファイル「fpt1418.zip」を右クリックします。
⑩ [すべて展開]を選択します。
⑪ 展開する場所を確認し、[展開]をクリックします。
⑫ ファイルが解凍され、「webcre-expert」フォルダーが作成されます。
※ Mac OS Xを使用している場合は、④の「fpt1418.zip」を[control]キー＋クリックして、コンテクストメニューの[リンク先のファイルをダウンロード]を選択します。「ダウンロード」フォルダーに保存されたファイルをダブルクリックして展開します。

■練習用データ利用時の注意事項

練習用データを開くと、ダウンロードしたファイルが安全かどうかを確認するメッセージが表示される場合があります。練習用データは安全なので、「編集を有効にする」をクリックして、ファイルを編集可能な状態にしてください。

保護ビュー 注意—インターネットから入手したファイルは、ウイルスに感染している可能性があります。編集する必要がなければ、保護ビューのままにしておくことをお勧めします。 編集を有効にする(E) ×

■実習用データの使い方

「webcre-expert」フォルダーの中には、さらに次のフォルダーが含まれています。

- 「start」フォルダー
  実習をはじめから通して行うときは、このフォルダーに含まれる index.html、style.css などのファイルをテキストエディター、または web ページ作成ソフトで開き、各節で紹介している手順で HTML タグや CSS を入力しましょう。
- 「complete」フォルダー
  実習が終了したときの完成例を確認したいときは、このフォルダーを開きましょう。
- 「section」フォルダー
  途中の節から始められるように、節ごとの実習用データが収められています。「section」フォルダー内の各節番号のフォルダーを探して、その中のファイルを使って作業しましょう。
- 「sample」フォルダー
  本書の中で、実習には含まれない、応用的な内容を取り上げたサンプルファイルを紹介しているところがあります。サンプルファイルは「sample」フォルダーに含まれているので、その中から該当するファイルを探して確認しましょう。

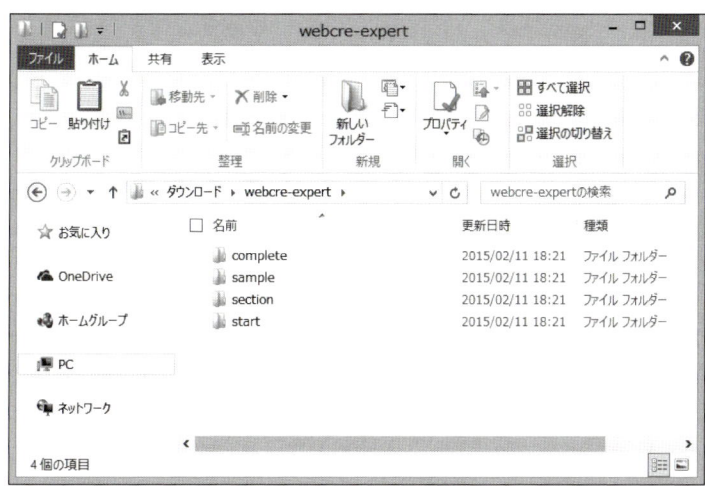

● 凡例

解説	用字用語や基本的な操作などを解説しています。
One Point	HTML タグや CSS を記述する際の応用テクニックを紹介しています。
Accessibility Note	Web サイト制作にかかせないアクセシビリティについての知識をまとめています。
Design Note	Web サイト制作に必要なデザインの知識をまとめています。

Webクリエイター能力認定試験とは？

● Webクリエイター能力認定試験の概要

Webクリエイター能力認定試験は、Webクリエイターに必要とされる、Webサイト制作のデザイン知識およびWebページのコーディング能力を測定・評価する認定試験です。
エキスパートとスタンダードといった難易度に応じた級種を選択することで、現役のWebクリエイターはもちろんのこと、Webデザイナー、Webディレクター、Webプログラマー、それらを目指す学校・教育機関で学習されている方など、Webに関わる全ての方々を対象としています。
最新の試験の詳細や受験方法、受験料などの情報は、Webクリエイター能力認定試験オフィシャルサイトにてご確認ください。

http://www.sikaku.gr.jp/web/wc/

▌主催・認定
サーティファイ Web利用・技術認定委員会

▌認定基準

エキスパート	レイアウト手法や色彩設計等、ユーザビリティやアクセシビリティを考慮したWebデザインを表現することができる。 また、スクリプトを用いた動きのあるWebページの表示、マルチデバイス対応、新規Webサイトを構築することができる。
スタンダード	セマンテックWebを理解し、HTML5をマークアップすることができる。 また、CSSを用いてHTMLの構造を維持しつつ、Webページのデザインやレイアウトを表現することができる。

▌受験資格
学歴、年齢等に制限はありません。

▌合格基準

エキスパート	知識問題と実技問題の合計得点において得点率65％以上。
スタンダード	実技問題の得点において得点率65％以上。

■ 試験時間

エキスパート	知識問題	20 分
	実技問題	テキストエディター使用／110 分 Web ページ作成ソフト使用／90 分
スタンダード	実技問題	テキストエディター使用／70 分 Web ページ作成ソフト使用／60 分

※サーティファイ Web 利用・技術認定委員会では、メモ帳 (Windows) とテキストエディット (Mac OS) のみを「テキストエディター」として認めています。その他のソフトウェアを使用する場合は、「Web ページ作成ソフト」による受験となります。

■ 出題形式

級区分	科目	項目	試験形式
エキスパート	知識問題	内容	Web サイトに関する知識
		形式	多肢選択形式（4 択）
		題数	20 問（デザインカンプによる設問 15 問、文書による設問 5 問）
		時間	20 分
	実技問題	内容	HTML の作成、CSS の読込と作成、画像の表示、JavaScript の読込
		形式	配布された問題データおよび素材データに基づき、問題文の指示に従って編集を行い、解答データを提出する。
		題数	1 テーマ（基本ページ 1 ページと 5 ページ程度の HTML と CSS の作成、JavaScript の対応、レスポンシブ Web デザインの対応）
		時間	テキストエディター使用：110 分 Web ページ作成ソフト使用：90 分
スタンダード	実技問題	内容	HTML5 の変換、HTML の作成、CSS の読込と作成、画像の表示
		形式	配布された問題データおよび素材データに基づき、問題文の指示に従って編集を行い、解答データを提出する。
		題数	1 テーマ（4 ページ程度の HTML と CSS の作成）
		時間	テキストエディター使用：70 分 Web ページ作成ソフト使用：60 分

※受験時に参考資料として利用できる簡易リファレンス「受験者用リファレンス」が提供されます。

■ 対応ブラウザー

OS	ブラウザー
Windows7、8、8.1	Internet Explorer 10、Internet Explorer11、Chrome（最新）、Firefox（最新）
Mac OS X	Safari6、Safari7、Chrome（最新）、Firefox（最新）

※ OS のバージョン対応は各ブラウザーの動作環境に準ずる。

Webクリエイター能力認定試験 HTML5対応　出題範囲

最新の出題範囲はサーティファイホームページをご覧ください。

科目	単元	項目	主な内容	スタンダード実技	エキスパート実技	エキスパート知識
制作環境						
	ファイルの操作		保存／複製／拡張子／ファイル名	●	●	●
	テキスト／ソースの操作		コピー＆ペースト／入力／変更／削除	●	●	●
	ブラウザー／ドメイン		ブラウザー名／レンダリングエンジン／名称と用途／URL／スキーム	●	●	●
	ファイルの種類					
		HTML／CSS	HTML／CSS言語の特徴、構造とデザインの分離	●	●	●
		画像	GIF／JPEG／PNGファイルの特徴、ビットマップ形式の特徴	●	●	●
		JavaScript	JavaScript言語の特徴、動的コンテンツの特徴		●	●
		SVG／Webフォント	ベクトル形式の特徴、フォントの表示形式の特徴			●
		動画／音声／リッチコンテンツ	動画と音声の特徴、リッチコンテンツ（Flash）の特徴			●
Webサイトの構成と設計						
	ページ構成					
		基本ページ／フォーマット		●	●	●
		トップページ		●	●	●
		テキストと画像のページ		●	●	●
		テーブルのページ		●	●	●
		フォームのページ		●	●	●
		サムネイルのページ			●	●
		レスポンシブWebデザインの対応			●	●
	レイアウト／パーツ設計					
		ヘッダー領域／フッター領域		●	●	●
		ナビゲーション領域		●	●	●
		コンテンツ領域／メイン領域／サブ領域		●	●	●
		バナー／ボタン		●	●	●
		動的コンテンツ			●	●
	ユーザビリティ／アクセシビリティ					
		タイトル／見出しの統一	タイトルと見出しのルール	●	●	●
		文字色と背景色	文字色と背景色のコントラスト	●	●	●
		パンくずリスト	Webサイトの現在位置		●	●
		ページ内リンクの移動	ページの先頭、アンカー		●	●
		ユーザー導線	ファーストビュー／Z軸／F軸／E軸			●
		テキスト／リンク	文字サイズ／下線の表示／未読リンクと既読リンクの明確化			●
		ボタン／アイコン	矢印／メタファー／アフォーダンス			●
		色や形の表示	色に左右されないWebページの表示			●
		画像	alt属性の配慮、凡例表示の配慮			●
		日付／金額／単語中のスペース	音声ブラウザー対応			●
		PDF／動画／フォーム／ダウンロードの取り扱い	注釈／説明／サイズの表示と配慮			●

科目	単元	項目	主な内容	スタンダード実技	エキスパート実技	エキスパート知識
HTML						
	セマンテック／コンテンツモデル／カテゴリー		(X)HTML5 の概念	●	●	●
	HTML5 の移行		HTML 4.01 ／ XHTML 1.0 からの移行	●		
	文字参照／実体参照		記号の記述	●	●	●
	コメント		<!-- -->	●	●	●
	基本構造		文書型宣言／ html 要素／ head 要素／ body 要素／ title 要素／文字エンコード	●	●	●
	外部スタイルシート					
		外部スタイルシートの読み込み	link 要素／ CSS ファイルの読み込みに関連する属性	●	●	●
		メディアクエリー	link 要素／メディアクエリーに関連する属性		●	●
	汎用コンテナー		div 要素／ span 要素	●	●	●
	ID 名／クラス名		id 属性／ class 属性	●	●	●
	見出し／段落／改行		h1 〜 h6 要素／ p 要素／ br 要素	●	●	●
	重要／コピーライト／連絡先		strong 要素／ small 要素／ address 要素	●	●	●
	リスト		ul 要素／ ol 要素／ li 要素／ dl 要素／ dt 要素／ dd 要素／関連する属性	●	●	●
	ハイパーリンク					
		フレージングコンテンツ	フレージングコンテンツに対応する a 要素／関連する属性	●	●	●
		フローコンテンツ	フローコンテンツに対応する a 要素／関連する属性		●	●
	画像		img 要素／関連する属性	●	●	●
	テーブル					
		行と列／見出しセル／キャプション	table 要素／ tr 要素／ td 要素／ th 要素／ caption 要素／関連する属性	●	●	●
		セルの結合	colspan 属性／ rowspan 属性	●	●	●
		表の区分	thead 要素／ tbody 要素／ tfoot 要素		●	●
	フォーム					
		フォームの範囲	form 要素／関連する属性	●	●	●
		テキストフィールド	input 要素／ type 属性（text）と関連する属性	●	●	●
		テキストエリア	textarea 要素／関連する属性	●	●	●
		ラベル	label 要素／関連する属性	●	●	●
		送信ボタン	input 要素／ type 属性（submit、image）と関連する属性	●	●	●
		指定のある入力フォーム	input 要素／ type 属性（tel、email）と関連する属性／ required 属性		●	●
		選択フォーム	input 要素／ type 属性（checkbox、radio）と関連する属性／ select 要素／ option 要素／関連する属性		●	●
	ヘッダー／フッター		header 要素／ footer 要素	●	●	●
	セクション		article 要素／ section 要素／ nav 要素／ aside 要素	●	●	●
	日時		time 要素／関連する属性		●	●
	図版		figure 要素／ figcaption 要素		●	●
	スクリプト		script 要素／ noscrip 要素		●	●

科目	単元	項目	主な内容	スタンダード 実技	エキスパート 実技	エキスパート 知識
CSS						
	文字エンコード		@charset ／関連する値	●	●	●
	コメント		/* */	●	●	●
	外部スタイルシート		@import ／関連するパスとファイル名	●	●	●
	セレクター／プロパティ					
		ユニバーサルセレクター／タイプセレクター		●	●	●
		ID セレクター／クラスセレクター		●	●	●
		子孫セレクター／セレクターのグループ化		●	●	●
		リンク疑似クラス／ユーザーアクション擬似クラス		●	●	●
		属性セレクター			●	●
		構造疑似クラス			●	●
		CSS の優先順位（詳細度の計算方法／ !important）				●
	スタイル					
		表示	display ／関連する値	●	●	●
		リスト	list-style ／関連する個別のプロパティ／関連する値	●	●	●
		幅／高さ	width（最大幅、最小幅含む）／ height（最大高さ、最小高さ含む）／関連する値	●	●	●
		マージン／パディング	margin ／ padding ／関連する個別のプロパティ／関連する値	●	●	●
		ボックス	overflow ／関連する個別のプロパティ／関連する値	●	●	●
		ボックスの透明度	opacity ／関連する値	●	●	●
		ボーダー	border ／関連する個別のプロパティ／関連する値	●	●	●
		配置	position ／ top ／ bottom ／ left ／ right ／関連する値	●	●	●
		フロート／フロートの解除	float ／ clear ／関連する値	●	●	●
		文字色／フォント	color ／ font ／関連する個別のプロパティ／関連する値	●	●	●
		テキスト	text-indent ／ text-decoration ／ text-align ／ vertical-align ／関連する値	●	●	●
		テーブル	table-layout ／ border-collapse ／ border-spacing ／関連する値		●	●
		背景（単体指定）	background ／関連する個別のプロパティ／関連する値（単体指定）	●	●	●
		背景（複数指定）	background ／関連する個別のプロパティ／関連する値（複数指定）		●	●
	技法／スタイリング					
		リセット CSS ／ノーマライズ CSS		●	●	●
		見出し／ボタンのスタイリング		●	●	●
		マージンによる左右中央揃え		●	●	●
		clearfix		●	●	●
		CSS スプライト／ CSS シグネチャ			●	●
		交互する背景色			●	●
ビジュアルデザインと配色						
	ビジュアルデザイン		グリッドシステム／縦横比（黄金比、白銀比、和のシェイプ、1/3）／グループ化・規則化（近接、整列、反復、対比、開閉）／タイポグラフィ／カーニング／ジャンプ率／シンメトリー			●
	配色		70：25：5 の法則（ベースカラー・メインカラー・アクセントカラー）／色の寒暖／色の軽重／色の遠近／色の三原色／色の三属性（色相・彩度・明度）／トーン／ Web カラー			●
	画像加工の操作		トリミング／リサイズ／カラー補正／各種エフェクト			●
運営と管理			プライバシーポリシー／ SSL ／サイトマップ／バリデート／ファイル転送			●

第1章 ▶

Webサイト・制作の基礎知識

Webサイトの基礎知識
ページを構成するファイル
Webページを作る手順
HTMLファイル、CSSファイル編集の基本操作

Webサイトの基礎知識

Webサイトが表示される仕組みからWebブラウザーの種類まで、Webサイトの制作を始める前に知っておきたい基礎知識を紹介します。

● Webページ、Webサイトとは

Webページとは、Webブラウザー（以下、ブラウザー）のウィンドウに一度に表示される画面のことを指します。1つのWebページは、1枚のHTMLファイル、および画像、レイアウト情報が記述されたCSSなどの関連ファイルで構成されています。また、ブラウザーからアクセスして表示するために、HTMLファイルを含め、Webページで使用されるすべてのファイルにはそれぞれ固有のURLが割り当てられています。

Webサイトは、複数のWebページで構成されているまとまりのことを指します。Webサイトは「サイト」または「ホームページ」と呼ばれることもあります。本書では原則としてWebサイトと呼んでいます。

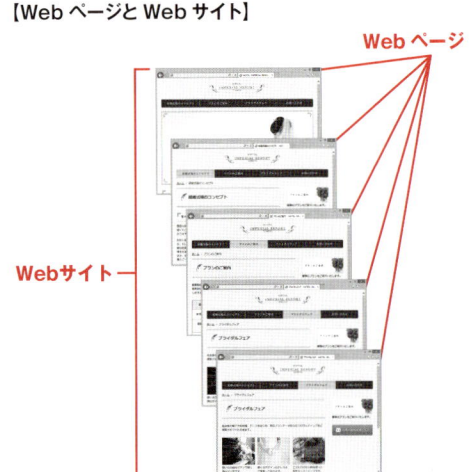

【WebページとWebサイト】

● Webページが表示される仕組み

Webサイトを閲覧するには、ブラウザーを使用します。
ブラウザーは、アドレスバーに表示されているURLのファイルを、Webサーバーにリクエストして、データをダウンロードします。ブラウザーは、ダウンロードが完了したデータから順に、ブラウザーウィンドウに表示します。

■ HTMLファイルにはさまざまなリンクが書かれている

Webページを表示するには、最低でも1枚のHTMLファイルをWebサーバーからダウンロードしてくる必要があります。HTMLには、たいてい画像やスタイルシート（CSS）ファイルへのリンクが複数含まれていて、ブラウザーはそうしたファイルもすべてダウンロードします。

■ Webサーバーにファイルを保存するには

Webページを公開するために、HTMLファイル、CSSファイル、JavaScriptファイル、画像ファイルなどはWebサーバーにアップロード（転送）する必要があります。これらのファイルをアップロードするために使用するのがFTPクライアントと呼ばれるソフトウェアです。Windowsでは

WinSCP、FileZilla、Mac OS X では CyberDuck、FileZilla などが有名です。

【有名な FTP クライアント】

名前	OS	無料／有料	URL
WinSCP	Windows	無料	http://winscp.net/eng/docs/lang:jp
CyberDuck	Mac OS X	無料	https://cyberduck.io/
FileZilla	Windows/Mac OS X	無料	https://filezilla-project.org/

▶ URLとドメイン

ブラウザーが HTML や画像など、表示させたいコンテンツを Web サーバーにリクエストするには、そのファイルが保存されている「Web サーバーがどこにあるのか」「Web サーバーのどこに保存されているのか」がわかる正確な情報が必要です。
HTML ファイルや画像ファイルなどが保存されている場所を示すのが URL です。すべてのファイルに唯一の URL が割り当てられています。

【URL の例】

URL
http://www.sikaku.gr.jp/
http://www.sikaku.gr.jp/web/
http://www.sikaku.gr.jp/web/index.html

■ ドメイン

ドメインとは、「Web サーバーの場所」を示す情報です。たとえば、Web クリエイター能力認定試験のドメインは「sikaku.gr.jp」で、会社や個人がドメイン登録団体に申請を出して取得します。すべてのドメインは世界に 1 つしかありません。

【ドメインの例】

■ ホスト名（サブドメイン）

あるドメインに対して複数の Web サーバーが割り当てられている場合に、それらを区別するために使用するのがホスト名（またはサブドメイン）です。Web ページのデータを提供する Web サーバーには、ホスト名が付かないか、「www」というホスト名が付くことが多いです。

【ホスト名の例】

ホスト名	URL
なし	http://sikaku.gr.jp
www	http://www.sikaku.gr.jp

■スキーム

URL の先頭は必ず「スキーム ://」という形になっています。

インターネット上では、Web ページで使われる HTML や画像ファイル以外にも、さまざまなデータが送受信されています（たとえばメールのデータなど）。あるデータを送受信する際、そのデータが Web ページに使われるものなのか、メールなのか、あるいはそれ以外のものなのかを区別するのが「スキーム」です。Web ページで使われるデータを送受信する際のスキームは「http」または「https」です。

【スキームの例】

スキーム	説明
http	HTML ドキュメントと関連する CSS、画像データなどを送受信するための通信方式
https	送受信するデータは http と同じだが、通信が暗号化されている
ftp	ファイルを Web サーバーに転送するときに使用するスキーム。Web サイトのデータを Web サーバーにアップロードするときなどに使用する

SSL とは

https スキームで Web サイトのデータが送受信されるとき、そのデータは暗号化されます。データの暗号化は、「SSL プロトコル（または単に SSL）」と呼ばれる通信ルールに沿って行われます。データが暗号化されていれば、仮に第三者が傍受したとしても中身をのぞき見ることができないため、クレジットカードなど、重要な情報のやり取りに使われます。

■通信の暗号化だけでなく、サイトの運営者を確認することもできる

SSL を使う Web サイトの運営者は、認証局と呼ばれる第三者の審査を経て「SSL サーバー証明書」を取得する必要があります。この証明書には、通信の暗号化だけでなく、正規のドメインであることや、ドメインの所有者が実在の企業であることを証明する機能もあります。

【SSL が使われているサイトの例】

最も厳しい審査を通過したSSLサーバー証明書が使われている場合、アドレスバーや錠アイコンが緑になる 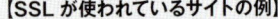　　錠アイコンをクリックすると、SSLサーバー証明書の内容を確認できる

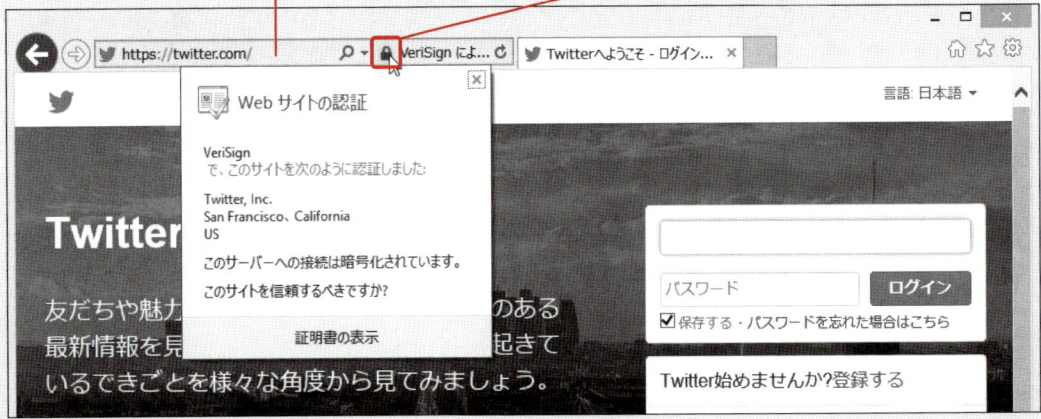

● ブラウザーの種類

ブラウザーにはさまざまな種類があります。主要なブラウザーには、Windows にプリインストールされている Internet Explorer（以下、IE）、Mac OS X にプリインストールされている Safari をはじめ、Google Chrome や Mozilla Firefox などがあります。

また、iPhone や iPad にはモバイル版の Safari、Android には Android ブラウザーもしくはモバイル版 Chrome がインストールされています。

それぞれのブラウザーは、HTML や CSS をパース（解析）して画面に表示する機能を持つ「レンダリングエンジン」というソフトウェアを中心に開発されています。パソコン版 Safari とモバイル版 Safari は、ユーザーが操作するインターフェースは異なりますが、レンダリングエンジンは同じです。パソコン版の Google Chrome と、比較的新しいバージョンの Android ブラウザーのレンダリングエンジンも同一です。

【主要なブラウザーとレンダリングエンジン】

ブラウザー	レンダリングエンジン	主な対応機器・OS
Internet Explorer	Trident	Windows
Safari	WebKit	Mac OS X、iOS
Google Chrome	Blink	Windows、Mac OS X、Android、iOS
Mozilla Firefox	Gecko	Windows、Mac OS X

■ ブラウザーによる表示の違い

たとえ同じ HTML や CSS を使用していても、ブラウザーの種類やバージョンによって表示が異なることがあります。近年、表示の違いは非常に少なくなってきていますが、Web サイトを制作するときは、できるだけたくさんの種類のブラウザーで表示を確認しましょう。

Accessibility Note 音声ブラウザー（読み上げブラウザー）

Windows や Mac OS X、iPhone や一部のスマートフォン、携帯電話には、スクリーンリーダーと呼ばれる機能が搭載されていて、Web ページの内容を音声にして読み上げてくれます。また、音声ブラウザー（読み上げブラウザー）と呼ばれる専用ブラウザーもあり、視覚障害者の支援ソフトとして使われています。どんな人でも等しく情報を取得できたり、操作できたりするように配慮することは「アクセシビリティ」と呼ばれています。Web サイトも、アクセシビリティに配慮して制作するようにしましょう。

ページを構成するファイル

1枚のWebページは、HTMLやCSS、表示される画像など複数のファイルで構成されています。ここでは、Webページを構成するファイルの種類や、それぞれの特徴、役割について説明します。

▶ 拡張子は必ず表示させておこう

パソコンに保存されているほとんどのファイルには、ファイル名の最後に、ドット（.）に続けて拡張子と呼ばれる文字列が付いています。拡張子は、ファイルの種類を区別するために用いられるもので、多くは2〜4文字程度の、あらかじめ定義されているアルファベットの文字列です。

【拡張子の例】

拡張子	ファイルの種類
.html	HTML ファイル
.css	CSS ファイル
.jpg	JPEG 形式のファイル
.txt	テキストファイル
.pdf	PDF 形式のファイル
.zip	ZIP 圧縮形式のファイル

Web サイトを制作する際は、ファイルに付いている拡張子を知っておくことが非常に重要です。特に Windows の初期状態ではほとんどの拡張子を表示しないので、作業をする前に必ず OS の初期設定を変更しておきます。また、Windows 8/8.1 では、Web サイトを制作するときはほぼ常に、デスクトップ画面で作業をするので、その切り替え方も知っておきましょう。

Mac OS X では初期状態で多くの拡張子が表示されているので、基本的には設定を変更する必要はありません。Web サイトで使用する .html や .jpg などの拡張子が表示されていない場合は「拡張子を表示する（Mac OS X）」（P.24）の操作をしてください。

■ デスクトップ画面に切り替える・拡張子を表示する（Windows 8/8.1）

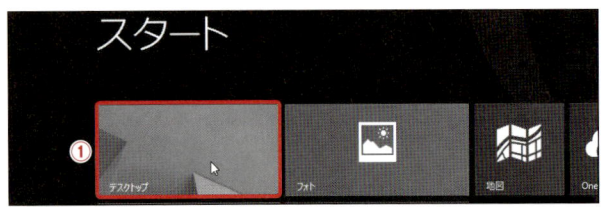

①スタート画面の［デスクトップ］をクリックして、デスクトップ画面に切り替えます。

②画面の左下にマウスポインタを移動させてから右クリックします。
③ポップアップメニューの［コントロールパネル］を選択します。以後の操作は次の「拡張子を表示する（Windows 7/8/8.1）」の③以降を参照してください。

■拡張子を表示する（Windows 7/8/8.1）

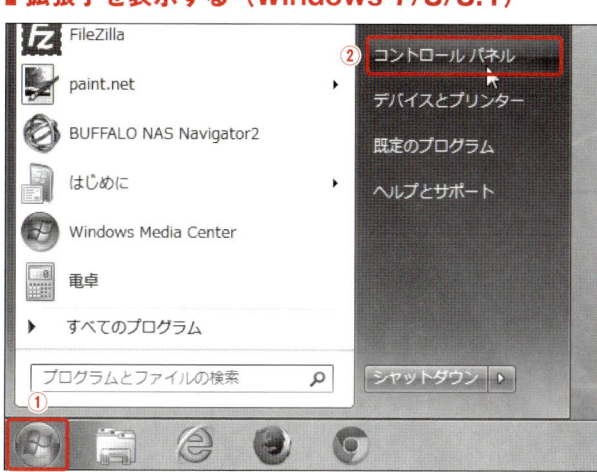

① ［スタート］メニューをクリックします。
② ［コントロールパネル］をクリックします。

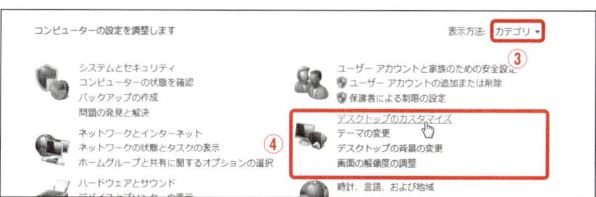

③ ［表示方法］ポップアップメニューから［カテゴリ］を選択します。
④ ［デスクトップのカスタマイズ］をクリックします。

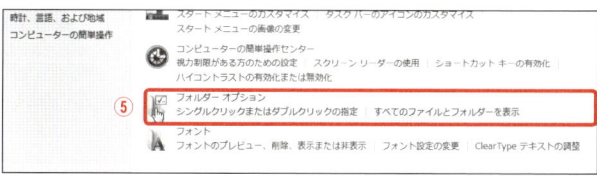

⑤ 画面が切り替わったら［フォルダーオプション］をクリックします。

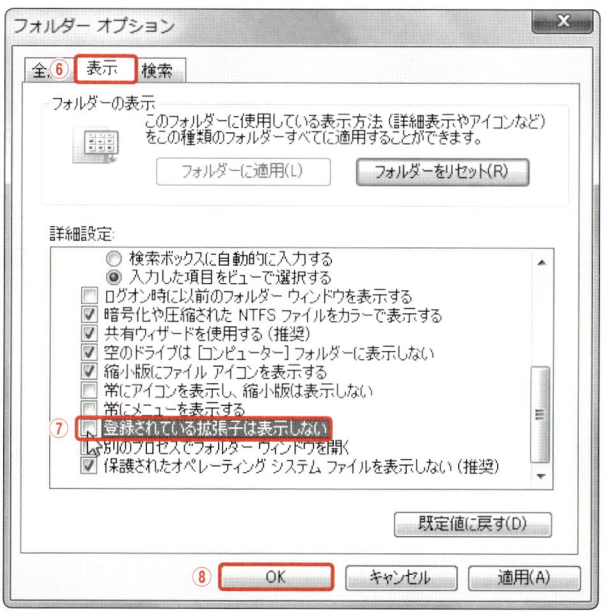

⑥ 「フォルダーオプション」ダイアログの［表示］タブをクリックします。
⑦ 「詳細設定」の［登録されている拡張子は表示しない］のチェックを外します。
⑧ 終了したら［OK］をクリックします。

■ 拡張子を表示する（Mac OS X）

①「Dock」の［Finder］をクリックします。

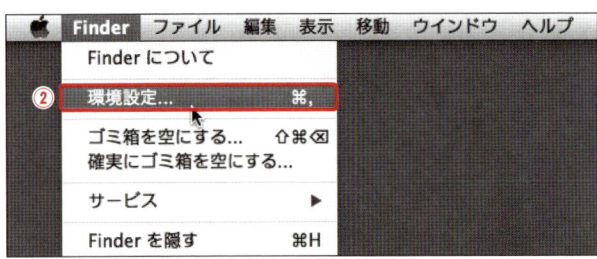

②「Finder」メニューから［環境設定］を選択します。

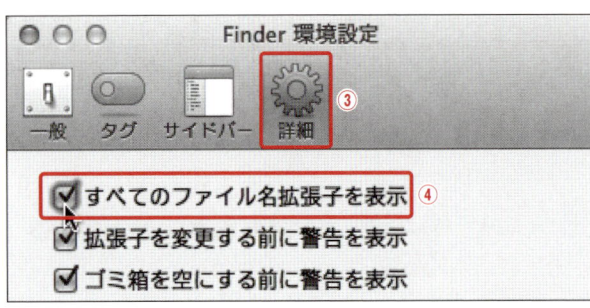

③「Finder 環境設定」ダイアログの［詳細］をクリックします。
④［すべてのファイル名拡張子を表示］にチェックを付けます。

● Webページで使用するファイルの種類

1枚のWebページは、最低1枚のHTMLと、関連するスタイルシートや画像など、複数のファイルを使って作られています。ここでは、Webサイトの制作でよく使われるファイルの種類を覚えておきましょう。

■ HTML(.html、.htm)

HTMLが書かれたファイルを「HTMLファイル」と呼びます。1枚のWebページにつき、最低でも1枚のHTMLファイルが必要です。
HTMLファイルの拡張子は「.html」もしくは「.htm」です。本書、および「Webクリエイター能力認定試験」の実技問題で使用するHTMLファイルには「.html」拡張子が付いています。

■ CSS(.css)

第3章で改めて詳しく解説しますが、HTMLのレイアウトを調整し、ブラウザー上での表示を制御するのが「CSS」と呼ばれる言語です。CSSは、原則としてCSSファイルに記述します。CSSを記述したり、CSSファイルを用意したりするのは必須ではありませんが、現在のWebサイトではほぼ必ず作成すると言ってよいでしょう。
CSSファイルの拡張子は「.css」です。

■ 画像ファイル（.jpg、.gif、.png、.svg）

Web ページには画像ファイルを表示させることができます。画像ファイルにはいろいろなフォーマット（ファイル形式）がありますが、Web ページに使えるのは JPEG 形式、GIF 形式、PNG 形式、SVG 形式の 4 種類です。それぞれに特徴があり、長所を生かして使い分けます。

● JPEG 形式

フルカラー（約 1670 万色）の表示に対応したファイル形式です。拡張子は「.jpg」です。写真や、グラデーションを多用したグラフィックに適しています。

JPEG は圧縮率を調整することができます。圧縮率を高くするとファイルサイズは小さくなりますが、同時に画質が低下します。逆に圧縮率を低くするとファイルサイズは大きくなりますが、画質は良くなります。

【JPEG 形式は写真などに適している】

● GIF 形式

使用できる色数が 256 色に制限される代わりに、ファイルサイズが小さくなるファイル形式です。ベタ塗りの面積が大きく、色数の少ないグラフィックに適しています。パラパラ漫画のようなアニメーションが作れるのも特徴の 1 つです。また、後述する PNG 形式が登場したため現在はあまり使われませんが、簡易的で画質のそれほどよくない透過を適用することができます。拡張子は「.gif」です。

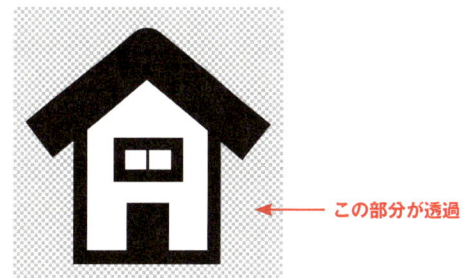
【GIF 形式は色数の少ないグラフィックに適している】

● PNG 形式

GIF の代替フォーマットとして開発された形式で、写真のように色数の多い画像にも、べた塗りのグラフィックにも対応できるのが PNG 形式です。PNG には、色数が 256 色に限定され、簡易的な透過だけができる PNG8 形式と、フルカラーで、かつ高品質な透過ができる PNG24 形式があります。拡張子はどちらも「.png」です。

【PNG 形式は万能で、高品質な透過もできる】

● SVG形式

HTML5から、SVG形式の画像を表示できるようになりました。SVGはベクター形式の画像ですが、その中身は「SVGタグ」と呼ばれる、HTMLに似た書式で書かれたテキストデータです。SVGデータをファイルにしておけば、JPEGなどと同じように <img> タグで表示できるほか、<svg> タグでデータ自体を直接HTMLに埋め込むこともできます。ファイルにした場合の拡張子は「.svg」です。

【SVGのテキストデータをHTMLに直接埋め込んだ例（サンプル：c01-svg.html）】

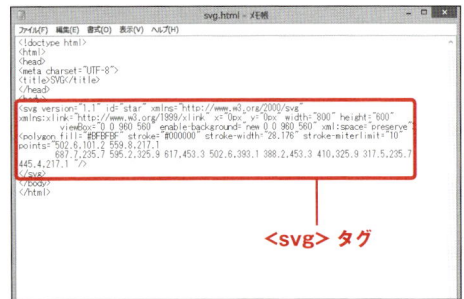 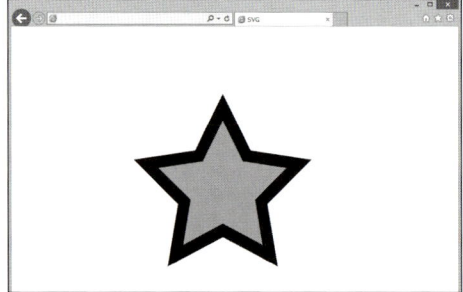

HTMLソース　　　　　　　　　　　　　　　ブラウザーでの表示

 ビットマップ形式とベクター形式（ベクトル形式）

画像には、大きく分けて「ビットマップ形式」と「ベクター形式（またはベクトル形式）」の2種類があります。JPEG、GIF、PNGはビットマップ形式で、画像は色の情報を持つドットの集合で表現されます。すべてのドットが色の情報を持つことから、GIFなど色数が制限されたフォーマットを除き、一般的には微妙な色合いの表現が得意とされています。その一方で、情報量が多くファイルサイズが大きくなりがちで、拡大縮小すると画質が悪くなります。

これに対し、ベクター形式は直線、曲線、塗りなどを数式で表現します。一般的にはビットマップよりもファイルサイズが小さく、拡大縮小しても画質が悪化しません。しかし、描画するたびに数式を計算するため、ビットマップに比べて表示に時間がかかるのと、微妙な色合いの表現は苦手です。プラグインをインストールせずに、ブラウザーが表示できるベクター形式の画像はSVGだけです。

【ビットマップ形式とベクター形式の違い】

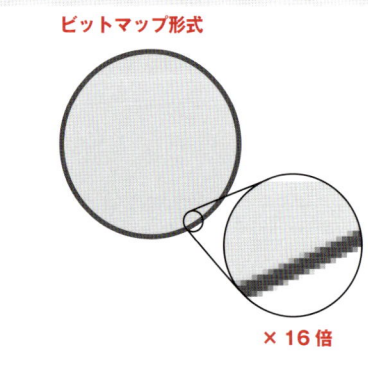 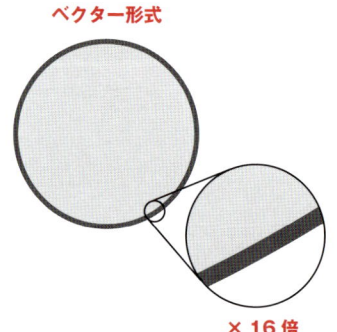

ベクター形式は拡大しても画質が悪くならない

【画像形式の比較】

ファイル形式	拡張子	色数	透過	アニメーション	その他特徴
JPEG	.jpg	フルカラー（1670万色）	×	×	圧縮率を変更できる
GIF	.gif	256色	△（簡易的な透過）	○	
PNG（PNG8）	.png	256色	△（簡易的な透過）	×	一般的にGIFよりファイルサイズ小
PNG（PNG24）	.png	フルカラー	○	×	一般的にJPEGよりファイルサイズ大
SVG	.svg	フルカラー	○	△	ベクター形式で一般的にファイルサイズが非常に小さい。画質を保ったまま拡大縮小できる。JavaScriptを使えばアニメーションも可能

■ Webフォント

Webフォントは、Webサーバーに保存されているフォントデータでテキストを表示する技術です。これまで、フォントはパソコンなどの端末にインストールされているものしか使えませんでしたが、Webフォントの登場で選択肢が増えました。Webフォントを使う際は、一般的にはGoogle Web fontsなどのWebサービスを利用しますが、フォントデータを自前で用意することも可能です。その場合は、WOFF（.woff）、SVG（.svg、.svgz）、TrueType（.ttf）、OpenType（otf、.ttf、.ttc）などの形式のファイルをWebサーバーにアップロードします。

【Google Web fonts】

http://www.google.com/fonts/

また、Webフォントにはアルファベットや日本語の文字だけでなく、アイコンなどを表示するものもあります。Font Awesomeが有名です。

【Font Awesomeで表示できるアイコンの例】

【Font Awesome】

http://fortawesome.github.io/Font-Awesome/

■動画・音声ファイル

HTML5 では動画や音声ファイルを、プラグインをインストールしなくても再生できるようになりました。HTML にこれらのファイルを埋め込むには、<video> タグや <audio> タグを使用します。
動画や音声ファイルはブラウザーによって再生できるファイル形式が異なるため、複数の形式のファイルを用意する場合があります。

【HTML5 で再生できる代表的な動画・音声ファイル形式】

ファイル形式	拡張子	種別	説明
MP4	.mp4	動画・音声	動画・音声ともに一般的にはこの形式のファイルを使用する
WebM	.webm	動画・音声	古い Firefox などで MP4 が再生できないため、WebM 形式の動画ファイルを用意することがある
FLV	.flv	動画・音声	Adobe Flash Player プラグインで再生できる形式
MP3	.mp3	音声	音声専用のファイル形式。WAVE に比べファイルサイズが小さい
WAVE	.wav	音声	音声専用のファイル形式。音質は良いがファイルサイズは大きい

■SWF ファイル（.swf）

動画や Web アプリケーションを提供する手段として、SWF ファイルを使うことがあります。再生するには Adobe Flash Player プラグインが必要です。プラグインに対応していないスマートフォンやタブレットでは再生できないため、パソコン向けの動画再生を除いて最近はあまり使われません。

■その他よく使われるファイル

Web ページで使われるファイルのほとんどが HTML、CSS、画像ファイルですが、それ以外に何種類か使用可能なファイルがあります。
ページに特殊な機能を付けることができる JavaScript（.js）ファイル、リンクをクリックするとダウンロードできる ZIP（.zip）ファイル、PDF（.pdf）ファイルなどがよく使われます。

■ファイル名と拡張子

Web サイトで使用するファイルのファイル名には、半角英数字、ハイフン（-）、アンダースコア（_）だけを使用します。Windows、Mac OS X、Web サーバーが稼働している OS で使用できる文字が少しずつ異なるため、どんな環境でも確実に使えるものだけを使用しておいたほうが安全だからです。
また、Windows や Mac OS X など、Web サイト制作作業で使用するパソコンはファイル名の大文字小文字を区別しませんが、Web サーバーは大文字小文字を区別します。はじめのうちは混乱のもとなので、ファイル名に大文字を使うのはおすすめしません。

【Web サイトで使用するファイルのファイル名に使用できる文字、できない文字】

文字	使用できる・できない	備考
半角英数字、-（ハイフン）、_（アンダースコア）	使用できる	
大文字	条件付きで使用できる	大文字小文字を区別する OS としない OS があるため、慣れないうちは使用しない
.（ピリオド）	条件付きで使用できる	ファイル名の 1 文字目には使用できない
半角カタカナ、全角	使用できない	
半角スペース、/、¥、\、&、?	使用できない	

Webページを作る手順

Webサイトは複数のWebページで構成されています。通常は、共通するHTMLやCSSを先に記述して、それから個別のページを仕上げるという流れで制作します。

作成するサンプルサイトの構成と学習内容

本書ではサンプルサイトを作成しながら、HTMLとCSS、Webサイト制作の知識を身に付けます。作成するのは結婚式場のWebサイトで、5ページ構成になっています。作業は、まず5ページに共通する部分だけで構成された基本ページを用意します。その後、基本ページを複製してそれぞれのページを作成していきます。

■ 基本ページ（base.html）

ページ全体のレイアウトやヘッダー領域、フッター領域などWebサイトの各ページに共通する部分だけを先に作成し、base.htmlという名前でHTMLファイルを保存します。トップページをはじめ各ページはこのbase.htmlを複製して作ります。

【基本ページ】

■ トップページ（index.html）

結婚式場サイトのトップページです。JavaScriptファイルを組み込んでスライドショーを作成するほか（JavaScriptのプログラム自体は用意されています）、箇条書きの項目を整列させてお知らせのリストを作ります。また、レスポンシブWebデザインという手法を使って、画面サイズの小さい端末で閲覧したときは違うレイアウトで表示されるようにします。

【トップページ】

■「結婚式場のコンセプト」ページ（concept.html）

テキスト主体のページを作成します。見出しやテキスト、画像を挿入します。画像にはテキストを回り込ませます。

【「結婚式場のコンセプト」ページ】

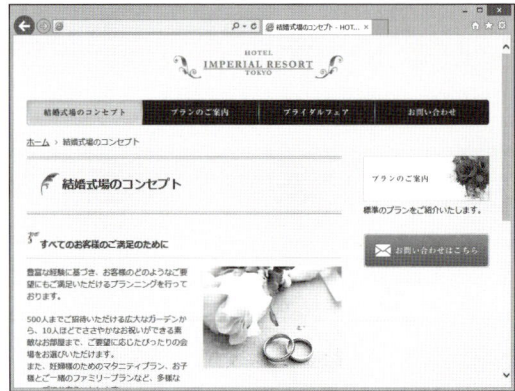

■「プランのご案内」ページ（plan.html）

テーブルを作成します。結婚式のプログラムや費用を掲載します。

【「プランのご案内」ページ】

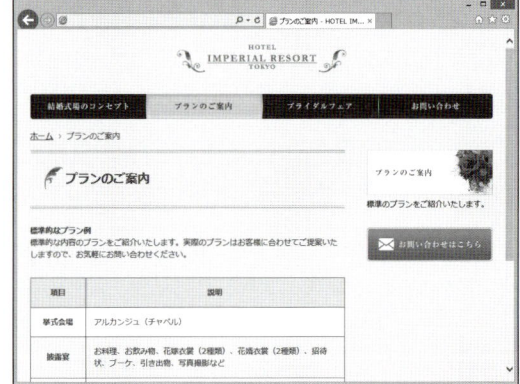

■「ブライダルフェア」ページ（fair.html）

画像とキャプションを並べたフォトギャラリーのようなページを作成します。

【「ブライダルフェア」ページ】

■「お問い合わせ」ページ（contact.html）

お問い合わせのフォームを作成します。

【「お問い合わせ」ページ】

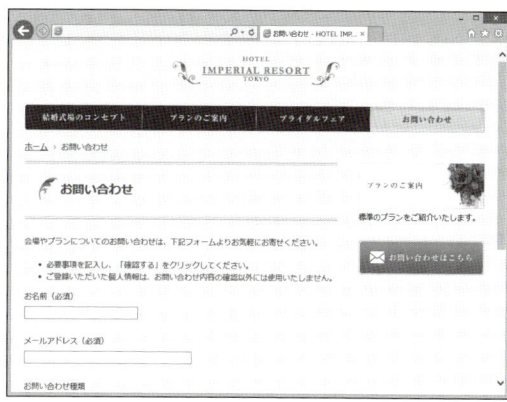

ページレイアウトと各部の名称

サンプルサイトは2コラム（左右2段組み）レイアウトのページです。パソコン向けWebサイトではよくある典型的なレイアウトです。ページの各部の名称は次のとおりです。

【ページの各部の名称】

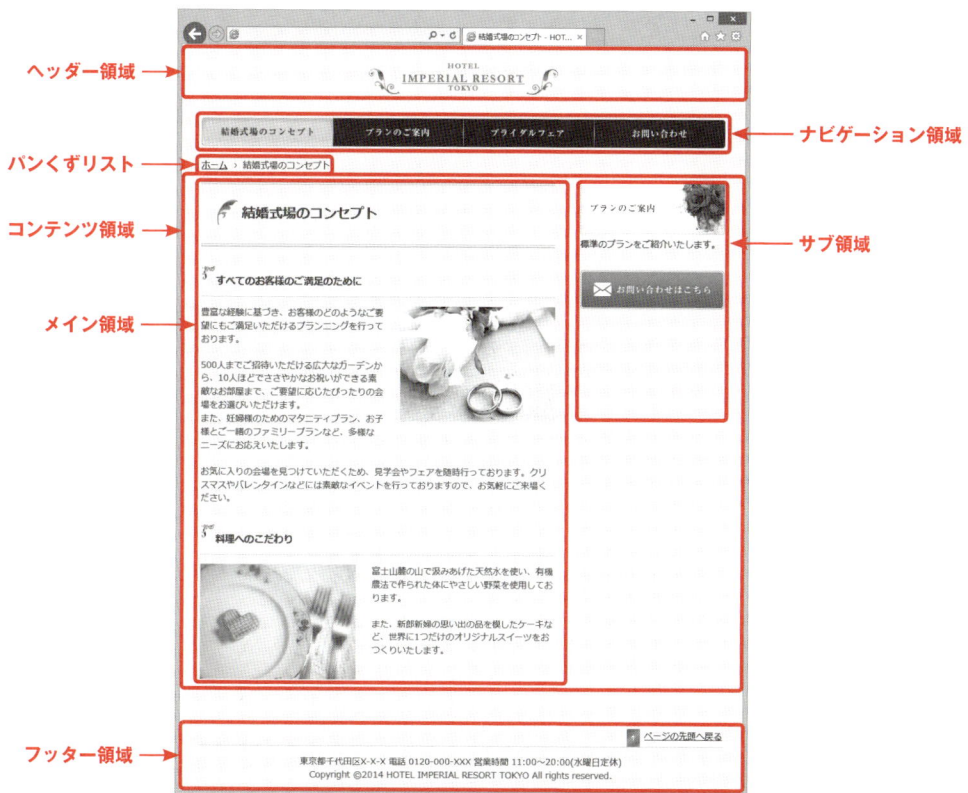

■ヘッダー領域

企業や個人のロゴなどが含まれるページ上部の領域を「ヘッダー領域」と言います。一般的な Web ページのほとんどにヘッダー領域があります。

■ナビゲーション領域

Web サイトの主要なページへのリンクが並べられた領域が「ナビゲーション領域」です。サイト内を行ったり来たりしやすく、主要な情報を見つけやすくするためにナビゲーションを作成します。

■パンくずリスト

今どのページを見ているのか、サイトの現在位置を把握しやすくするのがパンくずリストです。このサイトでは、トップページを除くすべてのページにパンくずリストを載せます。

■コンテンツ領域

ヘッダー領域、フッター領域に挟まれた主要な情報が掲載されている領域を、本書では「コンテンツ領域」と呼んでいます。

■メイン領域

そのページに特有の内容、たとえば「プランのご紹介」ページなら結婚式のプラン、「お問い合わせ」ページなら問い合わせフォームなどを含む領域を、本書では「メイン領域」と呼んでいます。そのページの最も重要な情報がある領域です。

■サブ領域

リンクやバナーなどが並んだ領域を「サブ領域」と言います。

■フッター領域

ページの下部にあり、Web サイトのコピーライトなどが含まれる領域を「フッター領域」と言います。ヘッダー領域同様、一般的な Web ページのほとんどにフッター領域があります。

● サイトの作成手順

サンプルサイトの作成は、まず各ページに共通する部分の HTML と CSS を作成します。その後、その HTML ファイルを 5 ページ分複製して、すべてのページを作ります。実習は 2 章から始めます。
HTML ファイル、CSS ファイルを編集する際には、テキストエディターまたは Web ページ作成ソフトをお使いください。また、編集した HTML や CSS を確認するには、HTML ファイルをブラウザーで開きます。ブラウザーの種類は問いませんが、できるだけ最新バージョンをお使いください。

【サイトの制作手順】

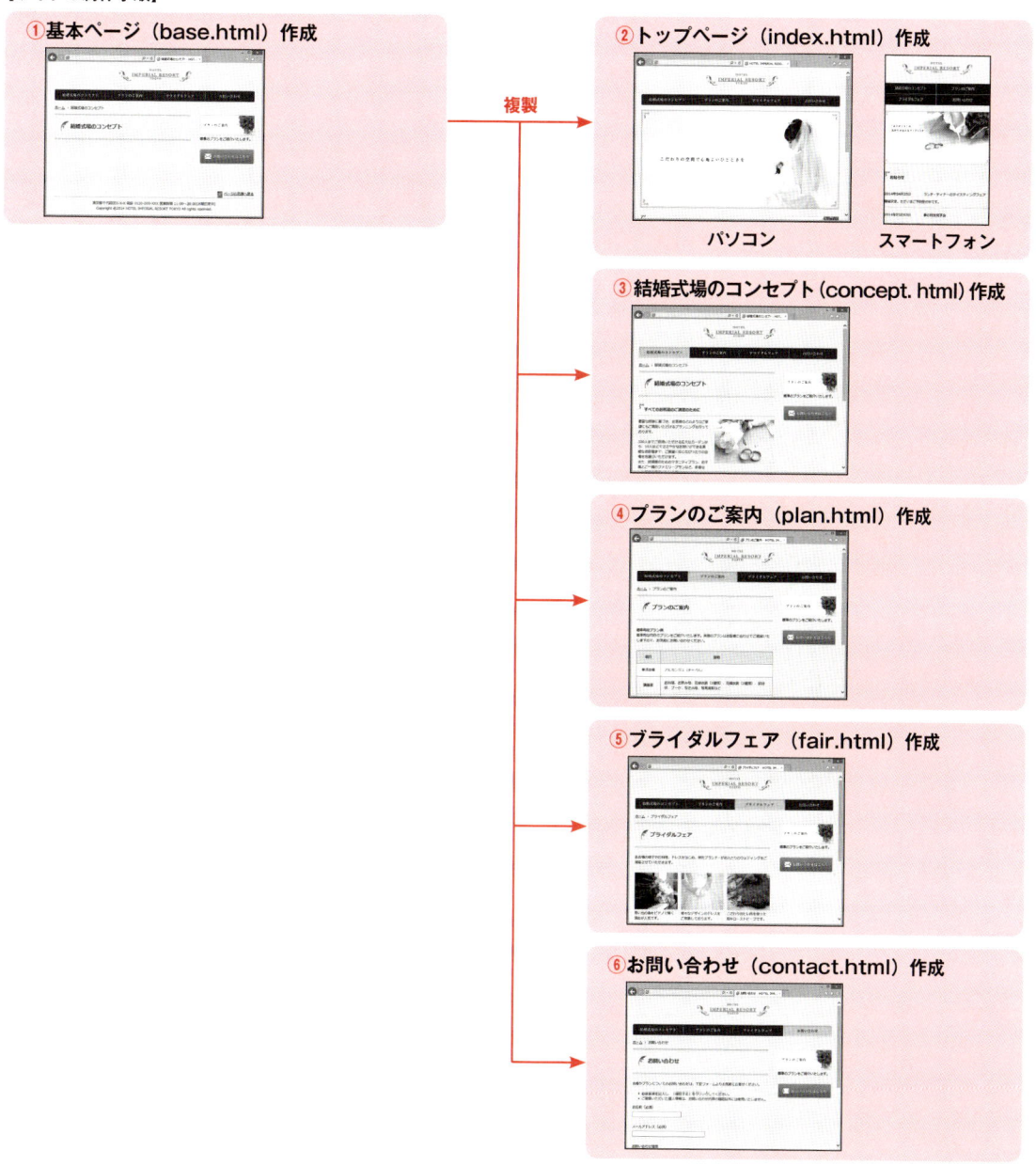

HTMLファイル、CSSファイル編集の基本操作

本書では実際にWebサイトを作りながら、必要な知識・技術を習得します。ここではHTMLファイル、CSSファイルを編集するテキストエディターの基本的な操作を紹介します。

▶ Windows 7/8/8.1の場合

Windowsで実習に取り組む場合は、HTMLファイル、CSSファイルを編集するテキストエディターとして、本書ではOSにプリインストールされている「メモ帳」を使用します。HTMLファイルやCSSファイルの編集は、メモ帳でなくても、Adobe DreamweaverなどWebページ作成ソフトを使うこともできます。

■メモ帳を起動する

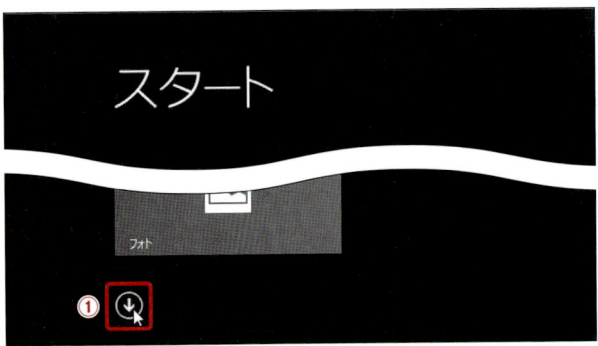

①スタート画面の左下にある⊙をクリックします。

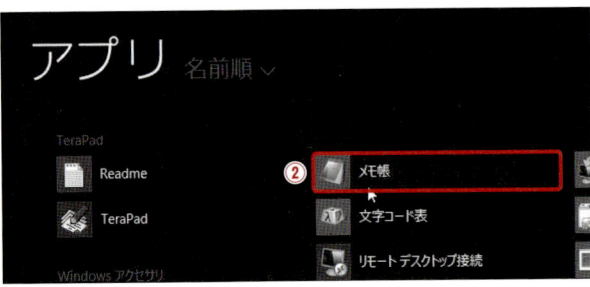

②アプリ一覧から[メモ帳]をクリックします。
※Windows 7の場合はスタートメニューから[すべてのプログラム]―[アクセサリ]―[メモ帳]の順にクリックします。

■メモ帳でファイルを作成する

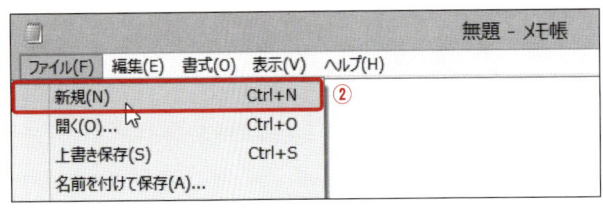

①メモ帳を起動します。
②[ファイル]メニュー―[新規]を選択します。
※または、Ctrlキーと N キーを同時に押します。

■ メモ帳でファイルを開く

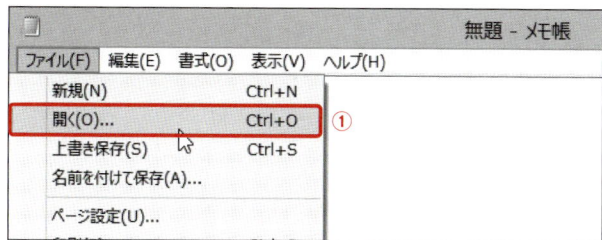

① メモ帳の［ファイル］メニュー―［開く］を選択します。

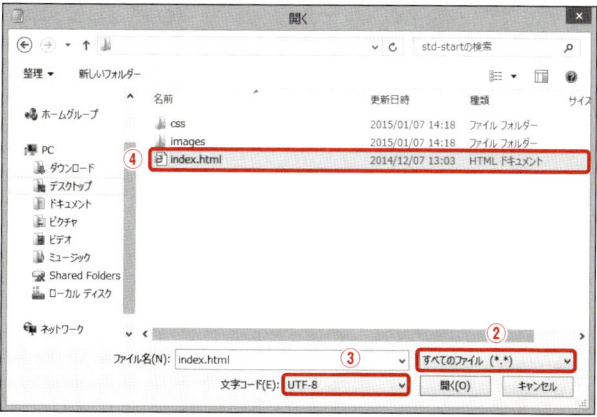

② 「開く」ダイアログで、ファイルの種類を選ぶプルダウンメニューから［すべてのファイル］を選びます。
③ 「文字コード」プルダウンメニューから［UTF-8］を選びます。
④ 開きたいファイルをダブルクリックします。

■ HTMLファイル、CSSファイルを保存する

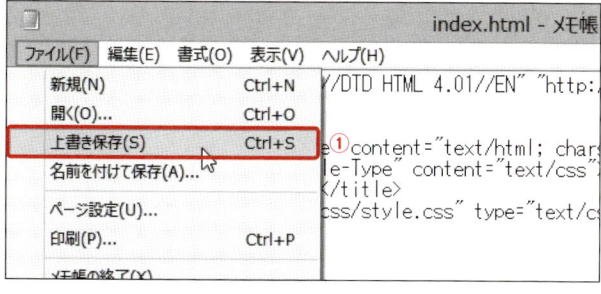

① メモ帳の［ファイル］メニュー―［上書き保存］を選択します。

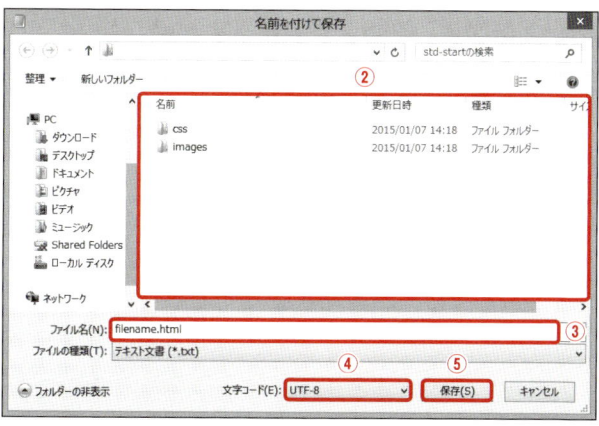

② 最初に保存する場合は「名前を付けて保存」ダイアログが表示されます。ファイルを保存したい場所を選びます。
③ ファイル名を入力します。
④ 「文字コード」プルダウンメニューから［UTF-8］を選びます。
⑤ ［保存］をクリックします。

■編集した HTML をブラウザーで表示する

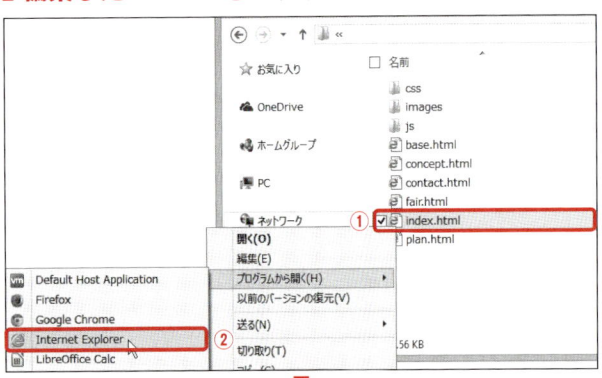

①エクスプローラーウィンドウで、開きたい HTML ファイルを右クリックします。
②ポップアップメニューの［プログラムから開く］—［Internet Explorer］を選択します。
※ Firefox、Google Chrome などほかのブラウザーを選んでもかまいません。

■テキストをコピー&ペーストする

①マウスをドラッグして、コピーしたいテキストを選択します。

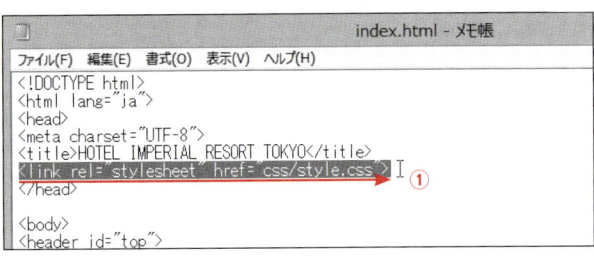

②選択した範囲を右クリックします。
③ポップアップメニューから［コピー］を選択します。
※または、Ctrlキーと©キーを同時に押します。

④ ペースト（貼り付け）したい箇所で右クリックします。
⑤ ポップアップメニューから［貼り付け］を選択します。
※または、Ctrlキーと Vキーを同時に押します。

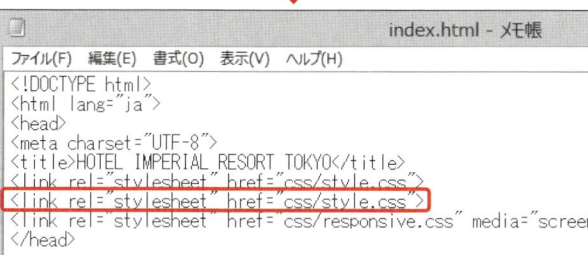

● Mac OS Xの場合

Mac OS X で実習に取り組む場合は、HTML ファイル、CSS ファイルを編集するテキストエディターとして、本書では OS にプリインストールされている「テキストエディット」を使用しています。HTML ファイルや CSS ファイルの編集は、テキストエディットでなくても、Adobe Dreamweaver など Web ページ作成ソフトを使うこともできます。

■ テキストエディットを起動する

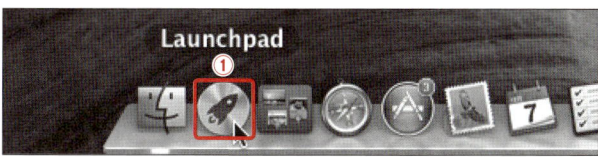

① Dock の［Launchpad］をクリックします。

② アプリケーションの一覧が表示されるので、［テキストエディット］をクリックします。

③ダイアログが開く場合は［完了］をクリックします。

 テキストエディットでHTMLファイル、CSSファイルを編集する場合の注意

テキストエディットは、初期状態ではHTMLファイルやCSSファイルの編集ができません。これらのファイルを編集する前に一度だけ、テキストエディットの設定を変更しておく必要があります。

① テキストエディットを起動したら［テキストエディット］メニュー—［環境設定］を選択します。

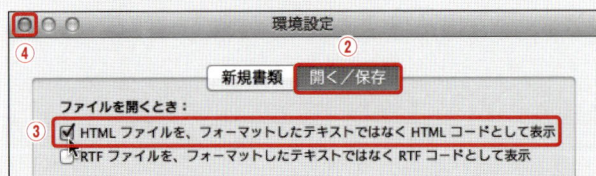

②「環境設定」ダイアログの［開く／保存］タブをクリックします。
③［HTMLファイルを、フォーマットしたテキストではなくHTMLコードとして表示］にチェックを付けます。
④ダイアログを閉じます。

■ ファイルを作成する

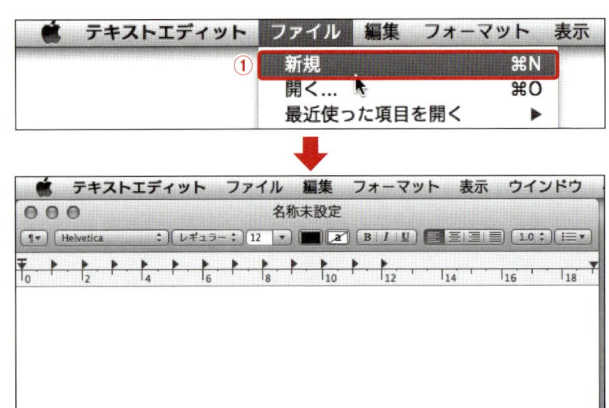

① テキストエディットの［ファイル］メニュー—［新規］を選択します。
　新規ドキュメントのウィンドウが開きます。

■ファイルを開く

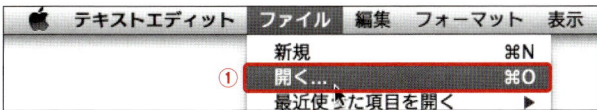

①テキストエディットの[ファイル]メニュー―[開く]を選択します。

②ダイアログウィンドウから開きたいファイルを選びます。
③[開く]をクリックします。

■HTMLファイル、CSSファイルを保存する

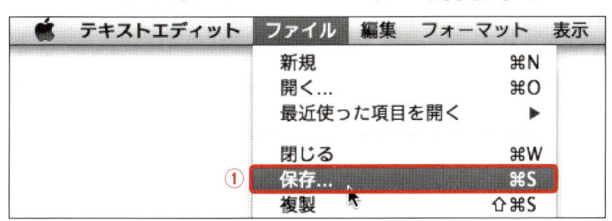

①テキストエディットの[ファイル]メニュー―[保存]を選択します。

②最初に保存する場合は保存ダイアログが表示されます。保存場所が詳しく選択できないようになっている場合は▼をクリックします。

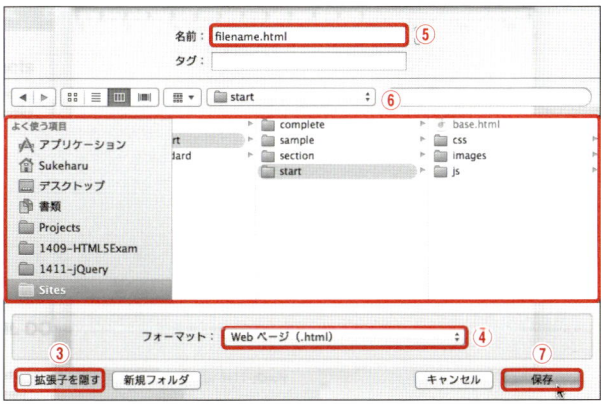

③[拡張子を隠す]のチェックを外します。
④「フォーマット」プルダウンメニューから[Webページ(.html)]を選択します。
※CSSファイルを保存するときも[Webページ(.html)]を選びます。
⑤「名前」にファイル名を入力します。
⑥保存したい場所を選択します。
⑦最後に[保存]をクリックします。

■ 編集した HTML をブラウザーで表示する

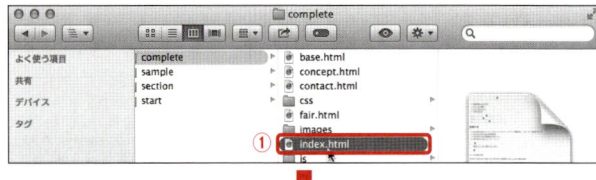

① Finder ウィンドウで、開きたい HTML ファイルをダブルクリックします。
Safari が起動してページが表示されます。

■ テキストをコピー＆ペーストする

① マウスをドラッグして、コピーしたいテキストを選択します。

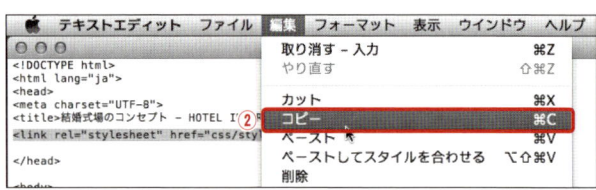

②［編集］メニュー──［コピー］を選択します。
※または、commandキーとCキーを同時に押します。

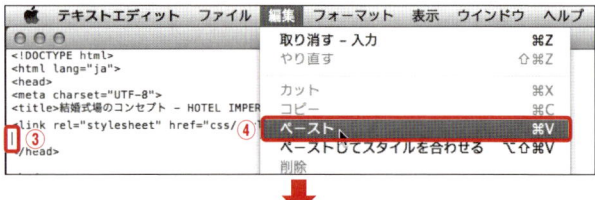

③ ペーストしたい箇所でクリックして、カーソルを移動させます。
④［編集］メニュー──［ペースト］を選択します。
※または、commandキーとVキーを同時に押します。

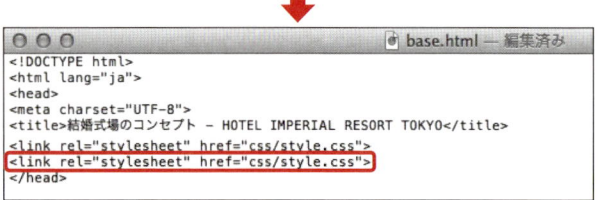

第2章 ▶

HTMLの基礎と応用

HTMLの基礎知識

HTML5の特徴

HTMLの記述法

基本ページのHTMLを記述する

<body>内に各ページ共通のHTMLを記述する

ナビゲーション領域を作成する

パンくずリストを作成する

コンテンツ領域・メイン領域・サブ領域を作成する

フッター領域を作成する

HTMLの基礎知識

Webページを作るために最低限必要なのがHTMLです。ここでは、HTMLの基礎から、これからの標準規格であるHTML5の特徴まで、HTMLの基礎を紹介します。

▶ HTMLはコンテンツを構造化するための言語

HTML（Hyper Text Markup Language）は、Webページを作成するためのコンピュータ言語の1つです。ある文書に含まれるテキストなどのコンテンツを「タグ」で囲むことにより、そのコンテンツが見出しなのか、段落なのか、あるいはリンクなのか意味付けするのがHTMLの役割です。タグによってコンテンツに意味付けしていくことを「構造化する」と言います。HTMLにはいろいろなタグが定義されています。

【最も基本的なHTMLの例】

<p>こんにちは。</p>

▶ 基本的なHTMLタグの書式と名称

次の図はごく基本的なHTMLタグの例です。<a>は「リンク」を意味するタグです。

【HTMLタグの例】

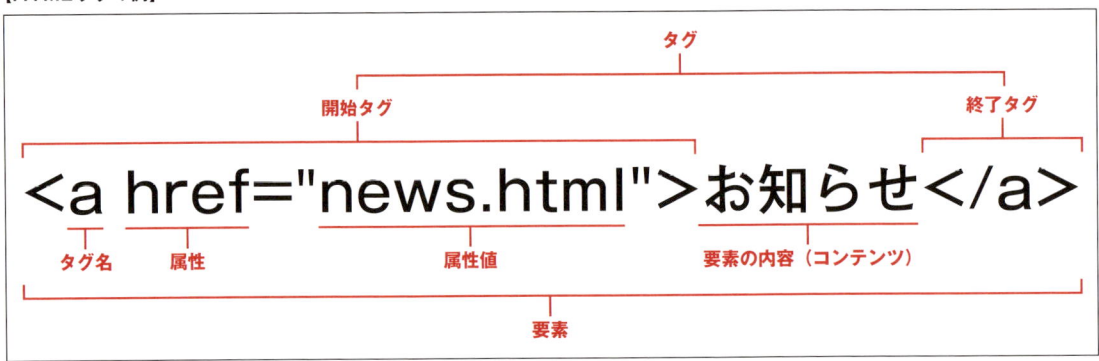

■タグ

タグは、必ず小なり記号（<）で始まり、大なり記号（>）で終わります。多くのHTMLタグには開始タグと終了タグがあります。なお、HTMLタグは各種記号やアルファベットなどを、すべて半角で記述します。区切りのスペースも半角にします。

■ 開始タグ

開始タグにはタグ名と、複数の属性が含まれることがあります。タグ名と属性、属性と属性の間は半角スペースで区切ります。

■ 終了タグ

終了タグは、「<」にスラッシュ（/）、開始タグと同じタグ名が続き、最後が「>」で終わります。開始タグと違い、終了タグに属性が含まれることはありません。

■ タグ名

タグの「意味」を表すのがタグ名です。この例では、「a」がタグ名で、「アンカーリンク」を意味します。HTML にはいくつものタグ名が定義されています。

■ 属性

タグに付加的な情報を提供するのが「属性」です。タグによって使える属性が決まっています。たとえば、<a> タグには href 属性が必須です。

■ 属性値

属性に設定する値です。たとえば、<a> タグの href 属性の属性値には、リンク先ページの URL を指定します。属性に続けてイコール（=）を書き、属性値を記述します。属性値は原則としてダブルクオート（"）で囲むようにします。

【属性と属性値の記述のしかた】

■ 要素の内容（コンテンツ）

開始タグと終了タグで囲まれた部分を「要素の内容」もしくはコンテンツと言います。要素の内容にはテキストや、ほかのタグが含まれることもあります。

■ 要素

開始タグ、終了タグ、要素の内容をすべてまとめて「要素」と言います。「タグ」と言ったときには <a> タグなどタグそのものを指し、「a 要素」などと言う場合は、要素の内容を含んだ、開始タグから終了タグまでの全体だと考えてください。

● 空要素

タグの中には、終了タグがないものがあります。
こうした終了タグのないタグのことを「空要素」と言います。代表的な空要素には、画像を意味する <img> タグや、入力フォームのテキストフィールドなどを表示する <input> タグがあります。

【空要素の例】

```
<img src="photo.jpg" alt="画像の説明">
```

● コメント文

HTML ドキュメントの中にコメント文を残すことができます。コメント文はブラウザーには表示されないので、ソースコード中にメモなどを残すのに使用します。「<!--」～「-->」の間に書かれたテキストがコメント文になります。

【コメント文の例】

```
<!-- これはHTMLのコメントです。 -->
```

● タグの親子関係

1つの HTML ドキュメントは多数の HTML タグで構成されています。あるタグの要素の内容に別のタグが含まれることがあり、要素と要素の間で階層関係が作られます。要素の階層関係を表す言葉として次のようなものがあります。

■ 親要素・子要素

ある要素から見てすぐ上の階層にある要素を「親要素」、すぐ下の階層にある要素を「子要素」と言います。

【親要素と子要素】

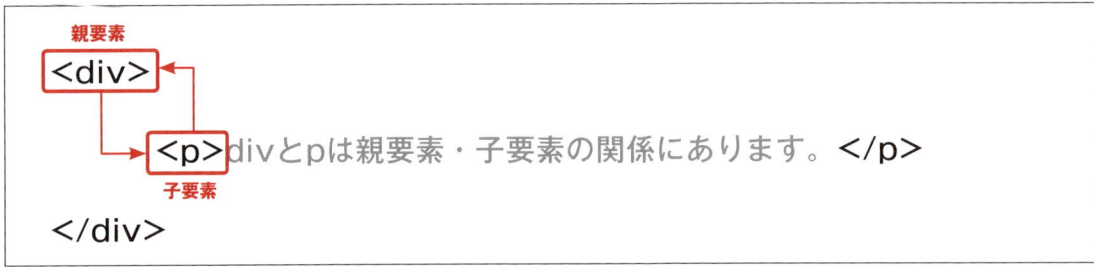

■ 祖先要素・子孫要素

ある要素から見て自分よりも上の階層にある要素を「祖先要素」、自分よりも下の階層にある要素を「子孫要素」と言います。

【祖先要素・子孫要素】

■ 兄弟要素

ある要素と同階層にある要素を「兄弟要素」と言います。

【兄弟要素】

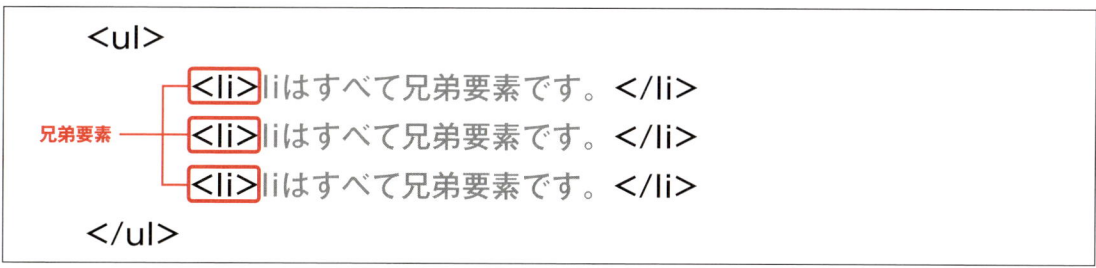

 親子関係が入れ違いになるタグの記述はできない

子要素は、親要素の開始タグから終了タグの間に収まっている必要があります。親要素の終了タグよりも後ろに子要素の終了タグを書くことはできません。

【親子関係が入れ違いになっている、間違った HTML の例】

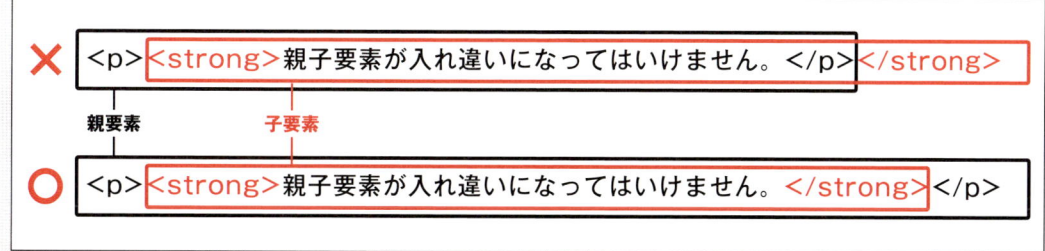

HTML5の特徴

「Webクリエイター能力認定試験」では、HTMLの最新バージョンであるHTML5を対象にしています。HTML5は、それまでのバージョンから追加・変更された機能が多数あります。

▶ セマンテック要素の追加

HTML5で新たにセマンテック要素が追加されました。HTMLのタグは、コンテンツの内容に意味付けをし、文書を構造化するものです。HTML5のセマンテック要素は、コンテンツの内容に則した意味付けがより的確にできるタグで、<article>や<section>などがあります。

それと同時に、タグに含めることのできる子要素を定義するため、XHTML1.0やHTML4.01にはなかった「コンテンツモデル」と「カテゴリー」という概念が新たに導入されました。HTMLを記述する上ではあまり重要ではありませんが、タグの定義がより厳密になったと考えればよいでしょう。

■コンテンツモデル

コンテンツモデルはHTML5で導入された新しい概念で、あるタグに含めることのできる要素の内容（コンテンツ）を定義するものです。コンテンツモデルを意識する必要はほとんどありませんが、<a>など、コンテンツに含めることのできる要素が大きく変更された（つまり、子要素にできる要素の種類が変更された）ものもあります。[1]

[1] 本章「子要素の種類を問わなくなった<a>」（P.69）

【コンテンツモデル】

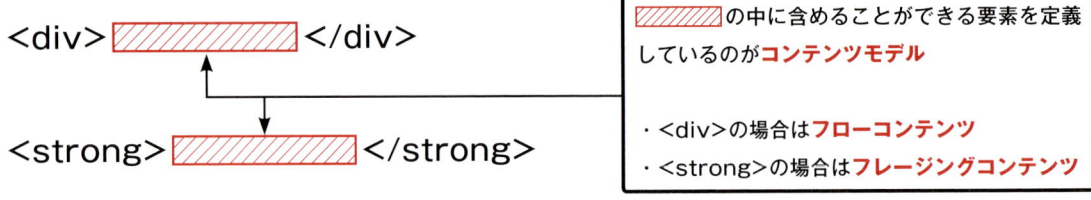

■カテゴリー

カテゴリーとは、タグの意味や役割で分類された「タグの種類」のことです。
多くのタグは、1つ以上のカテゴリーに属しています。コンテンツモデル同様あまり意識する必要はありません。HTMLを記述する上では、フローコンテンツと、フレージングコンテンツを知っていれば十分です。

【カテゴリー】

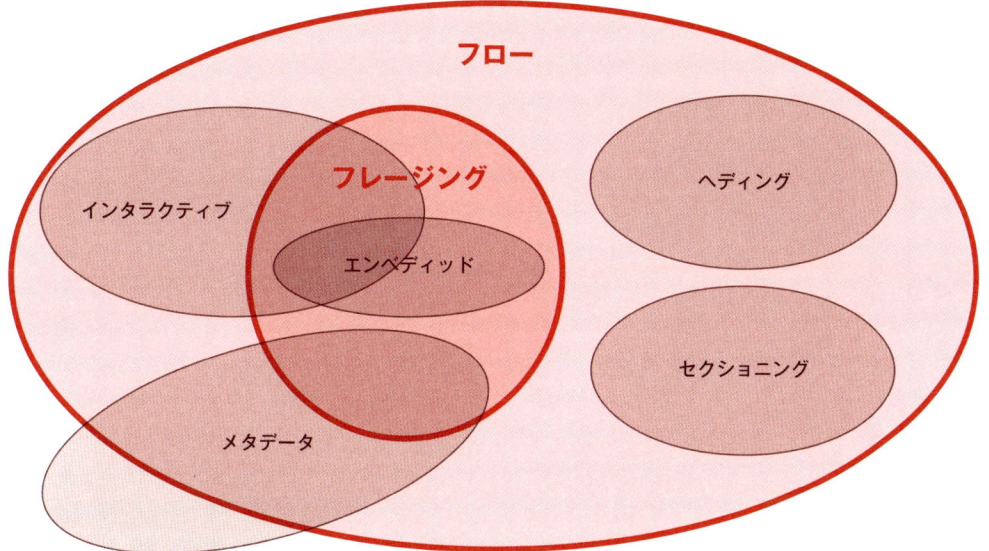

出典：http://www.w3.org/TR/html5/dom.html#kinds-of-content　（一部編集）

● フローコンテンツ

<body> 内に記述できるほぼすべての要素はフローコンテンツです。<div>、<h1>、<a>、<strong> などが含まれます。

● フレージングコンテンツ

テキストの一部分を修飾するタイプの要素はフレージングコンテンツです。<strong> や <span> など、XHTML1.0/HTML4.01（XHTML1.0、HTML4.01 を合わせて、以下 HTML4 系という）でインラインレベル要素と呼ばれていたものとほぼ同じ要素が該当します。図のとおり、すべてのフレージングコンテンツはフローコンテンツでもあります。

なお、HTML4 系でブロックレベル要素と呼ばれていたものに相当するカテゴリーはありません。

● その他のカテゴリー

その他のカテゴリーについては、HTML5 仕様文書を参照してください。

【3.2.4 Content models - HTML5（英語）】

http://www.w3.org/TR/html5/dom.html#content-models

● 意味が変更されたタグ

HTML5では、いくつかのタグの意味が変更されました。たとえば、<strong>タグは、HTML4系では「強調」を意味するタグでした。HTML5では「非常に重要、深刻、緊急」に変更されています。

【意味が変更された主なタグ】

意味が変更されたタグ	HTML4系の定義	HTML5の定義
small	小さい字	サイドコメント
strong	強調	非常に重要、深刻、緊急
address	メールアドレス	そのページ、またはページに含まれる記事に関する連絡先

● 廃止されたタグ・属性

HTML5ではフレームが廃止されました。また、<font>タグに代表される、表示を制御するようなタグも廃止されます。それに加え、もともとあまり使われていないタグや、意味が曖昧で使用法が定まらないタグも廃止されました。

【廃止されるタグ】

<basefont>、<big>、<center>、<font>、<strike>、<tt>、<frame>、<frameset>、<noframes>、<acronym>、<applet>、<isindex>、<dir>

● 書式が簡素化されたタグ

HTML4系のタグには、書式が複雑でとても覚えていられないようなものがありました。HTML5では複雑な書式のタグが整理されています。また、HTML4系で必須とされていた属性の一部がHTML5では不要となるなど、全体に記述しやすくなっています。代表例として、文書型宣言と<link>タグが挙げられます。

■ 文書型宣言（DOCTYPE宣言）

HTMLドキュメントの1行目に必ず記述する文書型宣言は、HTML5で書式が簡素化されました。XHTML1.0やHTML4.01の文書型宣言は数種類のバリエーションがあり、記述量も多く、さらには大文字小文字も区別されるため非常に不便でしたが、HTML5では1種類に統一されました。しかも、大文字小文字を区別しません。

【HTML5のDOCTYPE宣言】

```
<!DOCTYPE html>
```

新旧文書型宣言の比較

XHTML1.0やHTML4.01書式で書かれたHTMLをHTML5書式に変更する場合、文書型宣言を書き替える必要があります。次の表に、代表的な文書型宣言を挙げておきます。

【代表的な文書型宣言】

文書型	ソース	備考
HTML4.01 Strict	`<!DOCTYPE HTML PUBLIC "-//W3C//DTD HTML 4.01//EN" "http://www.w3.org/TR/html4/strict.dtd">`	大文字小文字を区別する
XHTML1.0 Strict	`<!DOCTYPE html PUBLIC "-//W3C//DTD XHTML 1.0 Strict//EN" "http://www.w3.org/TR/xhtml1/DTD/xhtml1-strict.dtd">`	大文字小文字を区別する
XHTML1.0 Transitional	`<!DOCTYPE html PUBLIC "-//W3C//DTD XHTML 1.0 Transitional//EN" "http://www.w3.org/TR/xhtml1/DTD/xhtml1-transitional.dtd">`	大文字小文字を区別する
XHTML1.0 Frameset	`<!DOCTYPE html PUBLIC "-//W3C//DTD XHTML 1.0 Frameset//EN" "http://www.w3.org/TR/xhtml1/DTD/xhtml1-frameset.dtd">`	XHTMLのフレーム文書型宣言。大文字小文字を区別する
HTML5	`<!DOCTYPE html>`	大文字でも小文字でもよい

■ 外部ファイルを読み込むための<link>タグ、<script>タグのtype属性が不要に

外部CSSファイルを読み込む<link>タグと、JavaScript言語の記述や、外部JavaScriptファイルを読み込むのに使われる<script>タグに、type属性を含める必要がなくなりました。

【<link>タグの例】

```
<link rel="stylesheet" href="ファイルのパス.css" type="text/css">
                                                 不要
```

【<script>タグの例】

```
<script src="ファイルのパス.js" type="text/javascript"></script>
                              不要
```

HTMLの記述法

HTMLの記述はそれほど難しくはありませんが、いくつか注意しておくべき点もあります。ここでは、HTML5で変更された書式のルールを紹介します。

● HTML5で記述するときの注意

HTML5 は、文書型宣言の簡略化や一部タグの属性を記述する必要がなくなっただけでなく、HTML の記述ルールが緩やかになっています。

■ 基本的には XHTML1.0 形式と HTML4.0 形式のハイブリッド

HTML5 は、記述ルールの厳しい XHTML1.0 形式でも、緩やかな HTML4.01 形式でも、どちらで記述してもよいことになっています。また、両方の形式の記述法を混ぜてもかまいません。

■ 一部のタグの終了タグを省略できる

HTML4.01 の書式と同じように、<p> タグや <li> タグの終了タグを省略できます。終了タグを省略できるかどうかはタグごとに決まっています。終了タグを省略するには、どのタグなら省略できるのかを覚えていないといけないため、必ずしも省力化につながりません。本書では終了タグを省略しません。

【終了タグの省略】

ソースコード	説明	HTML4.01	XHTML1.0	HTML5	本書で採用
<p> 段落 </p>	終了タグあり	○	○	○	●
<p> 段落	終了タグを省略	○	×	○	

■ タグや属性は大文字で書いてもよい

XHTML1.0 では、タグや属性を必ず小文字で記述することになっていましたが、HTML5 では大文字小文字を区別しません。ただし、本書ではタグも属性名も小文字で記述します。

【タグや属性の大文字表記】

ソースコード	説明	HTML4.01	XHTML1.0	HTML5	本書で採用
<p> 段落 </p>	タグ名が小文字	○	○	○	●
<P> 段落 </P>	タグ名が大文字	○	×	○	
<p id="lead">	属性が小文字	○	○	○	●
<p ID="lead">	属性が大文字	○	×	○	

■空要素のスラッシュ（/）は不要

XHTML1.0 では、<img> など空要素の最後にスラッシュ（/）を記述しておく必要がありました。HTML5 ではこのスラッシュは不要です。本書では空要素のスラッシュを省略します。

【空要素のスラッシュの有無】

ソースコード	説明	HTML4.01	XHTML1.0	HTML5	本書で採用
<img src="photo.jpg">	終了のスラッシュがない	○	×	○	●
<img src="photo.jpg" />	終了のスラッシュがある	×	○	○	

■属性値をダブルクオートで囲む必要がない

一部の属性の値をダブルクオート(")またはシングルクオート(')で囲む必要がなくなりました。ただし、本書では属性値をダブルクオートで囲んでいます。

【属性値をダブルクオートで囲む／囲まない】

ソースコード	説明	HTML4.01	XHTML1.0	HTML5	本書で採用
<li class="list"> リスト </li>	属性値を必ずダブルクオートで囲む	○	○	○	●
<li class=list> リスト </li>	属性値をダブルクオートで囲んでいない	○	×	○	

■ブール属性の値を省略できる

ブール属性とは、属性値を記述する必要がない属性のことを指します。たとえば、フォームのチェックボックスを表示する <input type="checkbox"> タグには、checked 属性があります。この checked 属性は、<input> タグに追加されていればはじめからチェックが付き（checked 属性が true、真になる）、追加されていなければチェックが付きません（checked 属性が false、偽になる）。XHTML1.0 の場合、ブール属性にも必ず属性値が必要でした。HTML5 では、ブール属性の属性値を省略できます。本書では、ブール属性の値を省略しています。

【ブール属性の値の省略】

ソースコード	説明	HTML4.01	XHTML1.0	HTML5	本書で採用
<input type="checkbox" checked>	ブール属性の値を省略	○	×	○	●
<input type="checkbox" checked="checked">	ブール属性の値を指定	○	○	○	

2-4 第2章 ▶ HTMLの基礎と応用

基本ページのHTMLを記述する

これから結婚式場の紹介サイトを作成します。まず、各ページに共通する部分のHTMLを先に作成して、base.htmlという名前で保存します。

▶ すべてのHTMLドキュメントに必要なタグを記述する

「start」フォルダーの「base.html」に、すべてのHTMLドキュメントに共通する要素を記述します。

■ base.html に基本の HTML を記述する

1 「start」フォルダーの「base.html」をテキストエディターまたは Web ページ作成ソフトで開きます。次の HTML を記述します。
　※実習中、HTML ファイル、CSS ファイルを編集する際には、テキストエディターまたは Web ページ作成ソフトをお使いください。

【base.html】

```html
<!DOCTYPE html>
<html lang="ja">
<head>
<meta charset="UTF-8">
</head>

<body>
</body>
</html>
```

解説 基本のHTML

今回記述した <html>、<head>、<body> タグは、すべての HTML ドキュメントに必須のタグです。<head> には HTML ファイルの文字コード形式やタイトル、CSS ファイルや JavaScript ファイルへのリンクなどを記述します。<head> 内に含めるコンテンツは「メタデータ」と呼ばれ、その HTML ドキュメント自体の情報を記述します。
また、HTML ドキュメントは必ず文書型宣言で始めます。

■ <html> の lang 属性

<html> タグの lang 属性には、ドキュメントの言語を指定します。ページの内容が日本語で書かれている場合は、値を「ja」にします。

▋<meta charset="UTF-8">

HTMLドキュメントの文字コード形式を指定するタグです。<head> 要素内に記述します。charset 属性の値は、HTML ドキュメントの文字コード形式を指定します。HTML5 で記述する場合は、特別な事情がない限り UTF-8 形式のファイルを作成し、<meta> タグの charset 属性にも「UTF-8」を指定します（大文字小文字は問いません）。<meta charset> がないと、ブラウザーで表示した際に文字化けすることがあるので必ず記述します。

【<meta charset> の書式】

```
<meta charset="文字コード形式">
```

● タイトルとCSSへのリンクを記述する

base.html の <head> 内に、タイトルと外部 CSS ファイルを読み込むリンクを記述します。

▋<title>、<link> を記述する

■ base.html の <head> 内に、HTML 要素を追加します。

【base.html】

```
<!DOCTYPE html>
<html lang="ja">
<head>
<meta charset="UTF-8">
<title>結婚式場のコンセプト - HOTEL IMPERIAL RESORT TOKYO</title>
<link rel="stylesheet" href="css/style.css">
</head>

<body>
</body>
</html>
```

外部CSSファイルを読み込む<link>タグ

外部 CSS ファイルを読み込むには、<link> タグを使用します。rel 属性の値は「"stylesheet"」に、href 属性には読み込みたい CSS ファイルのパスを指定します。
HTML5 では、CSS ファイルを読み込むときに MIME タイプを指定する必要はありません（「外部ファイルを読み込むための <link> タグ、<script> タグの type 属性が不要に」P.49）。

【外部 CSS ファイルを読み込むときの <link> タグの書式】

```
<link rel="stylesheet" href="CSSファイルのパス">
```

解説 パスの指定

外部 CSS ファイルを読み込む <link> タグや、別のファイルへのリンクを意味する <a> タグの href 属性、画像を埋め込む <img> タグの src 属性などには、参照するリンク先のファイルが保存されている場所（パス）を指定する必要があります[*1]。パスの指定方法には「相対パス」と「絶対パス」の 2 種類があります。

[*1] 本章「ヘッダー領域の HTML を記述する」（P.55）

■ 相対パス

相対パスは、リンク元のファイルを基点として、リンク先のファイルがどこにあるのかを、相対的な位置関係で指定する方法です。たとえば、今回のように、base.html から「css」フォルダー内の「style.css」を指定する場合、フォルダー名やファイル名をスラッシュ（/）で区切って列挙します。

【相対パスの指定方法】

【リンク先ファイルが異なる階層にあるとき】

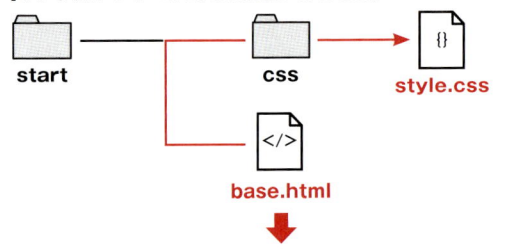

`<link rel="stylesheet" href="css/style.css">`

【リンク先ファイルが同じ階層にあるとき】

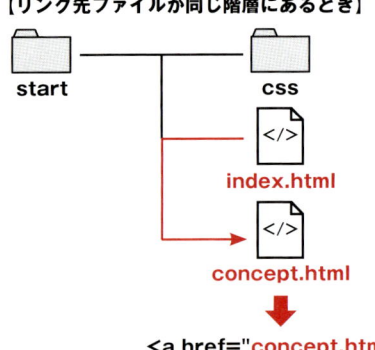

`<a href="concept.html">`

※たとえば、今後作成するindex.htmlからconcept.htmlへリンクするとき

■ 絶対パス

絶対パスとは、「http://」や「https://」から始まる URL をすべて記述する方法です。主に外部サイトへリンクするときに使われます。

【絶対パスの例】

`<a href="http://www.sikaku.gr.jp">`

MIME タイプとは

MIME タイプとは、サーバーとブラウザーの間でデータを送受信する際、そのデータがどういう種類のものなのかを指定するものです。パソコンで言えば、拡張子とほぼ同じ役割を果たします。CSS の MIME タイプは「text/css」です。

2-5 第2章 ▶ HTMLの基礎と応用

`<body>`内に各ページ共通のHTMLを記述する

ヘッダー領域、ナビゲーション領域、コンテンツ領域、フッター領域など、各ページに共通する部分のHTMLを記述します。まずはヘッダー領域のHTMLを作成します。

● ヘッダー領域のHTMLを記述する

ヘッダー領域には、HTML5で新たに定義された`<header>`タグを使用します。`<header>`内にはロゴの画像を含めます。`<header>`タグにはid属性を追加し、ページの先頭に戻れるようにしておきます [*1]。
画像は「images」フォルダーにある「logo.png」を表示させるようにします。

[*1] 本章「フッター領域を作成する」(P.70)

■ `<header>`、`<img>` を追加する

1 base.html の `<body>` 内に、次の HTML を記述します。

【base.html】

```
...
<body>
<header id="top">
  <img src="images/logo.png" alt="HOTEL IMPERIAL RESORT TOKYO">
</header>
</body>
...
```

■ 画像を `<h1><a>` で囲む

2 記述した `<img>` を、`<h1>`、`<a>` で囲みます。`<a>` のリンク先はindex.htmlにして、ロゴをクリックしたらトップページに戻るようにします。

【base.html】

```
...
<header id="top">
  <h1><a href="index.html"><img src="images/logo.png" alt="HOTEL IMPERIAL RESORT TOKYO"></a></h1>
</header>
...
```

❸ base.html をブラウザーで開きます。ロゴ画像が表示されます。

解説 HTML5で追加された、より具体的な意味を持つタグ

HTML4 系では、ヘッダー領域やフッター領域、ナビゲーション領域などはすべて <div> タグでグループ化していました。HTML5 では今回使用した <header> をはじめ新しいタグが追加され、ページ内の役割に応じて、より具体的な意味付けを行うことができるようになりました。

【HTML5 で新しく追加された、より具体的な意味付けができる要素】

タグ名	意味
<article>	一個の完結したコンテンツ。ニュースサイトやブログの記事、掲示板の 1 つの投稿などをまとめてグループ化する
<section>	汎用セクション。コンテンツのひとまとまり。記事内の節などをまとめてグループ化する
<aside>	サブ領域やバナーなど、ページの本題とは関係のないものをまとめてグループ化する
<nav>	ナビゲーションの部分をグループ化する
<header>	ヘッダーの部分をグループ化する
<footer>	フッターの部分をグループ化する
<div>	汎用ブロック。上記のいずれにも属さないコンテンツのひとまとまりの部分をグループ化する

解説 <h1>タグ

<h1> は「見出し」を意味するタグです。見出しを意味するタグには <h1>、<h2>、<h3>、<h4>、<h5>、<h6> と 6 種類あり、数字が小さいほうがより重要な見出しになります。ページの HTML に見出しが必要な場合、<h1> から使用します。それより重要度の低い見出しが出てきたら <h2>、<h2> よりも重要度の低い見出しは <h3>…… というように使います。

 <a>タグ

<a>はリンクを意味するタグです。href 属性が必須で、その値にはリンク先のファイルをパス[*1]で指定します。
また、実習では使用していませんが、<a> タグには target 属性があります。target 属性の値を「_blank」にすると、リンク先をブラウザーの別のタブ（または別のウィンドウ）で開きます。
[*1] 本章「解説　外部 CSS ファイルを読み込む <link> タグ」（P.53）

【<a> タグの書式】

```
<a href="リンク先のパス" target="_blank">リンクテキスト</a>
```

※リンク先を別のタブで開かせたいときだけ target="_blank" を追加する

<img>タグ

<img> は HTML に画像を表示するタグです。画像ファイルのパスを指定する src 属性は必須です。

■alt 属性

alt 属性には、画像のパスが間違っているなど、なんらかの理由で画像が表示できない場合に、代わりに表示するテキスト（代替テキスト）を指定します。できるだけ画像の内容を的確に表現するようなテキストにします。ただし、ブラウザーに表示されている前後のテキストと画像の内容が同じ場合や、装飾的な意味合いが強い画像の場合は、alt 属性値を空にしてもよいことになっています。その場合は次のように記述します。

【alt 属性値を空にする場合の書式】

```
<img src="画像ファイルのパス" alt="">
```

■width 属性、height 属性

width 属性、height 属性は、画像の表示サイズを指定します。これらの属性を省略すると、画像は状況に応じて拡大・縮小して表示されます。多様な画面サイズのスマートフォンやタブレット端末に対応した Web ページを作成するときは、width 属性、height 属性とも省略します[*1]。
[*1] 第 4 章「スマートフォン向けの CSS を読み込む」（P.148）

【<img> の書式と代表的な属性】

```
<img src="画像のパス" alt="代替テキスト" width="表示する幅" height="表示する高さ">
```

※src 属性は必須。alt 属性は画像がダウンロードできなかったときに代わりに表示されるテキストで、可能な限り記述する。width 属性、height 属性は省略可

解説 id属性、class属性

id 属性、class 属性とも、要素に名前を付けるために使用します。どちらもすべてのタグに追加することができます。

■ id 属性

id 属性は、ページ内リンク[*1] のリンク先を特定するために使用するほか、CSS で要素を指名するためにも使われます。

id 属性で付ける id 名（属性値）は、1 つの HTML ドキュメントにつき一度しか使用できません。また、名前に半角スペースを含めることはできません。

[*1] 本章「解説　ページ内リンク」（P.71）

【id 属性の使用例。id の属性値に半角スペースを含めてはいけない】

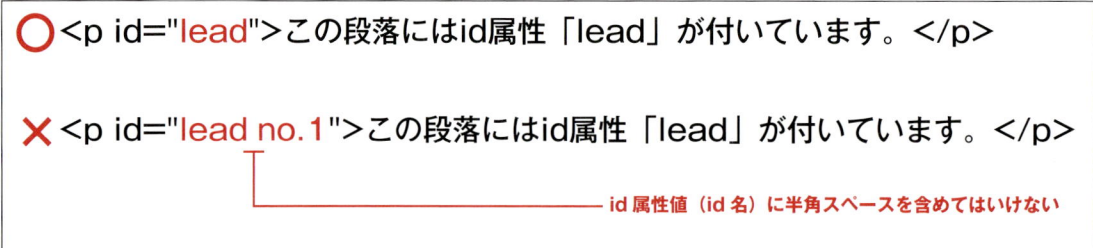

■ class 属性

class 属性は、主に CSS で要素を指名するために使われます。

id 属性と違い、同じ class 名（class 属性の属性値）は、1 つの HTML ドキュメント内で何度出てきてもかまいません。また、半角スペースで区切ることにより、1 つの要素に対して複数の class 名を付けることができます。

【class 属性の使用例】

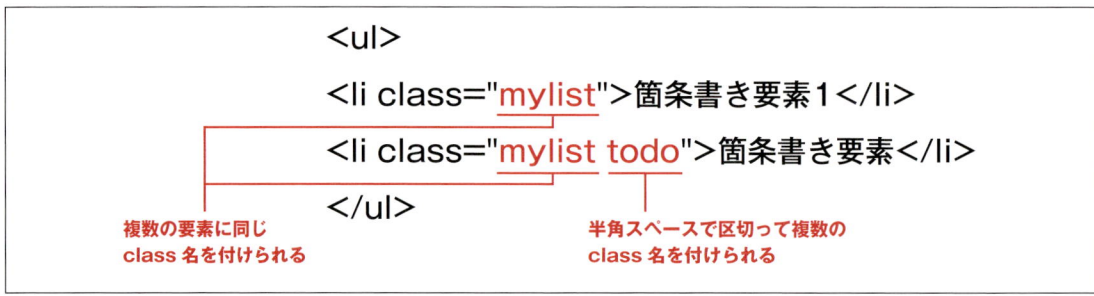

2-6 ナビゲーション領域を作成する

ヘッダー領域内にナビゲーションを作成します。ナビゲーションは<nav>タグを使って記述します。

▶ ナビゲーション領域を作成する

ナビゲーションには、サイト内の各ページへのリンクを含めます。HTML5で新しく追加された<nav>タグを使用して作成します。各ページへのリンクは箇条書きの<ul>と<li>で記述し、リンクテキストは<a>で囲みます。後でCSSを調整できるよう、<li>にはid属性を追加します。

■ <nav>、<ul>、<li>、<a> を記述する

1 base.html の <header id="top"> ～ </header> の次の行から HTML を記述します。

【base.html】

```
...
<header id="top">
  <h1>...</h1>
</header>
<nav>
  <ul>
    <li id="nav_concept"><a href="concept.html">結婚式場のコンセプト</a></li>
    <li id="nav_plan"><a href="plan.html">プランのご案内</a></li>
    <li id="nav_fair"><a href="fair.html">ブライダルフェア</a></li>
    <li id="nav_contact"><a href="contact.html">お問い合わせ</a></li>
  </ul>
</nav>
...
```

2 base.html をブラウザーで開きます。ロゴ画像の下に箇条書きのテキストが4つ並びます。

解説 箇条書き

<ul> タグは箇条書きの一種で「非序列リスト」と呼ばれます。箇条書きの各項目は <li> 〜 </li> で記述します。非序列リストは各項目の先頭に「・」が付きます。箇条書きの中でも最もよく使われる、重要なタグです。

【<ul> の記述例と表示結果】

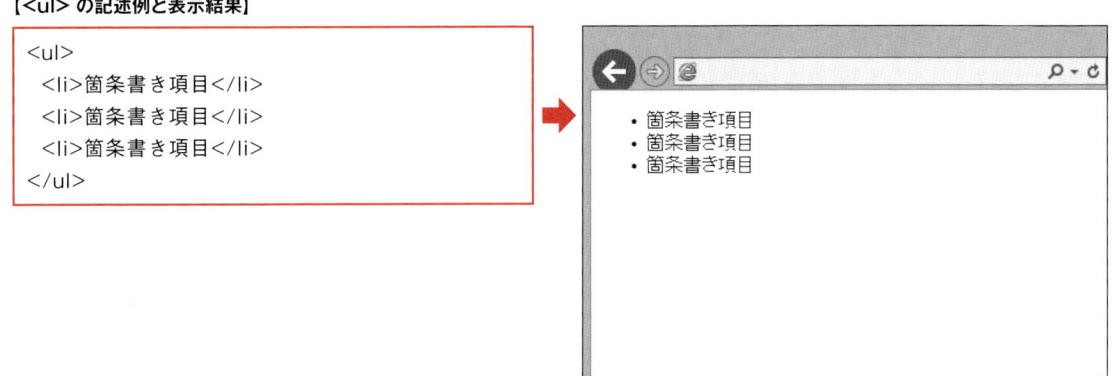

One Point <ol> タグ

箇条書きには非序列リストの <ul> タグ以外に、<ol> タグもあります。こちらは「序列リスト」と呼ばれ、各項目の先頭に番号が付きます。<ul> と同様、<ol> の各項目は <li> 〜 </li> で記述します。

【<ol> の記述例と表示結果】

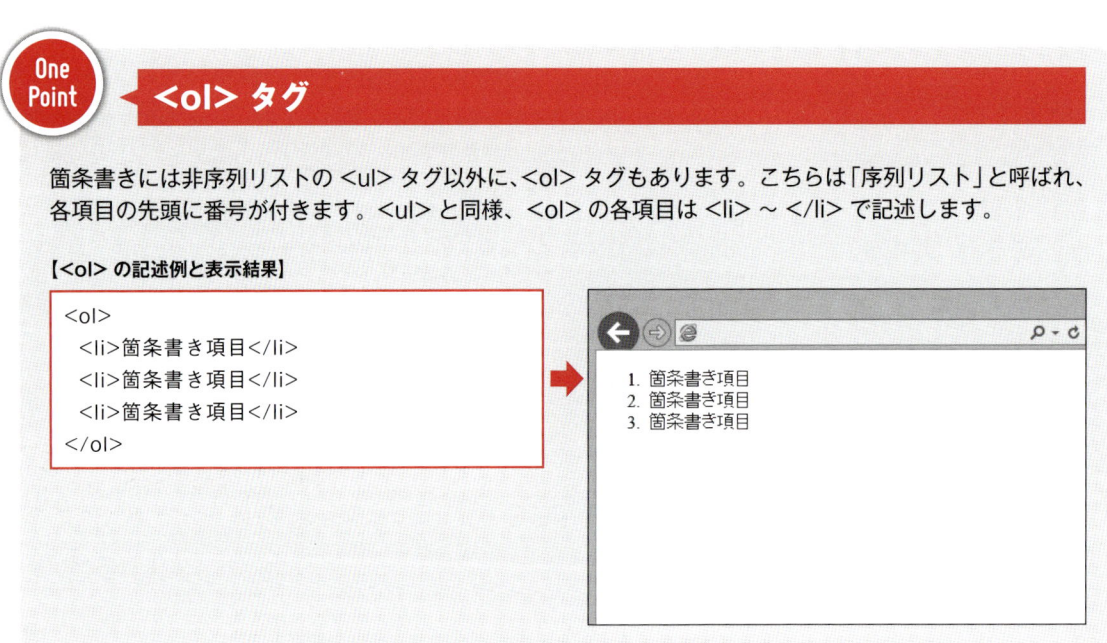

パンくずリストを作成する

ナビゲーションの下に、パンくずリストを作成します。

● パンくずリストのHTMLを記述する

パンくずリスト領域を <header> の次の行に追加します。

■ <div>、<ul>、<li> を記述する

1 base.html の <nav>～</nav> の次の行から HTML を記述して、パンくずリスト領域を作成します。また、追加した <div> タグには後で CSS を適用するために、id 属性「breadcrumb」を追加します。

【base.html】

```
<body>
...
<nav>
  ...
</nav>
<div id="breadcrumb">
  <ul>
    <li><a href="index.html">ホーム</a></li>
    <li>結婚式場のコンセプト</li>
  </ul>
</div>
</body>
```

2 base.html をブラウザーで開きます。ナビゲーション領域の下に新たな箇条書きが 2 行追加されます。

> **Design Note** パンくずリストとは
>
> パンくずリストとは、ページがサイト内のどこに位置するのか、トップページからの階層構造をたどってリスト化したリンクの一覧です。

解説 `<div>` タグ

`<header>` や `<nav>` など、HTML5 でより具体的な意味を持つ新たなタグが登場したとはいえ、`<div>` がなくなったわけではありません。`<div>` は「汎用ブロック」と呼ばれるタグです。`<div>` タグ自身は特に意味を持たず、要素をグループ化するために使用します。主に CSS でレイアウトを組むのに便利で多用されます。

【`<div>` によって複数の要素がグループ化される】

```
<div>
    <h2>プランのご案内</h2>
    <p>標準のプランをご紹介いたします。</p>
</div>
```

↑ 複数のタグがグループ化される

One Point `<span>` タグ

テキストをグループ化する `<span>` タグもあります。`<div>` 同様、`<span>` タグも特に意味を持ちませんが、`<span>` ～ `</span>` で囲まれたテキストだけ色を変えるなど、CSS を適用するために用いられます。

【`<span>` の使用例】

```
<p>世界に<span>1つだけ</span>のオリジナルスイーツをおつくりいたします。</p>
```

2-8 第2章 ▶ HTMLの基礎と応用

コンテンツ領域・メイン領域・サブ領域を作成する

ページの主要なコンテンツが掲載されるコンテンツ領域のHTMLを記述します。

● コンテンツ領域を作成する

このWebサイトは後でCSSを編集して、左側にページの主要なコンテンツを、右側にはバナーなどを掲載する2コラムレイアウトにします。そのために、HTMLにはまずコンテンツ領域を作成し、その中に左側のメイン領域、右側のサブ領域を含めます。

■ コンテンツ領域の <div> を記述する

1 `<div id="breadcrumb">` ~ `</div>` の次の行に `<div>` タグを追加します。また、追加した `<div>` の id 属性の値を「contents」にします。

【base.html】

```
...
<body>
...
<div id="breadcrumb">
  ...
</div>
<div id="contents">

</div>
</body>
...
```

● メイン領域を作成する

作成したコンテンツ領域の中に、メイン領域を作成します。メイン領域の中には、各ページで共通して使用する見出しも追加します。

■ <div id="main"> とその中の要素を作成する

1 <div id="contents"> 内に <div> タグを追加し、id 属性を「main」にします。またその中に <article> タグ、<h1> タグを追加します。

【base.html】

```
...
<div id="contents">
  <div id="main">
    <article>
      <h1>結婚式場のコンセプト</h1>
    </article>
  </div>
</div>
...
```

2 base.html をブラウザーで開きます。「結婚式場のコンセプト」と大きな字で見出しが表示されます。

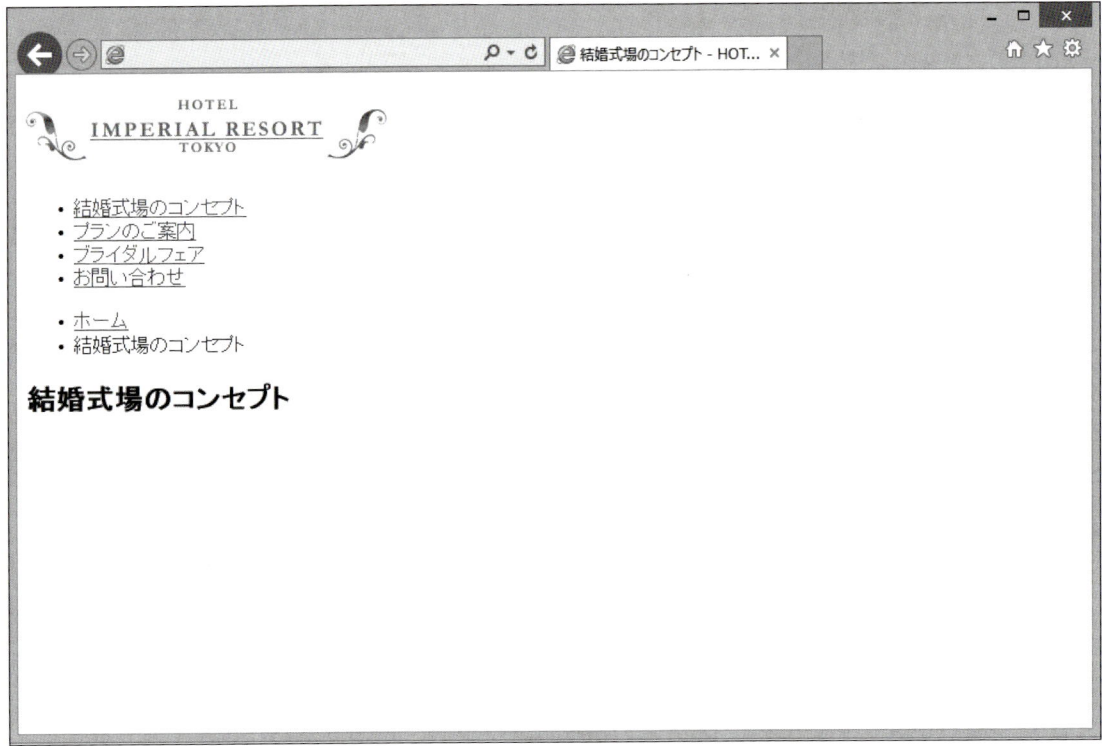

▶ サブ領域を作成する

メイン領域に続いてサブ領域を、<div id="contents"> 内に作成します。

■ <div id="sub">、<aside> を追加する

1 <div id="main"> ～ </div> の次の行に <div> タグを追加し、id 属性を「sub」にします。またその中に <aside> タグを追加します。

【base.html】

```
...
<div id="main">
  <article>
    <h1>結婚式場のコンセプト</h1>
  </article>
</div>
<div id="sub">
  <aside>

  </aside>
</div>
...
```

▶ サブ領域にバナーを2つ追加する

追加したサブ領域の <aside> 内に、バナー画像を2つ追加します。そのうちの1つにはキャプションテキストも付けます。

■ <aside> の内容を記述する

1 <aside> 内に次の HTML を記述して、バナーを2点追加します。

【base.html】

```
...
<div id="sub">
  <aside>
    <div class="bnr_inner">
      <dl>
        <dt><img src="images/bnr_plan.jpg" alt="プランのご案内"></dt>
        <dd>標準のプランをご紹介いたします。</dd>
      </dl>
    </div>
    <div class="bnr_inner">
      <p><img src="images/bnr_contact.png" alt="お問い合わせ"></p>
    </div>
  </aside>
</div>
...
```

❷ base.html をブラウザーで開きます。バナー画像が2点、キャプションテキストが1行追加されます。

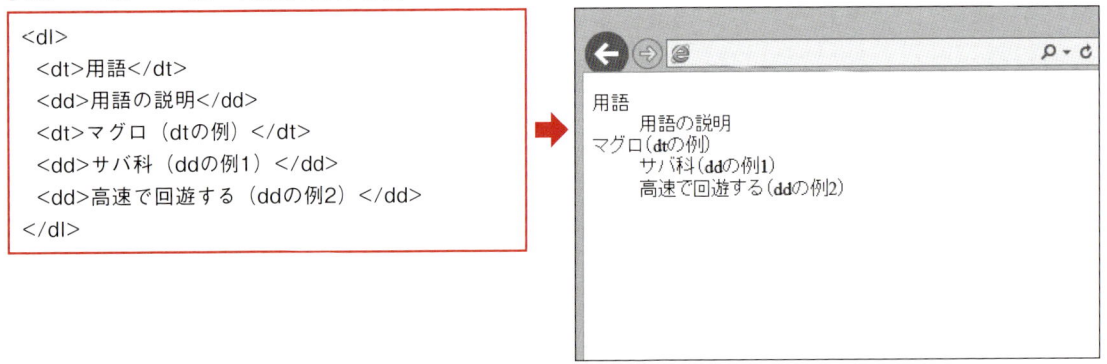

解説 <dl>、<dt>、<dd>タグ

<dl> は「定義リスト」と呼ばれる少し特殊な箇条書きの一種です。ある「用語」とその「説明」などをセットで記すためのリストで、<dl> ～ </dl> の中に、用語を <dt>、説明を <dd> で囲んで記述します。今回のように、バナーなどの画像とそのキャプションをセットにして記述するケースでもよく使われます。

【<dl> ～ <dt> ～ <dd> の記述例と表示結果】

```
<dl>
 <dt>用語</dt>
 <dd>用語の説明</dd>
 <dt>マグロ（dtの例）</dt>
 <dd>サバ科（ddの例1）</dd>
 <dd>高速で回遊する（ddの例2）</dd>
</dl>
```

解説 <p>タグ

<p>は「段落」を意味するタグです。

Design Note　シンメトリー／アシンメトリー

「シンメトリー」とはビジュアル画像の画面構成を決めるテクニックの1つで、垂直軸、水平軸、対角線などに対して、対称にオブジェクトを配置することです。非常によく使われるテクニックで、安定感があり、整理された印象を与えます。アシンメトリーはその反対で、オブジェクトを非対称に配置することです。動きを感じさせ、活発で躍動感のある印象を与えます。

【シンメトリーとアシンメトリー（サンプル：c02-symmetryフォルダー内の画像）】

シンメトリーの例

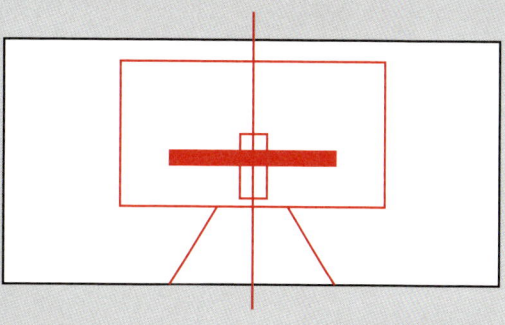

アシンメトリーの例

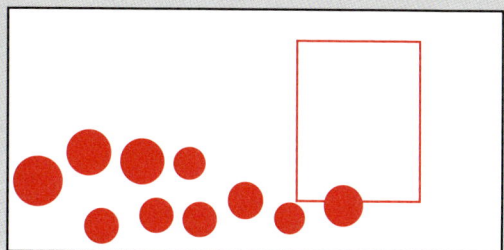

● バナーにリンクを張る

サブ領域に配置したバナー2つにリンクを張ります。上のバナーは後に作成する plan.html に、下のものには contact.html へのリンクを張ります。

■ バナーを <a> で囲む

1 サブ領域の <dl> 〜 </dl>、<p> 〜 </p> をそれぞれ <a> タグで囲みます。

【base.html】

```
...
<aside>
  <div class="bnr_inner">
    <a href="plan.html">
    <dl>
      <dt><img src="images/bnr_plan.jpg" alt="プランのご案内"></dt>
      <dd>標準のプランをご紹介いたします。</dd>
    </dl>
    </a>
  </div>
  <div class="bnr_inner">
    <a href="contact.html">
    <p><img src="images/bnr_contact.png" alt="お問い合わせ"></p>
    </a>
  </div>
</aside>
...
```

2 base.html をブラウザーで開きます。リンク先はまだ作成していないため次のページに移ることはできませんが、バナーおよびキャプションがクリックできるようになります。

解説 子要素の種類を問わなくなった<a>

HTML4系では、<a> タグの要素の内容、つまり子要素にできるのは、テキストか、<strong> タグなどテキストを修飾するインラインレベル要素だけでした。<p> や <div> タグなど要素をグループ化するブロックレベル要素を含めることはできず、表示が崩れることもありました[*1]。

HTML5で仕様が変更され、<a> の子要素にはほぼどんなタグでも使えるようになりました。今回のように <p> を <a> で囲むのは、HTML5ではじめてできるようになったのです。

[*1] 第3章「ブロックレベル要素とインラインレベル要素」(P.98)

【各HTMLバージョンで認められる <a> の子要素、認められない子要素】

HTML5	HTML4系	HTMLの例
○	○	<a href="page.html"> ページへリンク </a>
○	○	<a href="page.html"><strong> ページへリンク </strong></a>
○	×	<a href="page.html"><h1> ページへリンク </h1></a>
○	×	<a href="page.html"> <div> ページへリンク </div> </a>

<a> や <input> を子要素にできない

ただし、<a> の子要素として、ほかの <a> やフォームの <input>[*1] など、クリックできる要素を含めることはできません[*2]。下図の簡単な例では、<a> の子要素に <input> が含まれています。フォームのテキストフィールドに入力しようとしてクリックしても入力できなかったり、<a> で指定されたURLのサイトに移動したり、ブラウザーによって異なる動作をします。

[*1] フォームについては第8章を参照 (P.217)
[*2] <a> や <input> など、クリックなどの操作ができる要素は「インタラクティブコンテンツ」と呼ばれている (P.46)

【<a> の子要素に <a> や <input> を含めてはいけない (サンプル:c02-nest.html)】

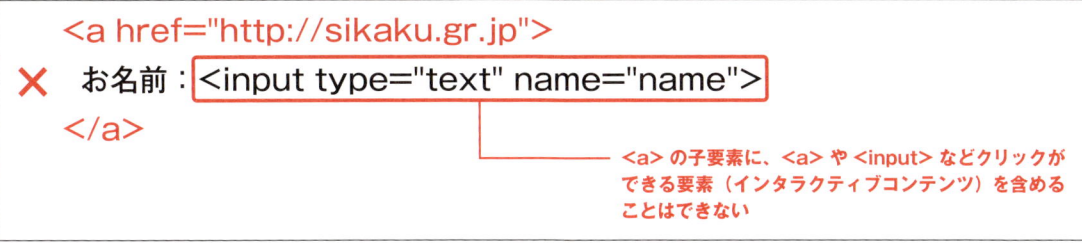

2-9 フッター領域を作成する

第2章 ▶ HTMLの基礎と応用

base.htmlのHTML作成の最後に、フッター領域を作成します。フッター領域には「ページの先頭へ戻る」リンク、結婚式場の住所やWebサイトのコピーライトを掲載します。

▶ フッターのHTMLを記述する

フッター領域は `<footer>` で記述します。この `<footer>` 内に、まず「ページの先頭へ戻る」リンクと結婚式場の連絡先を記述します。

■ `<footer>` と「ページの先頭へ戻る」リンクを作成する

1 base.html の `<div id="contents">` ～ `</div>` の次の行から HTML を記述します。

【base.html】

```
...
<div id="contents">
  ...
</div>
<footer>
  <p id="pagetop"><a href="#top">ページの先頭へ戻る</a></p>
  <address>東京都千代田区X-X-X 電話 0120-000-XXX 営業時間 11:00～20:00(水曜日定休)</address>
</footer>
...
```

2 base.html をブラウザーで開きます。「ページの先頭へ戻る」というリンク、結婚式場の連絡先が表示されます。`<address>` に含まれるテキストは斜体で表示されます。

解説 <address>タグ

<address>は「連絡先」を意味するタグです。HTML5で意味が変更されました。HTML4系では、<address>は「メールアドレス」を意味していました。
ちなみに、<article>内に<address>を記述すると、「その記事を書いた人の連絡先」という意味になります。今回のように<article>以外の場所に<address>を記述すると、「そのページ全体の連絡先」という意味になります。

解説 ページ内リンク

新しく追加した「ページの先頭へ戻る」をクリックすると、ページのスクロールが元に戻ります。縦に長いページを下のほうまで読んでも、ナビゲーションがあるページの一番上まですぐに戻れるため、ユーザビリティ[*1]の向上につながります。
今回記述した<a>のhref属性は、ページ内の指定したid属性の要素にリンクするもので、「ページ内リンク」と呼ばれています。ページ内リンクは、半角シャープ（#）に続けて、リンク先要素のid属性を記述します。id属性「top」は、<header>タグに付いています。

[*1] 閲覧者の操作のしやすさに配慮したデザインをすること

【ページ内リンク】
```
<a href="#リンク先要素のid属性">
```

【base.htmlのページ内リンク】
```
<body>
<header id="top">
  <h1><a href="index.html"><img src="images/logo.png"></a></h1>
</header>
...
<footer>
  <p id="pagetop"><a href="#top">ページの先頭へ戻る</a></p>
  ...
</footer>
</body>
```
ページ内リンクは、<a>のhref属性に、移動先要素のid属性を指定する

● コピーライトを追加する

フッター領域作成の最後に、Webサイトのコピーライトを追加します。

■ <small> と実体参照を使用する

1 <address> 〜 </address> の次の行に HTML を記述します。

【base.html】

```
...
<footer>
  <p id="pagetop"><a href="#top">ページの先頭へ戻る</a></p>
  <address>東京都千代田区X-X-X 電話 0120-000-XXX 営業時間 11:00〜20:00(水曜日定休)</address>
  <p id="copyright"><small>Copyright &copy;2014 HOTEL IMPERIAL RESORT TOKYO All rights reserved.</small></p>
</footer>
...
```

2 base.html をブラウザーで開きます。コピーライト情報が表示されます。「©」と記述した部分は © に置き換わります。

 <small>タグ

<small>はHTML5で意味が変更されたタグです。サイドコメントと呼ばれ、コピーライトやライセンス条項、免責事項、法的規制などを意味します。HTML4系では、単に「小さな文字」を意味していました。

文字実体参照

「©」は「文字実体参照」あるいは「実体参照」と呼ばれ、「©」など、入力しづらかったり、HTML内のテキストでは使用できない文字（<、>、& など）を表示させるために使用します。

【代表的な文字実体参照】

文字実体参照	表示される記号	備考
&copy;	©	コピーライト
&reg;	®	登録商標
&trade;	™	商標
&quot;	"	ダブルクオート。HTMLタグの内容に「"」は使えないので、必ず文字実体参照を使用する
&gt;	>	大なり記号。HTMLタグの内容に「>」は使えないので、必ず文字実体参照を使用する
&lt;	<	小なり記号。HTMLタグの内容に「<」は使えないので、必ず文字実体参照を使用する
&amp;	&	アンパサンド。HTMLタグの内容に「&」は使えないので、必ず文字実体参照を使用する
	（半角スペース）	半角スペース。HTMLでは通常、2つ以上連続する半角スペースが入力されていても、ブラウザーの表示では1つ分しか空かない。それ以上のスペースを空けたければ を使用する

# サイトマップとフッター

サイトマップとは、Webサイトの主要なページを一覧にしたリンク集のページです。全体のページ数が多い大規模なWebサイトでは、サイトマップページを作ることがあります。閲覧者が欲しい情報を探すときに役立ちます。
最近は各ページのフッターに主要なページへのリンクを載せて、サイトマップに近い働きを持たせることもあります。

【サイトマップの例（サーティファイWebサイト）】

サイトマップページ

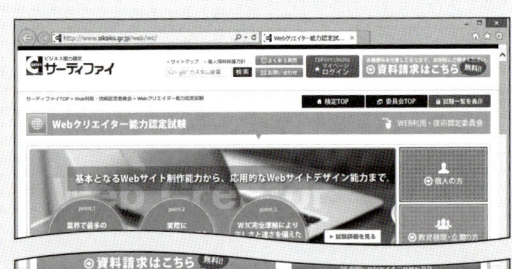

ページのフッター

第3章 ▶ CSSの基礎と応用

CSSの基礎知識
セレクター
CSSの使用・外部CSSファイルの読み込み
各ページ共通のCSSを記述する
背景色、テキスト色を指定する
ボックスモデルを理解する
ナビゲーション領域のレイアウトを作成する
2コラムレイアウトにする
メイン領域にある見出しのCSSを調整する
擬似クラスを使用する
ページを複製する
ページごとに少しだけ異なるCSSを適用する
ナビゲーションのハイライトを作成する

3-1 第3章 ▶ CSSの基礎と応用

CSSの基礎知識

HTMLドキュメントの表示を制御するのがCSSです。ここでは、CSSの基本的な働きと書式を説明します。

● CSSはHTMLの表示を制御するための言語

CSS（Cascading Style Sheets）は、HTMLにスタイル機能を提供し、表示を制御するための言語です。HTMLには表示を制御する機能がなく、フォントを変えたり、複雑なレイアウトを組んだりするようなことはできません。CSSを使えばHTMLの表示を制御して、見た目を整形することができます。

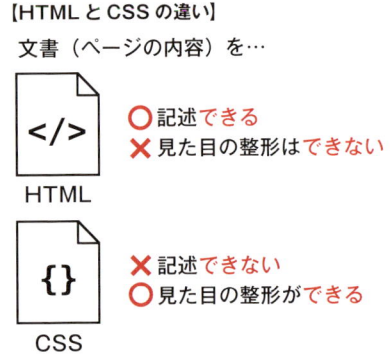

【HTMLとCSSの違い】

● CSSの基本的な仕組み

CSSは、関連するHTMLドキュメントの中から要素を選択し、その選択した要素にスタイルを適用して表示を変更します。

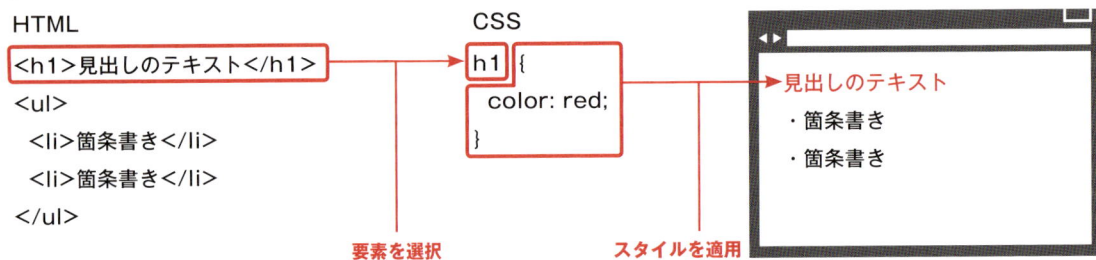

【CSSの基本的な仕組み】

● CSSの基本的な書式と各部の名称

次のソースは典型的なCSS書式です。`<h1>`に対して背景色とテキスト色を指定しています。この例を見ながら、各部の名称と役割を説明します。

【CSS ルールの例と名称】

```
h1 {
    background-color: #FFFAF0;
    color: #FFFFFF;
}
```

- セレクター： h1
- 宣言ブロック： { ... }
- ルール（ルールセット）：全体
- プロパティ： background-color、color
- プロパティ値： #FFFAF0、#FFFFFF
- 宣言（スタイル宣言）： background-color: #FFFAF0;

■ルール（ルールセット）

ルールは、セレクターと宣言ブロックがセットになったものです。一部のプロパティ値を除き、CSSのルールはアルファベットからコロン（:）、セミコロン（;）、スペースなどの記号も含めてすべて半角で記述します。

■セレクター

HTMLドキュメントから特定の要素を選択するのが「セレクター」です。セレクターには「パターン」と呼ばれる、要素を選択する条件が定義されています。図の例では、HTMLドキュメントに含まれるすべてのh1要素を選択して、宣言ブロックに書かれたスタイルを適用します。

■宣言ブロック

開始波カッコ（{）から終了波カッコ（}）までを「宣言ブロック」と言い、セレクターで選択した要素に適用するスタイルを記述します。

■プロパティ

「フォントを指定する」「テキスト色を変更する」など、CSSで操作できるスタイルそれぞれに「プロパティ」が定義されています。図の例では、「background-color」「color」がプロパティにあたり、それぞれh1要素の背景色、テキスト色を指定します。

■プロパティ値

プロパティに設定する値です。たとえば、背景色やテキスト色のプロパティであれば、値に色を指定します。プロパティとプロパティ値の間にはコロン（:）が必ず入ります。また、プロパティ値の後ろには必ずセミコロン（;）が付きます。

■宣言（スタイル宣言）

プロパティとその値をまとめて、「宣言」または「スタイル宣言」と呼びます。必ずプロパティとプロパティ値はセットで記述します。

● コメント文

CSSドキュメントにコメントを残すことができます。コメント文はCSSとしては解釈されず、表示にはまったく影響を及ぼしません。「/*」から「*/」にコメントを書きます。

【コメント文の例】

```
/*  ここにコメントを書きます。  */
/*
コメント中に改行しても問題ありません。
*/
```

● @ルール

アットマーク（@）で始まる、セレクターのない「@ルール」というものがあります。本書では、次の3種類の@ルールを取り上げます。

■ @charset ルール

CSSドキュメントの文字コードを指定するのが@charsetルールです。HTML同様、CSSも特に理由がない限り文字コードはUTF-8形式にします。

【CSSドキュメントの文字エンコードがUTF-8であることを明示する例】

```
@charset "utf-8";
```

※「utf-8」は大文字でも小文字でもよい

■ @import ルール

通常、CSSファイルはHTMLに<link>タグを挿入して読み込みます。しかし、@importルールを使えば、CSSファイルから別のCSSファイルを読み込むこともできます。

【@importルールの書式】

```
@import url(読み込むCSSファイルへのパス);
```

■ @media ルール

Webページを表示している端末の画面サイズや解像度などを対象に、特定の条件を満たすときだけ適用されるCSSルールを作成することができます。そうした条件を記述するには@mediaルールを使用します。

【画面の横幅が500px以下のときだけ適用されるCSSを記述する例】

```
@media (max-width: 500px) {
    /* ここにCSSルールを記述する */
}
```

読みやすいCSSの記述

あとでCSSを編集してデザインを少し変えたくなることはよくあります。そういうときのために、CSSを記述するときは、適宜改行したり、半角スペースを入れたりして、読みやすくすることを心がけましょう。波カッコ、コロン、セミコロンの前後などに半角スペースや改行を入れます。一般的には次のように記述します。本書のCSSも同じように記述しています。

【一般的なCSSルールの記述例】

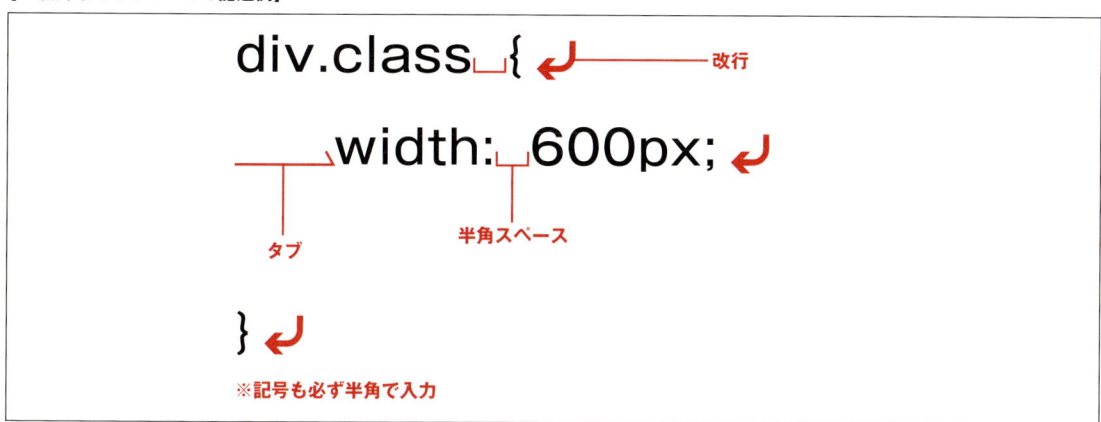

One Point: CSSのバージョン

HTMLやCSSは、Web技術標準化団体のW3Cが仕様を策定しています。HTMLは、2014年にHTML5が正式勧告され、公式の最新バージョンとなりました。
一方のCSSは、基本的な文法や主要な機能は、1990年代末に正式勧告されたCSS2.1で定義されています。CSS2.1は断続的に改訂されていて、現在の最新バージョンは2014年9月25日に誕生したCSS2.2です。CSSは、このCSS2系統を土台として機能強化が進められています。
CSS2.1、2.2以降に提案された新しい機能もあります。こうしたCSSの新しい機能は、一般的に「CSS3」と呼ばれています。
CSSはHTMLと違い、新機能がどんどん追加されるだけで、文法や基本的な仕様が変わることはありません。バージョンを分けること自体にあまり意味がないので、本書では、CSSのバージョンには触れていません。

セレクター

CSSは、HTMLドキュメントから要素（タグとその内容）を選択して、スタイルを適用します。HTMLドキュメントから要素を選択するのがセレクターです。

▶ セレクターのパターン

セレクターには「パターン」と呼ばれる条件が多数定義されています。セレクターの条件に適合し、HTMLドキュメント内の要素が選択されることを「パターンにマッチする」と言います。パターンにマッチした要素には、CSSの宣言ブロックで定義されたスタイルが適用されます。
セレクターの具体的な使い方は、実習を通して少しずつ覚えていきましょう。

【代表的なセレクターのパターン】

パターンの書式	説明	パターン名
*	すべてのタグにマッチ	ユニバーサルセレクター（全称セレクター）
タグ名	同名のタグにマッチ	タイプセレクター
#id属性	同名のid属性が付いた要素にマッチ	IDセレクター
E#id属性	同名のid属性が付いた要素Eにマッチ	
E.class属性	同名のclass属性の付いた要素Eにマッチ	クラスセレクター
E[属性]	「属性」が付いている要素Eにマッチ	属性セレクター
E[属性="値"]	「属性」の値が「値」の要素Eにマッチ	
E:link	要素Eがリンクで、かつリンク先が未訪問の場合にマッチ	リンク擬似クラス
E:visited	要素Eがリンクで、かつリンク先が訪問済みの場合にマッチ	
E:hover	要素Eにマウスポインタがロールオーバーしている状態にマッチ	ユーザーアクション擬似クラス
E:active	要素Eのコンテンツ（テキストなど）の上でマウスボタンが押されている状態にマッチ	
E:focus	テキストフィールドなどの要素Eが選択されている状態にマッチ	
E:nth-child(n)	要素Eのすべての兄弟要素のうち、n番目がEならマッチ	構造擬似クラス
E:nth-last-child(n)	要素Eのすべての兄弟要素のうち、最後から数えてn番目がEならマッチ	
E:first-child	要素Eのすべての兄弟要素のうち、最初のEにマッチ	
E:last-child	要素Eのすべての兄弟要素のうち、最後のEにマッチ	
E:nth-of-type(n)	要素Eのうち、n番目のEにマッチ	
E:nth-last-of-type(n)	要素Eのうち、最後から数えてn番目のEにマッチ	
E:first-of-type	最初の要素E	
E:last-of-type	最後の要素E	
E F	親要素Eの子孫要素Fにマッチ	子孫コンビネータ（子孫セレクター）
セレクター1, セレクター2	セレクター1、またはセレクター2にマッチする要素。カンマで区切って複数のセレクターを指定	セレクターのグループ化

※ E、Fはなんらかのセレクター

CSSの使用・外部CSSファイルの読み込み

HTMLにCSSを適用するにはいくつかの方法があります。実際のWebサイト制作では、HTMLとは別にCSSファイルを用意するのが一般的ですが、HTMLに直接記述する方法もあります。

CSSを適用する3つの方法

HTMLドキュメントにCSSを適用するには、大きく分けて次の3通りの方法があります。このうち、実際のWebサイト制作では、ほとんどの場合外部CSSファイルを用意する方法をとります。

- HTMLタグにstyle属性を追加する
- HTMLドキュメントの<head>内に<style>タグを追加する
- 外部CSSファイルを用意して、HTMLファイルから読み込む

HTMLタグにstyle属性を追加する

すべてのタグにはstyle属性を追加することができます。style属性の値に「プロパティ：値；」をダブルクオートで囲んで記述します。タグに直接CSSを適用するため、どこにどんなスタイルを記述したのか分かりづらくなります。実際にWebサイトを制作するときには極力使用しないでください。

style属性の特徴

タグのstyle属性は、CSSの結果をすぐに試してみたいときなどに使います。特徴は次のとおりです。

- 手軽に書ける
- タグごとに記述するため、どこにCSSを書いたかが分かりづらく、管理が大変
- style属性には非常に高い詳細度[*1]が設定されているため、後にデザインの修正が発生したときなどに対応が困難
- 極力使用しない

[*1] 第7章「詳細度」(P.206)

【style属性の使用例（サンプル：c03-attribute.html）】

```
<p>ここはstyle属性が追加されていない通常の段落です。</p>
<p style="color:#008800;font-size:12px;">テキスト色とフォントサイズが変わります。</p>
```

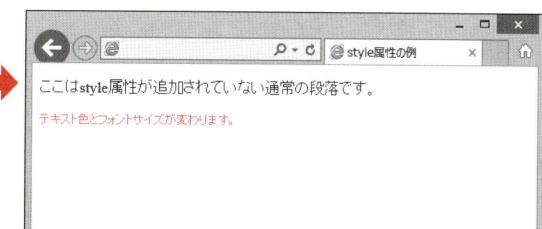

◉ <style>タグを使用する

HTMLドキュメントの<head>内に<style>タグを追加して、その要素の内容にCSSを記述します。style属性同様、<style>タグも実際のWebサイト制作ではあまり使用しません。ただし、非常に高度なWebサイト制作では、ページの表示速度を速くしたいときに利用することもあります。

■ <style>タグの特徴

<style>タグは、わざわざ外部CSSファイルを用意するまでもない、ページ数の少ないWebサイトや、表示速度を重視する場合は使用することもあります。特徴は次のとおりです。

- HTMLごとにCSSを記述するため、サイトの規模が大きくなると管理が大変になる
- 複数のページで共通するCSSも、HTMLごとに書かなければならない
- CSSファイルがないためダウンロードにかかる時間が減り、ページの表示が早くなる可能性がある
- 原則として実際のWebサイト制作では使用しないが、ページの表示速度を重視する場合には利用することもある

【<style>タグの使用例(サンプル:c03-element.html)】

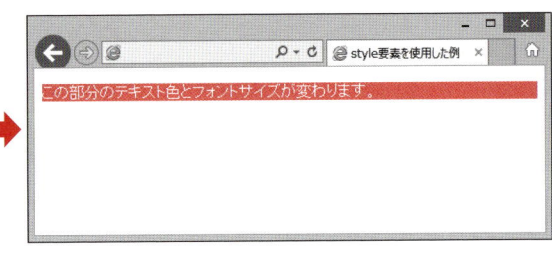

◉ 外部CSSファイルを読み込む①～@importルールを使用する～

Webサイトの制作では、専用の外部CSSファイルを用意するのが一般的です。HTMLとCSSを分離すれば、各ページで共通する部分のレイアウトを外部CSSファイルにまとめることができて、管理がしやすくなるからです。
CSSファイルを読み込む方法には2通りあり、そのうちの1つが@importルールを使用する方法です。

■@importルールの特徴

@importルールを使うと、HTMLの<style>タグ内、または CSSファイル内から、別のCSSファイルを読み込むことができます。

- CSSが分離できて管理はしやすくなるが、後述する<link>タグを使用した読み込みに比べページの表示速度が遅くなる
- その欠点のためあまり使われてこなかったが、CSSプリプロセッサー[1]が読み込みに使うようになり、近年注目されている

[1] 第6章「CSSの効率の良い作成と管理」(P.190)

【@importの使用例。import.htmlからstyle1.cssを、style1.cssからstyle2.cssを読み込む(サンプル：c03-import/import.html)】

① import.htmlからstyle1.cssを読み込む
【import.html】

```
<!DOCTYPE html>
<html>
<head>
<meta charset="utf-8">
<title>@importの使用例</title>
<style>
@import url(style1.css);
</style>
</head>
<body>
  <p>@importの使用例です。</p>
</body>
</html>
```

② 読み込まれたstyle1.cssから、さらにstyle2.cssを読み込む
【style1.css】

```
@charset "utf-8";
@import url(style2.css);
p {
  background-color: #008800;
  color: #ffffff;
}
```

③ style2.cssが読み込まれる
【style2.css】

```
@charset "utf-8";
p {
  padding: 16px;
}
```

外部CSSファイルを読み込む②〜<link>タグを使用する〜

外部CSSファイルを読み込むもう1つの方法が、HTMLに<link>タグを記述するやり方です。通常はこの方法でCSSファイルを読み込みます。

■<link>タグを使用してCSSファイルを読み込む方法の特徴

CSSの管理とページの表示速度の両面でメリットが大きく、一般的には<link>タグを使用してCSSファイルを読み込みます。次のような特徴があります。

- 最も一般的な外部CSSファイルを読み込む方法
- ページの表示速度は@importよりも速い

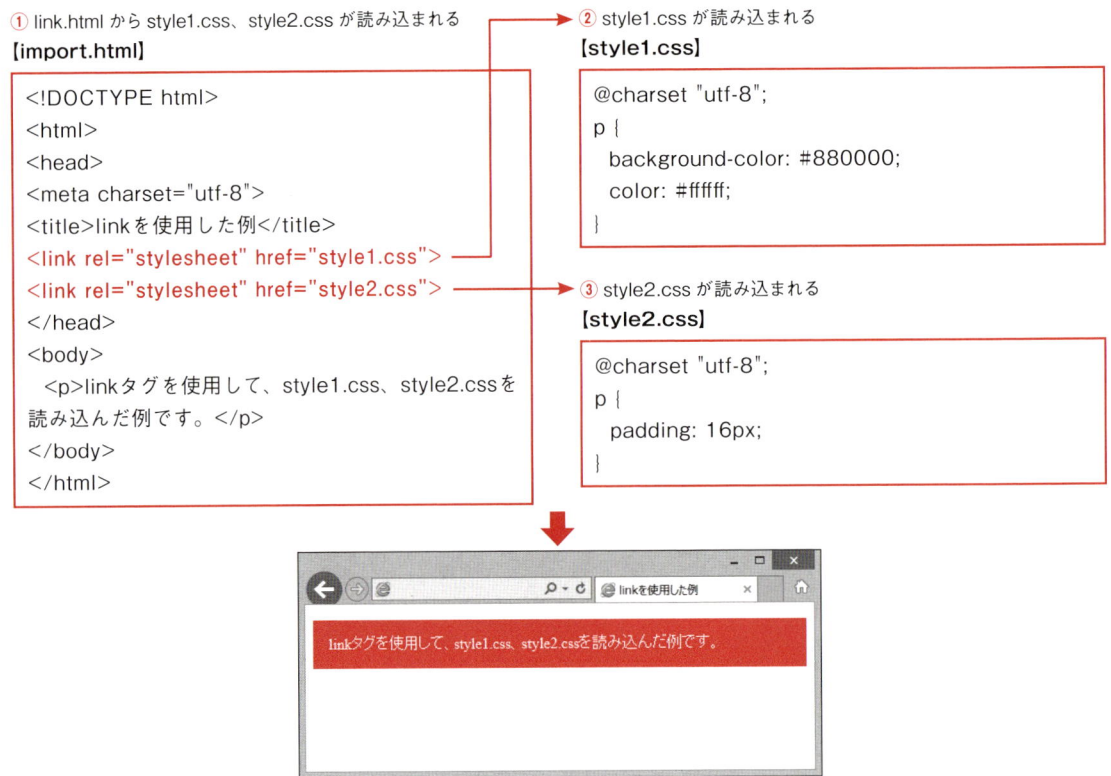

<link>タグを使用して、style1.css、style2.cssを読み込む〔サンプル：c03-link/link.html〕

① link.htmlからstyle1.css、style2.cssが読み込まれる
【import.html】

```
<!DOCTYPE html>
<html>
<head>
<meta charset="utf-8">
<title>linkを使用した例</title>
<link rel="stylesheet" href="style1.css">
<link rel="stylesheet" href="style2.css">
</head>
<body>
  <p>linkタグを使用して、style1.css、style2.cssを読み込んだ例です。</p>
</body>
</html>
```

② style1.cssが読み込まれる
【style1.css】

```
@charset "utf-8";
p {
  background-color: #880000;
  color: #ffffff;
}
```

③ style2.cssが読み込まれる
【style2.css】

```
@charset "utf-8";
p {
  padding: 16px;
}
```

各ページ共通のCSSを記述する

本節から実習に移ります。本章では、第2章で作成したbase.htmlのレイアウトを調整しながら、各ページで共通して使用されるCSSを記述します。

● CSSファイルから別のCSSファイルを読み込む

今作成している Web サイトは、style.css、common.css、responsive.css と３種類の CSS ファイルを使用します。まず、@import ルールを使って style.css から common.css を読み込みます。

■ style.css から common.css を読み込む

1 style.css をテキストエディターで開きます。コメント文「/* 基本レイアウト ここから↓ */」と「/* 基本レイアウト ここまで↑ */」の間に @import ルールを記述します。

【style.css】

```
@charset "utf-8";

/* 基本レイアウト ここから↓ */
@import url(common.css);

/* 基本レイアウト ここまで↑ */
…
```

2 base.html をブラウザーで開きます。フォントが変更されるほか、パンくずリストやフッターなどに CSS が適用されます。

【作業前】　　　　　　　　　　　　　　　【作業後】

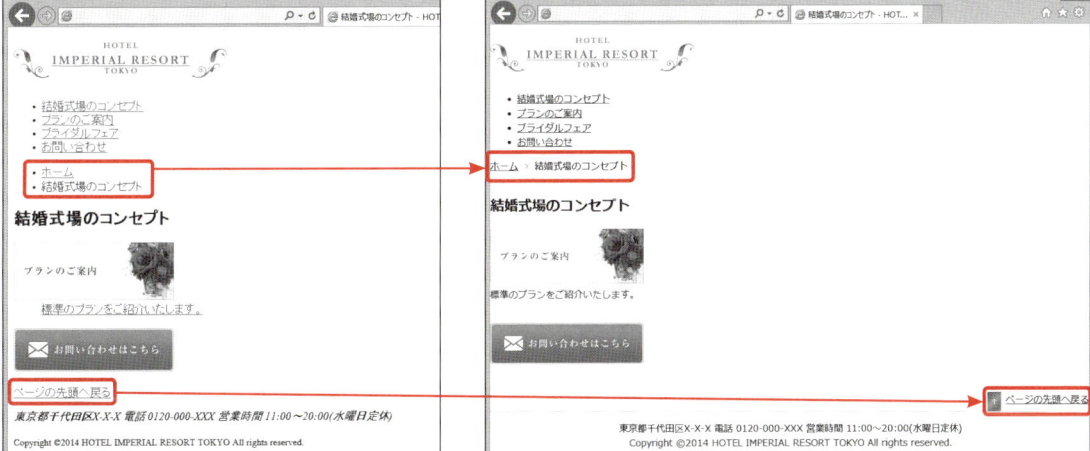

解説 @importルール

style.css は、base.html に記述した <link> タグで読み込まれています [*1]。common.css は、style.css から @import ルールを使って読み込みます。

[*1] 第2章「タイトルと CSS へのリンクを記述する」(P.53)

【@import ルールの書式】

@import url(読み込むCSSのパス);

「読み込む CSS のパス」には、@import ルールが書かれたファイルからのパスを指定します。
今回 @import ルールを記述した style.css と、読み込む common.css は同じフォルダー内にあります。

【style.css と common.css は同じ CSS フォルダー内にある】

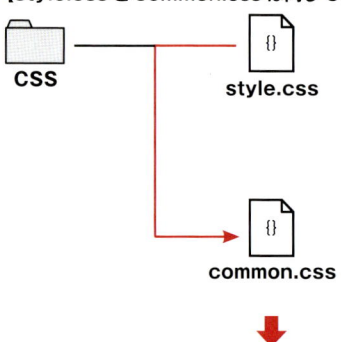

@import url(common.css);

 実習で使う CSS ファイルの役割

この Web サイトでは、style.css、common.css、responsive.css の3種類の CSS ファイルを使用します。
このうち common.css には、各ページに共通するごく基本的なスタイル、パンくずリスト、index.html に組み込むスライドショーなどの CSS があらかじめ書かれています。
responsive.css には、スマートフォンなど画面サイズの小さい端末向けの CSS が書かれていて、4章で index.html にだけ読み込みます。

背景色、テキスト色を指定する

ページ全体の背景色、テキスト色を指定します。Webサイト全体の統一感を出すために、これらの色はすべてのページで共通して使用します。

ページ全体の背景色、テキスト色を指定する

<body> に適用される CSS を記述して、ページ全体の背景色、テキスト色を指定します。

background-color、color プロパティを指定する

1 style.css の @import ルールの次の行から、<body> に適用される CSS を記述します。

【style.css】

```css
...
/* 基本レイアウト ここから↓ */
@import url(common.css);
body {
  background-color: #f3f2e9;
  color: #5f5039;
}
/* 基本レイアウト ここまで↑ */
...
```

2 base.html をブラウザーで開きます。ページ全体の背景色とテキスト色が変更されます。

background-colorプロパティ、colorプロパティ

background-color は、要素の背景色を指定するプロパティです。今回記述した CSS では、要素を選択するセレクターで <body> を指定しているので、ページ全体の背景色が変更されます。
また、color は、テキスト色を指定するプロパティです。

【background-color プロパティ】

background-color: #RRGGBB;

【color プロパティ】

color: #RRGGBB;

 ## 色を指定するプロパティの値

background-color や color など、CSS には色を指定するプロパティが多数用意されています。CSSで色を指定するにはいくつかの方法があります。

■ 16進法

RGB 各色の値を 16 進法で表現する、最も一般的な方法です。
16 進法による色指定は、シャープ（#）に続けて、赤（R）緑（G）青（B）2 ケタずつ計 6 ケタの数値を記述します。16 進法は、0 〜 9 とアルファベットの A 〜 F を使用して、10 進法でいう 0 〜 255 の数を 2 ケタで表します。アルファベットは大文字でも小文字でもかまいません。

【色を 16 進法で指定する例（サンプル：c03-color_hex/index.html）】

```
h1 {
  color: #7A1F1F;
}
```

■ カラーキーワード

いくつかの色にはキーワードが定義されています。16 進法などの数値を記述する代わりに、カラーキーワードで色を指定することができます。

【色をカラーキーワードで指定する例（サンプル：c03-color_keyword/index.html）】

```
h1 {
  color: gold;
}
```

【カラーキーワード一覧】

http://www.w3.org/TR/css3-color/#svg-color

■ rgb()、hsl()

rgb() は RGB カラーモデルで色を指定する方法で、赤（r）緑（g）青（b）の各色を、0 〜 255 の数値で指定します。

hsl() は HSL カラーモデルで色を指定する方法で、色相（h）を実数で、彩度（s）および明度（l）の値をパーセント（%）で指定します。RGB、HSL については、第 9 章「配色の基礎知識」（P.265）を参照してください。rgb()、hsl() とも、近年新たに定義された記述法です。

【color プロパティの値を rgb() で指定する書式】

```
color: rgb(r, g, b);
```

※ r、g、b は 0 〜 255 の数値

【rgb() を使った色指定（サンプル：c03-color_rgb/index.html）】

```
h1 {
  color: rgb(178,255,0);
}
```

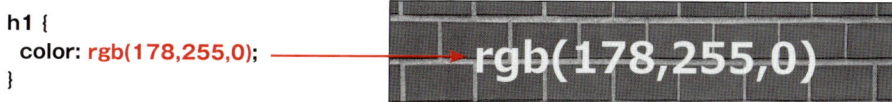

【color プロパティの値を hsl() で指定する書式】

```
color: hsl(h, s%, l%);
```

※ h は 0 〜 359、s と l は 0 〜 100 の数値

【hsl() を使った色指定（サンプル：c03-color_hsl/index.html）】

```
h1 {
  color: hsl(60,100%,50%);
}
```

■ rgba()、hsla()

rgb()、hsl() に加え、透明度（a）も指定できる方法です。こちらも新しい記述法です。

【color プロパティの値を rgba() で指定する書式】

```
color: rgb(r, g, b, a);
```

※ a は 0 〜 1 の小数

【rgba() を使った色指定（サンプル：c03-color_rgba/index.html）】

```
h1 {
  color: rgba(178,255,0,0.5);
}
```

【hsla() を使った色指定（サンプル：c03-color_hsla/index.html）】

```
h1 {
  color: hsla(60,100%,50%,0.5);
}
```

● ページ全体のフォントサイズと、行の高さを指定する

一般的に、ブラウザーに指定されている初期設定のフォントサイズは 16 ピクセルです。CSS を調整して、ページ全体のフォントサイズを初期設定より少し小さくします。また、テキストの 1 行の高さも調整して、行と行の間のスペースを増やします。

■ font-size プロパティ、line-height プロパティを指定する

■1 前節で記述した <body> に適用されるルールに 2 行追加します。

【style.css】

```
...
/* 基本レイアウト ここから↓ */
@import url(common.css);
body {
  background-color: #f3f2e9;
  color: #5f5039;
  font-size: 87.5%;
  line-height: 1.5;
}
/* 基本レイアウト ここまで↑ */
...
```

■2 base.html をブラウザーで開きます。全体にフォントサイズが小さくなります。

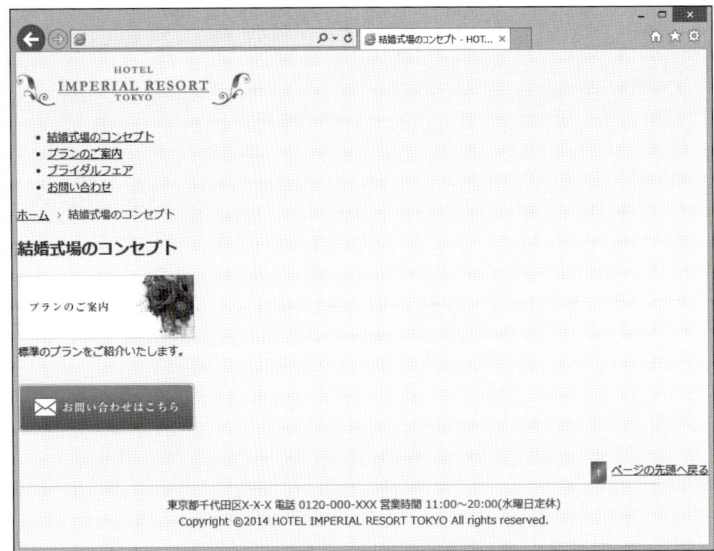

line-heightプロパティ

line-height は、テキストの 1 行の高さを設定するプロパティです。プロパティ値の単位は、一般的には「%」、もしくは単位のない実数値（たとえば 1.5 など）にします。実数値にした場合、line-height の高さはフォントサイズの実数値倍になります。

【line-height プロパティの書式例】

```
line-height: 1.5;
```

【line-height: 1.5; のときの行の高さ】

 ## font-sizeプロパティ

font-size は、フォントサイズを指定するプロパティです。いろいろな値が使用できますが、今回使用したのは「%」です。フォントサイズを「%」で指定した場合、その親要素に指定されているフォントサイズを 100% としたサイズになります。
今回は <body> のフォントサイズを指定しています。<body> の親要素は <html> ですが、<html> にはフォントサイズを指定していないため、ブラウザーの初期設定（一般的には 16 ピクセル）を 100% とした倍率で表示されることになります。
「%」以外にも、font-size プロパティには次のような値を使うことができます。

【font-size プロパティの値】

値	説明
数値＋単位	単位については次の「プロパティ値の単位」を参照
数値＋%	親要素のフォントサイズに対する割合
xx-small	非常に小さい
x-small	小さい
small	標準より小さい
medium	標準
large	標準より大きい
x-large	大きい
xx-large	非常に大きい
larger	より大きく
smaller	より小さく

プロパティ値の単位

font-size プロパティに限らず、大きさや長さを指定するプロパティの値は、多くの場合「数値＋%」または「数値＋単位」にします。代表的な単位には、em（エム）、pt（ポイント）、px（ピクセル）があります。line-height のように、ごく一部のプロパティでは単位を付けず数値のみで指定する場合もあります。
これらのサイズを指定する単位のうち「%」は、font-size プロパティの場合は親要素のフォントサイズを基準（100%）とする割合を指定します。何を基準にするかはプロパティによって異なります。
なお、数値が「0」の場合、単位を付ける必要はありません。

【プロパティ値に使われる代表的な単位】

単位	呼び方	説明
em	エム	1文字分のサイズ
pt	ポイント	1ポイント＝1/72インチ
px	ピクセル	ピクセルとは画素のこと。1ピクセルはモニタディスプレイの1つの点

■その他フォント関係のプロパティ

font-size 以外にも、フォントの表示を操作する CSS プロパティがあります。

●font-style プロパティ

フォントをイタリック（italic）やオブリーク（oblique）で表示するかどうかを決めるプロパティです。日本語には一般的に斜体がないため、通常のフォントをコンピュータが斜めに傾けて表示します。ただし、フォントによっては斜めに傾けることができないものもあり、日本語サイトではあまり使われないプロパティです。

【font-style プロパティの主な値と表示結果】

プロパティ値	説明	表示結果
normal	通常のフォントで表示する	Normal Style 日本語の表示
italic	イタリック体で表示する。一般的には、初めから斜めに傾いたデザインで作られたフォントを指す。フォントにイタリックがない場合はコンピュータで斜めに変形して表示する	*Italic Style* 日本語の表示
oblique	オブリーク体で表示する。一般的には、通常のフォントを斜めに傾けたフォントを指す	*Oblique Style* 日本語の表示

※ italic、oblique の区別は厳密ではない

●font-weight プロパティ

フォントの太さを決めるプロパティです。代表的なプロパティ値には次の4種類があります。そのうち、実際によく使われるのは normal、bold です。

【font-weight プロパティの主な値と表示結果】

プロパティ値	説明	表示結果の例
normal	通常の太さのフォントで表示	Normal
bold	太いフォントで表示	**bold**
bolder	親要素に指定されているフォントより1段階太いフォントで表示	状況による
lighter	親要素に指定されているフォントより1段階細いフォントで表示	状況による

● font-family プロパティ

表示するフォントの種類を決めるプロパティです。フォント名をカンマで区切って指定します。

【一般的なゴシック体を指定する font-family の使用例】

```
font-family: "ヒラギノ角ゴ Pro W3","Hiragino Kaku Gothic Pro","メイリオ",Meiryo,Osaka,
"MS Pゴシック","MS PGothic",sans-serif;
```

一般フォントファミリー

font-family プロパティの使用例で最後に指定した「sans-serif」は「一般フォントファミリー」と呼ばれるキーワードです。ページを表示しているパソコンに、指定したフォントが1つもインストールされていなかったときは、sans-serif で代用して表示します。sans-serif は日本語では「ゴシック体」を指します。

【一般フォントファミリーのキーワード】

キーワード	説明	表示例
sans-serif	サンセリフ書体。日本語フォントではゴシック体	sans-serif サンセリフ
serif	セリフ書体。日本語フォントでは明朝体	serif セリフ
monospace	等幅書体。タイプライターで書いたような文字で、HTMLなどソースコードを表示するときによく使われる	monospace 等幅
cursive	手書きのような書体	cursive 手書き
fantasy	装飾文字	fantasy 装飾

● font プロパティ

font-size、font-style、font-weight、font-family などのプロパティを一括で指定するプロパティです。書式が煩雑でわかりづらく、値を省略するとデフォルト値にリセットされるなど動作も独特で、非常に使いづらいため通常は使用しません。

【font プロパティ（一部省略）】

font: フォントスタイル 大文字小文字の区別 フォントの太さ フォントサイズ/行の高さ フォントファミリー;

Design Note　フォントサイズは読みやすさを考えて

一般的なブラウザーでは、本文のフォントサイズが 16 ピクセルに設定されています。また、見出しの <h1> ～ <h3> はこれよりも大きく、<h5>、<h6>、<small> などはこれよりも小さく表示されるように設定されています。ちなみに <h4> は本文と同じサイズです。
フォントサイズを多少小さくするのはかまいませんが、読みやすさを考えて、あまり小さくするのは避けましょう。一般的には、本文のフォントサイズを 16 ピクセルのままか、14 ピクセル程度にすることが多いようです。
font-size プロパティの値の単位を px ではなく「%」にする場合、14px なら 87.5% にします。

■ フォントサイズは px で指定してもよい？

主要なブラウザーすべてに、ページ全体の表示を拡大縮小する機能があります。

【IE の場合は［ツール］メニュー―［拡大］を選択】

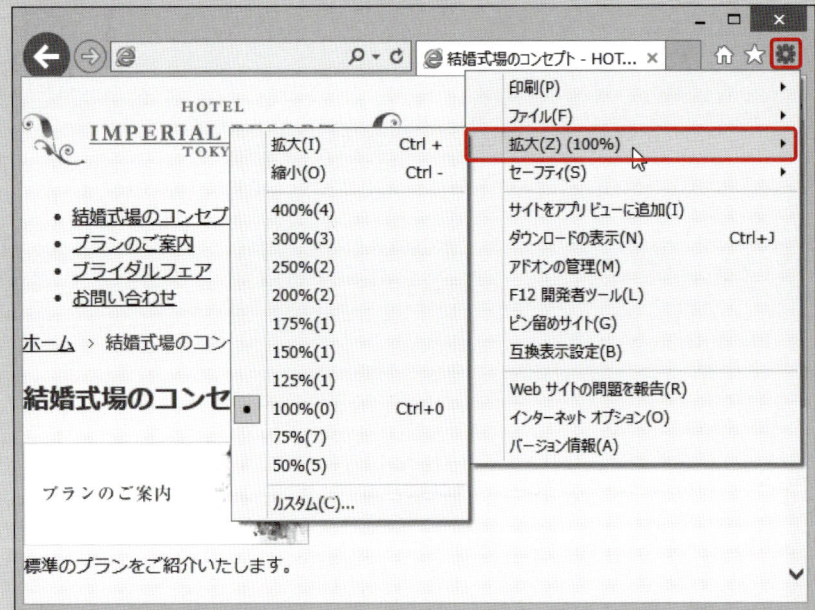

バージョン 8 までの IE では、フォントサイズが px で指定されている場合、この拡大縮小機能が効かない（字が大きくならない）ようになっていたため、フォントサイズは % や em で指定していました。現在では、IE8 以前をサポートする必要がなければ、フォントサイズを px で指定しても問題はありません。

ボックスモデルを理解する

<body>内に記述できるほとんどのタグは「ボックス」と呼ばれる表示領域を確保します。ボックスのサイズや余白などを調整して、各ページに共通するレイアウトを決めていきます。

ウィンドウの中央に配置する

ヘッダー領域、ナビゲーション領域、パンくずリスト領域、コンテンツ領域、フッター領域がウィンドウの左右中央に配置されるようにCSSを設定します。

■マージンを設定する

1 style.css に次の CSS を記述します。

【style.css】

```css
...
/* 基本レイアウト ここから↓ */
...
body {
  background-color: #f3f2e9;
  color: #5f5039;
  font-size: 87.5%;
  line-height: 1.5;
}
header, nav, #breadcrumb, #contents, footer {
  margin: 0 auto 0 auto;
  width: 840px;
}
/* 基本レイアウト ここまで↑ */
...
```

2 base.htmlをブラウザーで開きます。ヘッダー領域やナビゲーション領域などがウィンドウの左右中央に配置されます。

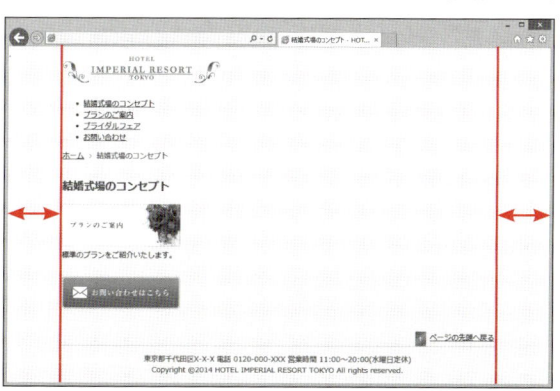

解説 ボックスモデル

<body> 内に記述できるほとんどのタグおよびその要素の内容（コンテンツ）は、ブラウザーウィンドウに表示されます。表示される際、タグはコンテンツを表示するための領域を確保します。この領域のことを「ボックス」と言います。

【<p> タグが確保した、テキストを囲む四角形の領域がボックス】

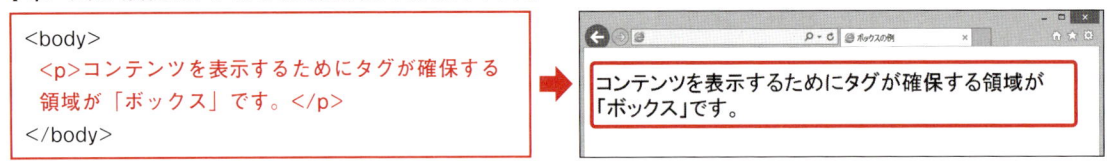

```
<body>
  <p>コンテンツを表示するためにタグが確保する
  領域が「ボックス」です。</p>
</body>
```

■ ボックスモデルと CSS プロパティ

ボックスには、コンテンツを表示する「コンテンツボックス」の外側に、パディング、ボーダー、マージンがあり、それぞれ CSS で大きさを指定することができます。これらのうち、パディング、マージンは、それぞれボーダーの内側と外側にスペースを作るための領域です。

ボーダーは、ボックスの外周に外枠線（ボーダーライン）を引くための領域で、線の太さや色なども調整できます。ボックスに指定する背景色、背景画像は、パディングより内側に表示されます。

【ボックスモデルとプロパティ】

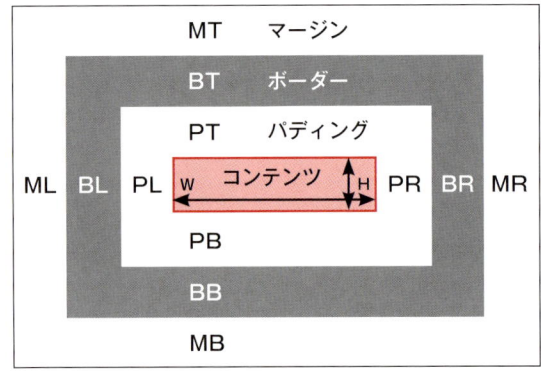

【ボックスモデルに関連する各種 CSS プロパティ】

領域	プロパティ	説明
W	width	幅を指定
	min-width	最小幅を指定
	max-width	最大幅を指定
H	height	高さを指定
	min-height	最小高さを指定
	max-height	最大高さを指定
PT	padding-top	上パディングの大きさを指定
PR	padding-right	右パディングの大きさを指定
PB	padding-bottom	下パディングの大きさを指定
PL	padding-left	左パディングの大きさを指定
パディング4辺一括	padding	パディング4辺の大きさを一括指定
BT	border-top	上ボーダーラインの太さ、色、線の状態を指定
BR	border-right	右ボーダーラインの太さ、色、線の状態を指定
BB	border-bottom	下ボーダーラインの太さ、色、線の状態を指定
BL	border-left	左ボーダーラインの太さ、色、線の状態を指定
ボーダー4辺一括	border	ボーダーライン4辺の太さ、形状、色の状態を一括指定
MT	margin-top	上マージンの大きさを指定
MR	margin-right	右マージンの大きさを指定
MB	margin-bottom	下マージンの大きさを指定
ML	margin-left	左マージンの大きさを指定
マージン4辺一括	margin	マージン4辺の大きさを一括指定

■ マージン、パディングのショートハンド

margin、padding は、それぞれ4辺のマージン、パディングを一括で指定できるプロパティです。値は「上」「右」「下」「左」の順に半角スペースで区切って指定します。マージンやパディングを1辺ずつ設定せずにすむ省略形で、こうしたプロパティは「ショートハンド」と呼ばれています。

【margin プロパティの書式（書式は padding も同じ）】

```
margin: 上マージン 右マージン 下マージン 左マージン;
```

margin プロパティ、padding プロパティとも、さらに値を省略することができます。1つだけ値を指定すると、それが4辺に適用されます。2つだと、最初の値が上と下に、2番目の値が右と左の辺に適用されます。3つだと、値は順に上、右左、下の辺に適用されます。

【marginプロパティの値の省略（paddingも同様）】

margin: Apx;

margin: Apx Bpx;

margin: Apx Bpx Cpx;

margin: Apx Bpx Cpx Dpx;

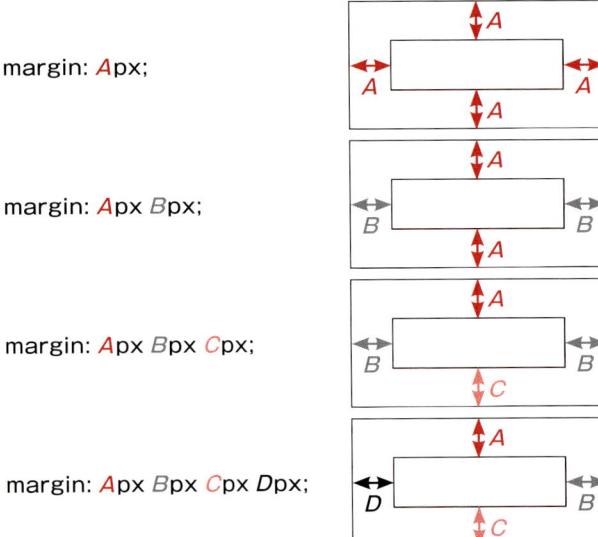

 ボックスを親要素の中央に配置する

あるブロックレベル要素に幅（widthプロパティ）を指定して、さらに左マージン、右マージンの値を「auto」にしておくと、その親要素のボックスの中央に配置されるようになります。

【ボックスを中央に配置する例】

幅を指定し、左右マージンをautoにしたブロックレベル要素は、親要素の中央に配置される

ブロックレベル要素とインラインレベル要素

タグの種類によって、形成されるボックスには大きく分けて2種類あります。ブロックレベルボックスと、インラインレベルボックスです。また、ブロックレベルボックスで表示されるタグは「ブロックレベル要素」、インラインレベルボックスで表示されるタグは「インラインレベル要素」と呼ばれています。

ブロックレベルボックスは、width プロパティで幅を指定しない限り、親要素の幅いっぱいに広がります。<div> や <p>、<article>、<section> などのタグは、ブロックレベルボックスを形成します。また、CSS のフロートやポジション機能を使わない限り、ブロックレベルボックスのすぐ横に別のボックスが配置されることはありません。

一方、<strong> などテキストを修飾するようなタグは、インラインレベルボックスを形成します。これは、コンテンツが収まる最小限のボックスを形成し、また、そのボックスのすぐ横に別のインラインボックスやテキストが配置されます。

ブロックレベルボックスにはボックスモデルのすべての CSS プロパティを適用できます。一方のインラインレベルボックスには、<img> など一部のインラインレベル要素を除き、ボックスの幅と高さ、上下マージンが設定できません。

【ブロックレベルボックスとインラインレベルボックス】

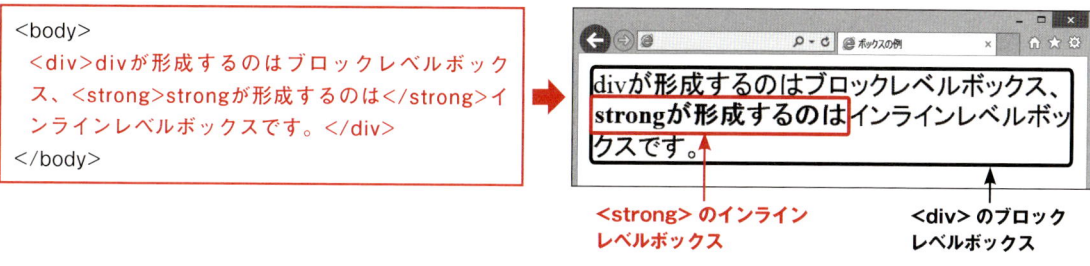

<strong> のインラインレベルボックス　　　<div> のブロックレベルボックス

ロゴを中央に配置する

ヘッダー領域の <h1> に CSS を適用し、ロゴ画像を中央に配置します。

ヘッダー領域の <h1> にマージン・パディングを調整する

1 style.css に、ヘッダー領域の <h1> に適用される CSS を記述します。

【style.css】

```
...
header, nav, #breadcrumb, #contents, footer {
  margin: 0 auto 0 auto;
  width: 840px;
}
header h1 {
  margin: 0 0 26px 0;
  padding-top: 28px;
  text-align: center;
}
/* 基本レイアウト ここまで↑ */
...
```

2 base.htmlをブラウザーで開きます。ロゴ画像がウィンドウの中央に配置されます。

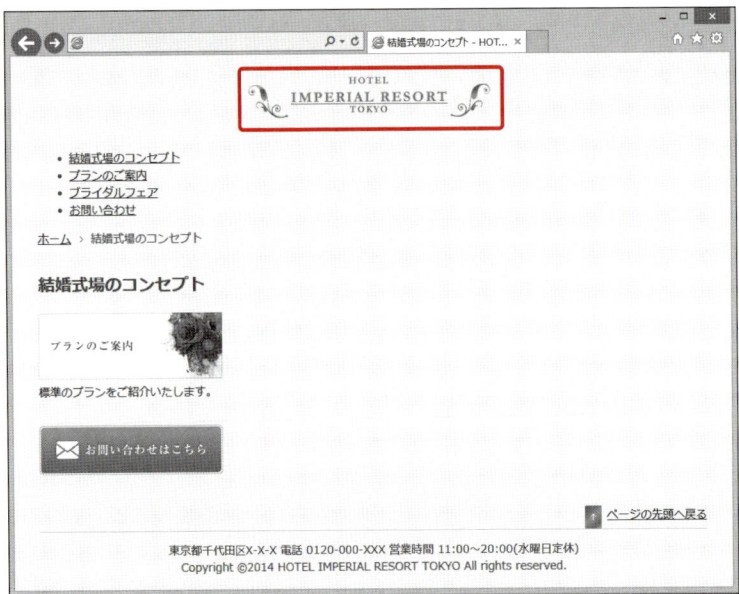

解説 ブラウザーのデフォルトCSS

タグの種類によっては、CSSを編集しなくてもブラウザーがあらかじめスタイルを設定している場合があります。ブラウザーがあらかじめ設定しているスタイルを「デフォルトCSS」などと言います。サイトのロゴ画像は<h1>で書かれていて、その<h1>にはデフォルトCSSで上下にマージンが設定されています。今回記述したCSSでは、上マージンを「0」、下マージンを「26px」にしてデフォルトCSSを上書きしています。

【見出しの上下マージン】

デフォルトCSS

style.css編集後

■ <h1>の上下マージン

text-alignプロパティ

text-align はテキストの行揃えを指定するプロパティです。テキストと言っても、要素（ここでは<h1>）内のすべてのインラインレベルボックスに適用されます。<img> はインラインレベルボックスで表示されるので、ロゴ画像も中央に配置されます。

【text-align プロパティ】

text-align: 行揃えの位置;

【text-align プロパティの値】

プロパティ値	説明
left	テキストを左揃えにする
right	テキストを右揃えにする
center	テキストを中央揃えにする

リセットCSS、ノーマライズCSS

高度なデザイン・レイアウトのWebページを作る場合に、デフォルトのCSSが邪魔をして、うまくレイアウトを組めないことがあります。そのようなときに、要素に設定されているデフォルトのマージン、パディング、フォントサイズなどを、いったんすべてリセットしてしまう手法があります。こうした制作手法、またはCSSのセットを「リセットCSS」と呼びます。米国Yahoo! が提供している「YUI CSS Reset」ライブラリーなどが有名です。

【YUI CSS Reset】

http://yuilibrary.com/yui/docs/cssreset/

一般的に、リセットCSSには多くのCSSが書かれていて、データ量も多く、スマートフォンなどからの閲覧には向いていません。そこで、データ量を減らすため、最近はごく最小限のリセットで済ませることが多くなっています。

また、デフォルトCSSをリセットしてしまうのではなく、主にブラウザー間の表示の差をなくすことを目的としてCSSを微調整する「ノーマライズCSS」という手法をとることもあります。normalize.cssというCSSファイルが公開されています。

【normalize.css を配布しているサイト】

http://necolas.github.io/normalize.css/

ナビゲーション領域のレイアウトを作成する

ナビゲーション領域の各ページへのリンクは、箇条書きの<ul>で記述されています。リンクテキストを横に並ばせて、背景画像を指定します。

▶ 先頭の「・」を消す

<ul>に含まれるそれぞれの<li>には、先頭に「・」が付きます。ナビゲーションを作成するために、このマーク(リストマーカー)を消します。また、<ul>のデフォルトCSSには、リストマーカーを表示するために左パディングが設定されていますが、これを0にします。さらに、レイアウトの調整のため下にマージンを設定します。

■ <ul>のリストマーカーを消す

1 style.cssに、ヘッダー領域の<h1>に適用されるCSSを記述します。

【style.css】

```
...
header h1 {
  margin: 0 0 26px 0;
  padding-top: 28px;
  text-align: center;
}
nav ul {
  margin: 0 0 20px 0;
  padding-left: 0;
  list-style-type: none;
}
/* 基本レイアウト ここまで↑ */
...
```

2 base.htmlをブラウザーで開きます。ナビゲーション領域の<ul>の各リスト項目から「・」が消え、表示位置が調整されます。

list-style-typeプロパティ

list-style-type は、箇条書き各項目の先頭に付くマークを変更するプロパティです。

【list-style-type プロパティの書式】

list-style-type: マークの形状;

【list-style-type プロパティの値と表示例】

プロパティ値	説明	表示結果
disc	黒丸。\<ul> のデフォルト	• リスト項目1 • リスト項目2
circle	白丸	○ リスト項目1 ○ リスト項目2
square	四角形	■ リスト項目1 ■ リスト項目2
decimal	10進数。\<ol> のデフォルト	1. リスト項目1 2. リスト項目2
none	マークを付けない	リスト項目1 リスト項目2

■ list-style-image プロパティ

list-style-type のほかにも、箇条書きに適用できるプロパティがあります。list-style-image プロパティを使うと、マークに画像を使用することができます。

ただし、マークの画像とテキストの余白などの調整などが難しいため、list-style-image プロパティを使用せず、background-image プロパティなどで代用することが多いです。

【list-style-image プロパティの書式】

list-style-image: url(画像へのパス);

【list-style-image の例（サンプル：c03-liststyle/index.html）】
[CSS]

```
ul {
    list-style-image: url(images/star.png);
}
```

[HTML]

```
<ul>
  <li>リストのマークに画像を使用</li>
  <li>リストのマークに画像を使用</li>
</ul>
```

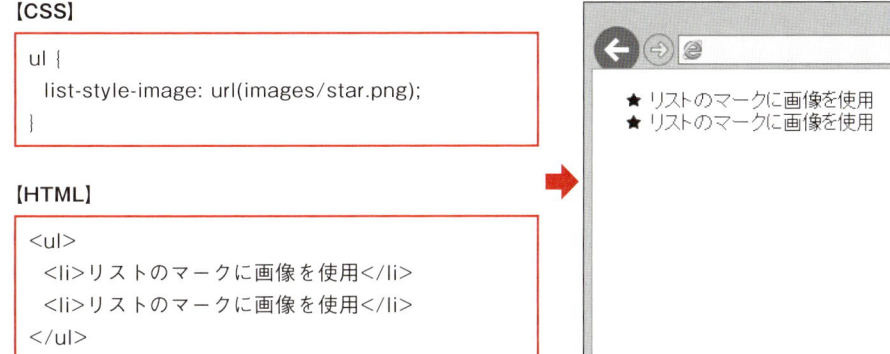

■ list-style-position プロパティ

箇条書きのマークは、デフォルトでは <ul> のボックスの外側に表示されます。list-style-position プロパティで、マークの表示位置を変更することができます。このプロパティのデフォルト値は outside です。

【list-style-position プロパティの書式】

list-style-position: outside または inside;

【list-style-position のプロパティ値】

プロパティ値	説明	表示例
outside	マークをボックスの外側に表示する	・list-style-position:outsideにすると、各項目のマークは外側に表示されます。
inside	マークをボックスの内側に表示する	・list-style-position:insideにすると、マークは内側に表示されます。

■ list-style プロパティ

list-style はショートハンド・プロパティで、list-style-type、list-style-image、list-style-position プロパティを一括で指定することができます。それぞれの値を半角スペースで区切って列挙します。プロパティ値の順序は問いません。

なお、list-style-type の値と list-style-image の値を両方とも指定した場合は、list-style-image のほうが優先され、「・」などの記号ではなく画像が表示されます。

【list-style プロパティの書式】

list-style: list-style-typeの値 list-style-imageの値 list-style-positionの値;

● ナビゲーションのリスト項目を一列に並べる

ナビゲーションの <li> を一列に並べます。

■ <li> に幅とフロートを設定する

1 ナビゲーションのリスト (<li>) を横に並べるための CSS を追加します。

【style.css】

```
...
nav ul {
  margin: 0 0 20px 0;
  padding: 0;
  list-style-type: none;
}
nav ul li {
  float: left;
  width: 210px;
}
/* 基本レイアウト ここまで↑ */
```

2 ナビゲーションのリスト（<li>）を横に並べるための CSS を追加します。

【style.css】

```css
...
nav ul {
  overflow: hidden;
  margin: 0 0 20px 0;
  padding: 0;
  list-style-type: none;
}
...
```

3 base.html をブラウザーで開きます。ナビゲーションの <li> が横一列に並びます。

解説 float プロパティ

float プロパティを適用された要素は、その親要素のコンテンツボックスの「限りなく左上（または右上）」に配置されます。また、後続の要素は、float が適用された要素をよけるように回り込んで配置されます。

【float プロパティの書式】

float: 回り込み;

【float プロパティの値】

プロパティ値	説明
left	要素を親要素のボックスの左上に配置する。後続の要素は右に回り込む
right	要素を親要素のボックスの右上に配置する。後続の要素は左に回り込む
none	フロートしない

解説 フロートを解除する

float プロパティを使用したら、回り込む必要がなくなった時点で解除します。
フロートを解除する方法は 3 通りあります。今回はそのうちの 1 つである、overflow プロパティを使用しています。その他の方法については、本章「ワンポイント　フロートを解除するその他の方法」（P.113）を参照してください。

■ overflow プロパティによるフロート解除

overflow は、本来はボックスに入りきらないコンテンツの表示を制御するための CSS プロパティです[*1]。しかし、その仕様上、フロートの解除にも使えます。float プロパティを適用している要素の親要素（今回の実習では <ul>）に overflow:hidden と記述しておけば、後続の要素が回り込まなくなります。

[*1] 第 8 章「overflow プロパティ、overflow-x プロパティ、overflow-y プロパティ」（P.245）

● ナビゲーションの各リンクにCSSを適用する

ナビゲーションの各項目には背景画像を適用して、よりボタンらしい仕上げにします。そのための準備として、ナビゲーションのリンクテキスト（<a>）のスタイルを調整します。

■ <a> をブロックレベルボックスで表示させる

1 ナビゲーションの各項目に含まれる <a> に適用される CSS を記述します。

【style.css】

```
...
nav ul li {
  float: left;
  width: 210px;
}
nav ul li a {
  overflow: hidden;
  display: block;
  padding-top: 44px;
  height: 0;
}
/* 基本レイアウト ここまで↑ */
...
```

2 base.html をブラウザーで開きます。高さ（height プロパティ）を 0 にしたため、リンクテキストが表示されなくなります。

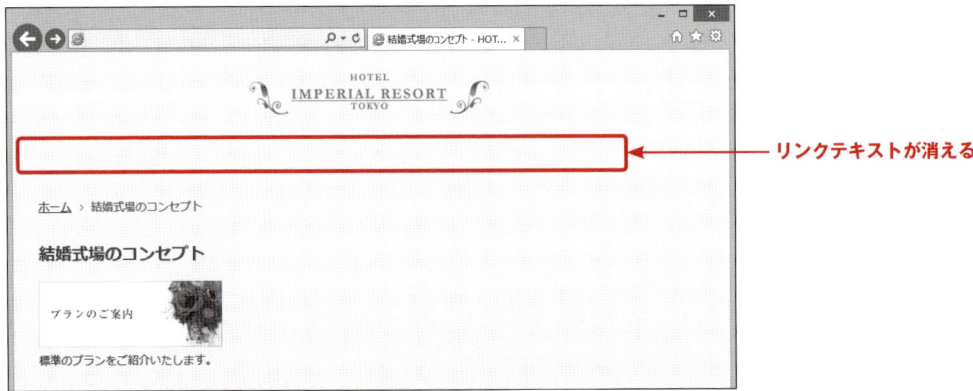

← リンクテキストが消える

displayのプロパティ値を「block」にして高さを指定する

<a> は、デフォルト CSS ではインラインレベルボックスとして表示されます。つまり、幅、高さ、上下マージンは指定できません。そこで、display プロパティを使って、表示するボックスの種類を変更します。display のプロパティ値を「block」にすると、その要素はブロックレベルボックスで表示され、幅や高さなどを指定できるようになります。

今回記述した CSS によって、<a> はブロックレベルボックスで表示されます。<a> の幅は、親要素である <li> のボックスの幅いっぱい、つまり 210 ピクセルに広がります。高さは height プロパティで指定した「0」です。

また、<a> のクリックできる範囲は、コンテンツボックスからボーダーまでです。今回記述した CSS の場合、上パディングに 44 ピクセルを指定しているので、幅 210 ピクセル、高さ 44 ピクセルのパディング領域がクリックできることになります。

【CSS を適用したナビゲーションの <a> の状態】

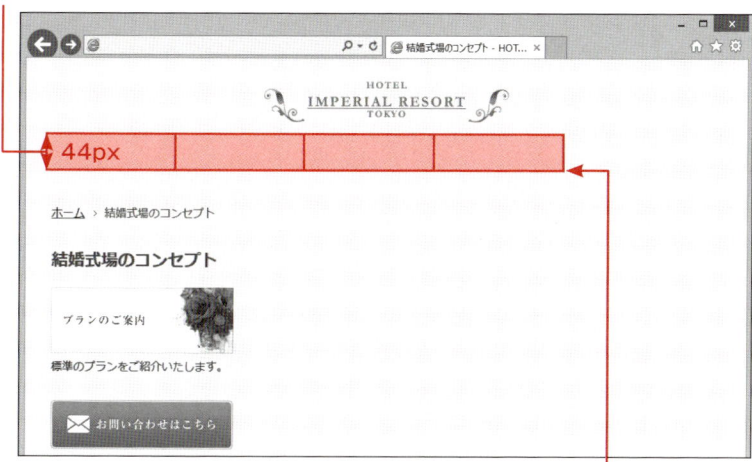

タグが形成するボックスの種類は、CSS の display プロパティを使って変更することができます。

【display プロパティの書式】

display: ボックスの表示方式;

【代表的な display プロパティの値】

プロパティ値	説明
block	ブロックレベルボックスとして表示
inline	インラインレベルボックスとして表示
inline-block	インラインレベルボックスとして表示するが、幅や高さなどを指定できるボックスとして表示
none	表示しない

▶ ナビゲーションに背景画像を指定する

ナビゲーションの各項目に背景画像を指定して、ボタンのような見た目にします。

■ ナビゲーションのリンクに背景画像を指定する

1 `<a>` の親要素 `<li>` にはそれぞれ id 属性が付いています。この id 属性を使ったセレクターを作り、ナビゲーションのリンクそれぞれに背景画像を指定します。使用する画像はすべて「images」フォルダー内にあります。

【style.css】

```css
...
nav ul li a {
  overflow: hidden;
  display: block;
  padding-top: 44px;
  height: 0;
}
nav ul li#nav_concept a {
  background-image: url(../images/nav1.png);
}
nav ul li#nav_plan a {
  background-image: url(../images/nav2.png);
}
nav ul li#nav_fair a {
  background-image: url(../images/nav3.png);
}
nav ul li#nav_contact a {
  background-image: url(../images/nav4.png);
}
/* 基本レイアウト ここまで↑ */
...
```

2 base.html をブラウザーで開きます。ナビゲーションの各項目に背景画像が表示されます。

background-imageプロパティ

要素に背景画像を指定するには、background-imageプロパティを使用します。background-imageプロパティの値に指定するのは必ずurl()で、そのカッコ内に、背景画像にしたい画像ファイルのパスを指定します。パスをダブルクオートで囲む必要はありません。

なお、パスを相対パスで指定する場合は、CSSファイルを基点とします。今回使用した画像ファイルは「images」フォルダー内にあります。style.cssを基点とするとimagesフォルダーは1階層上にあります。1階層上を指定するには「../」と記述します。

【style.cssと使用する画像ファイルの階層構造。1階層上のフォルダーやファイルを指すには「../」と書く】

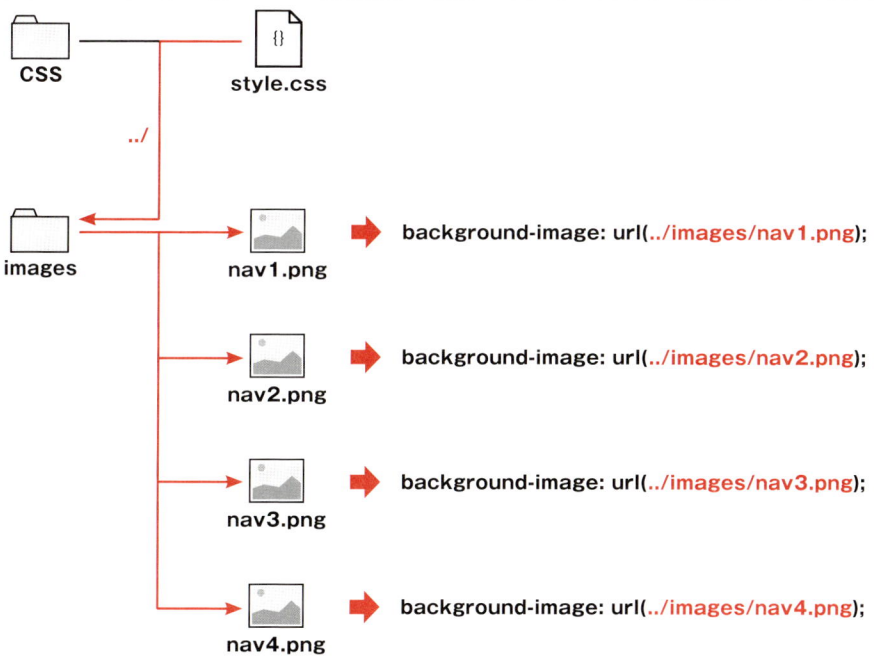

 プロパティファンクション

CSSの中には、url()やrgb()など、カッコが付いているプロパティ値があります。こうしたカッコ付きのプロパティ値は「プロパティファンクション（またはプロパティ関数）」と呼ばれています。

2コラムレイアウトにする

メイン領域・サブ領域を横に並べて2コラムレイアウトにします。また、フッター領域のレイアウトも作成します。

▶ メイン領域・サブ領域にCSSを適用する

メイン領域の幅を 570 ピクセル、サブ領域の幅を 230 ピクセルにして、フロートを設定します。

メイン領域とサブ領域を横に並べる

■1 `<div id="contents">`、`<div id="main">`、`<div id="sub">` に適用される CSS を記述します。

【style.css】

```css
...
nav ul li#nav_contact a {
  background-image: url(../images/nav4.png);
}
#contents {
  overflow: hidden;
}
#main {
  float: left;
  width: 570px;
}
#sub {
  float: right;
  width: 230px;
}
/* 基本レイアウト ここまで↑ */
...
```

■2 base.html をブラウザーで開きます。メイン領域とサブ領域が横に並び、2 つのバナーが右に移動します。

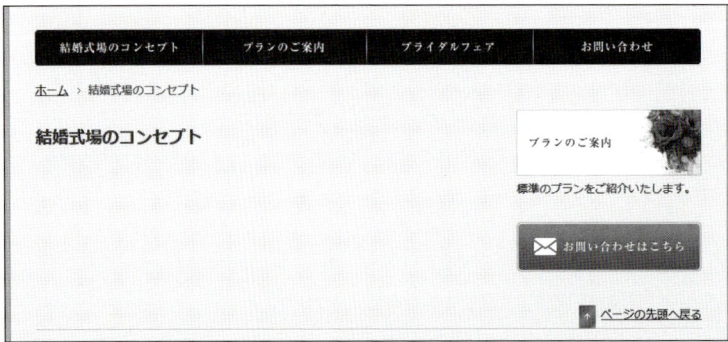

▶ フッター領域とコンテンツ領域の間に隙間を空ける

メイン領域とサブ領域は、コンテンツ領域に含まれています。このコンテンツ領域と、フッター領域に70ピクセルの隙間を空けます。

■ <footer> に適用される CSS を記述する

1 <footer> の上パディングを70ピクセルにするCSSを記述します。

【style.css】

```css
...
#sub {
  float: right;
  width: 230px;
}
footer {
  padding-top: 70px;
}
/* 基本レイアウト ここまで↑ */
...
```

2 base.html をブラウザーで開きます。フッター領域の上に隙間が空きます。

解説 2コラムレイアウトの作成

メイン領域の <div id="main"> と、サブ領域の <div id="sub"> を横に並べて2コラムレイアウトにするには、双方に float プロパティを適用します。

【コンテンツ領域・メイン領域・サブ領域・フッター領域の関係】

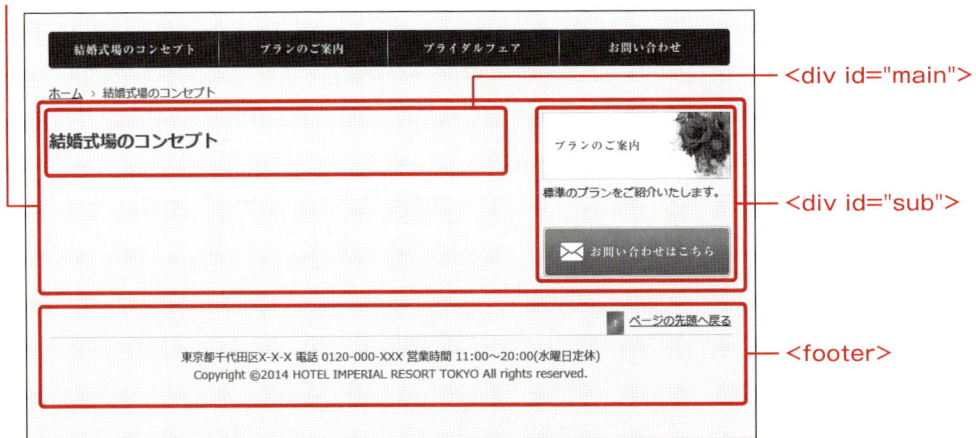

■ 横に並べるレイアウトは、幅の合計値が親要素の幅を超えないようにする

メイン領域の <div id="main"> には幅 570 ピクセル、サブ領域の <div id="sub"> には幅 230 ピクセルと指定しました。float プロパティでボックスを横に並べる場合は、並べるボックスの横幅（width、padding、border、margin の合計値）が、親要素の幅を超えないようにします。メイン領域、サブ領域の親要素はコンテンツ領域（<div id="contents">）で、横幅は 840 ピクセルです。メイン領域とサブ領域の幅の合計は 800 ピクセルなので、親要素の幅を超えません。

【コンテンツ領域・メイン領域・サブ領域の幅】

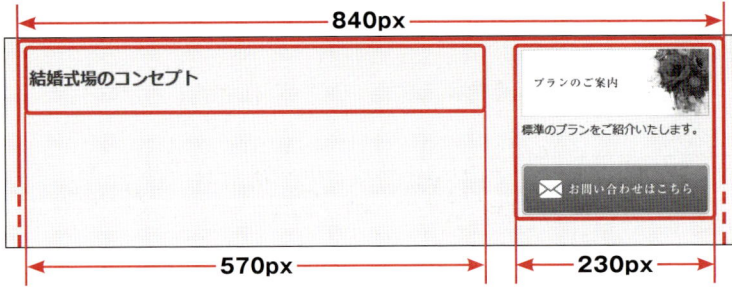

■ フッターは横に並べないのでフロートを解除する

メイン領域とサブ領域を横に並べたフロートは、フッター領域（<footer>）まで横に並んでしまわないように解除します。今回は、親要素のコンテンツ領域に overflow プロパティを適用して、フロートを解除しています。

フロートを解除するその他の方法

フロートを解除する方法には次の3つの手法があります。どの方法でも問題なくフロートが解除されます。

- clear プロパティを使用する
- clearfix テクニックを使用する
- overflow プロパティを使用する

■ clear プロパティを使用する方法

フロートを解除する最も簡単な方法は、解除したい要素に clear プロパティを適用することです。clear プロパティを使用して、実習している base.html のフッター領域でフロートを解除するには、次のように style.css を書き替えます。

【clear プロパティでフロートを解除する（サンプル：c03-clear/base.html、style.css）】

```
...
#contents {
  /* overflow: hidden; */
}
#main {
  float: left;
  width: 570px;
}
#sub {
  float: right;
  width: 230px;
}
footer {
  clear: both;
  padding-top: 70px;
}
...
```

■ clearfix テクニックを使用する方法

CSS にフロート解除専用のルールを作成して、フロートを解除したい HTML 要素に class 属性を追加する方法です。俗に「clearfix」と呼ばれるテクニックです。
clearfix を用いてフロートを解除するには、base.html と style.css を次のように書き替えます。

【clearfix テクニックでフロートを解除する（サンプル：c03-clearfix/base.html、style.css）】

【base.html】
```
<div id="contents" class="clearfix">
```

【style.css】
```
#contents {
  /* overflow: hidden; */
}
.clearfix::after {
  content: " ";
  display: block;
  clear: both;
  font-size: 0;
}
```

メイン領域にある見出しのCSSを調整する

メイン領域の見出し「結婚式場のコンセプト」にCSSを適用します。マージン、パディング、フォントサイズを調整するほか、複数の背景画像を適用します。

● マージン、パディング、フォントサイズを調整する

見出し <h1> の上下左右のマージン、パディングを設定して位置を調整します。また、フォントサイズを少しだけ大きくします。

■ <h1> に適用される CSS を記述する

1 <div id="main"> 内にある <h1> に適用されるCSSを記述して、マージン、パディング、フォントサイズを調整します。

【style.css】

```
...
footer {
  clear: both;
  padding-top: 70px;
}
#main h1 {
  margin: 0 0 30px 0;
  padding: 35px 0 35px 65px;
  font-size: 156.25%;
}
/* 基本レイアウト ここまで↑ */
...
```

2 base.html をブラウザーで開きます。見出しのテキストの位置が右下に移動して、フォントサイズが少しだけ大きくなります。

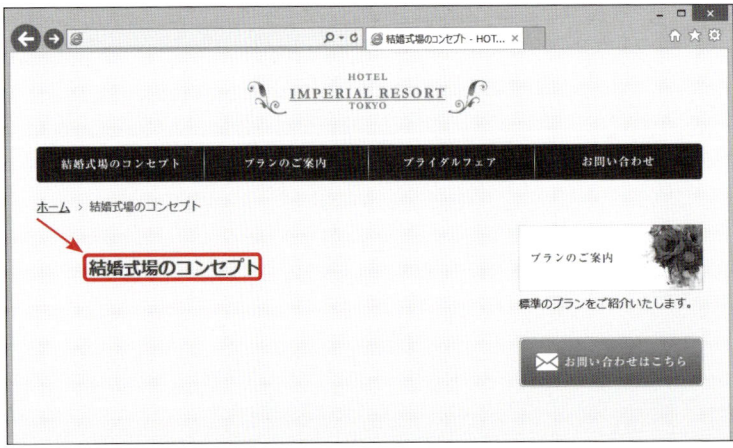

複数の背景画像を指定する

CSSの機能強化が進み、新しいブラウザー（IE9以上）では、ひとつの要素に対して複数の背景画像を指定することができるようになりました。ここでは、見出しに複数の背景画像を適用します。

■背景画像の各種プロパティを記述する

① 「#main h1」がセレクターになっているルールにCSSを追加します。

【style.css】

```css
...
#main h1 {
  margin: 0 0 30px 0;
  padding: 35px 0 35px 0;
  font-size: 156.25%;
  background-image: url(../images/bg_h1_head.png), url(../images/bg_h1_bottom.png);
  background-repeat: no-repeat, no-repeat;
  background-position: left top, left bottom;
}
/* 基本レイアウト ここまで↑ */
...
```

② base.htmlをブラウザーで開きます。<h1>に背景画像が適用されます。

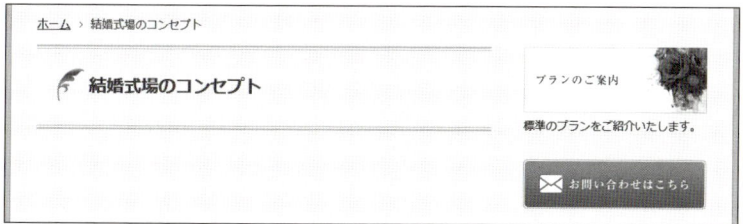

解説 複数の背景画像を指定する

background-imageなどのプロパティにカンマで区切って2つ以上の値を指定すると、1つの要素に対して複数の背景画像を適用することができます。今回の実習では、メイン領域の<h1>に「bg_h1_head.png」と「bg_h1_bottom.png」という2つの画像を指定しました。

【使用した2つの画像】

bg_h1_head.png　　　　　　　　　bg_h1_bottom.png

【複数の背景画像を指定する】

```css
background-image: url(画像1のパス), url(画像2のパス);
```

解説 background-repeatプロパティ

背景画像は、設定しなければ要素のボックスの、パディングより内側の部分を埋め尽くすように繰り返し表示されます。その繰り返しの状態を指定するにはbackground-repeatプロパティを使用します。画像を繰り返し表示しない「no-repeat」のほか、横方向にだけ繰り返したり、縦方向にだけ繰り返したり設定できます。background-imageプロパティ同様、カンマで区切って複数の背景画像の繰り返しを設定することができます。

【複数の背景画像の繰り返しを指定する】

background-repeat: 繰り返しの値, 繰り返しの値;

【background-repeatの値】

プロパティ値	説明	表示例
repeat	画像を縦横に繰り返す	
repeat-x	画像を横方向に繰り返す	
repeat-y	画像を縦方向に繰り返す	
no-repeat	画像を繰り返さない	

解説 background-positionプロパティ

background-positionは、背景画像の表示開始位置を指定するプロパティです。background-image、background-positionプロパティ同様、カンマで区切って複数の背景画像の表示開始位置を指定できます。
プロパティ値の設定方法には「キーワードで指定」、「数値＋単位で指定」、「キーワード＋数値で指定」の3通りがあります。

■キーワードで指定する

キーワードを使用して背景画像の表示開始位置を指定する方法です。横方向のキーワード、縦方向のキーワードを半角スペースで区切って記述します。複数の背景画像がある場合は、「横方向のキーワード 縦方向のキーワード」をカンマで区切って列挙します。

【キーワードを使用した書式】

background-position: 横方向のキーワード 縦方向のキーワード;

【background-positionで使用できるキーワード】

キーワード	方向	説明
left	横方向	ボックスの左端
center		ボックスの左右中央
right		ボックスの右端
top	縦方向	ボックスの上端
center		ボックスの上下中央
bottom		ボックスの下端

【背景画像を横方向、縦方向とも中央に配置した例（サンプル：c03-pos1/index.html）】

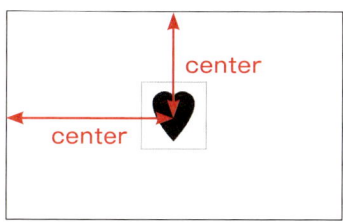

background-position: center center;

■「数値＋単位」で指定する

ボックスの左上からの距離を数値と単位で指定する方法です。単位には％もしくはpx、emなどが使用できます。横方向の距離、縦方向の距離の順に半角スペースで区切って記述します。

【数値＋単位で指定する書式】

background-position: 横方向の距離＋単位 縦方向の距離＋単位;

【背景画像を左から75％、上から50％に設定した例（サンプル：c03-pos2/index.html）】

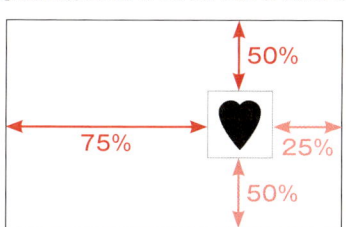

background-position: 75% 50%;

■ キーワード＋数値で指定する

基点となるボックスの位置をキーワードで指定した上で、そこからの距離を数値と単位で示す方法です。比較的新しく導入された書式で、主要なブラウザーの最新版、およびIE9以降で動作します。

【キーワード＋数値で指定する書式】

background-position: 横方向のキーワード 距離＋単位 縦方向のキーワード 距離＋単位;

【背景画像を右から150px、下から80pxに設定した例（サンプル：c03-pos3/index.html）】

background-position: right 150px bottom 80px;

 背景を設定するその他のプロパティ

背景の状態を設定するプロパティはほかにもたくさんあります。ここでは、背景のスクロールを設定する background-attachment と、ショートハンドの background プロパティを紹介します。

■ background-attachment プロパティ

background-attachment プロパティは、背景をスクロールに合わせて移動するか、固定したままにするかを設定するプロパティです。

【background-attachment プロパティの書式】

background-attachment: scorll または fixed;

【background-attachment の値】

プロパティ値	説明
scroll	スクロールに合わせて背景も移動する。デフォルト値
fixed	背景を固定する

【background-attachment プロパティの違い（サンプル：c03-attachment/scroll.html および fixed.html）】

scroll.html
background-attachment: scroll;
スクロールに合わせて背景も移動する

fixed.html
background-attachment: fixed;
テキストだけがスクロール、背景は固定

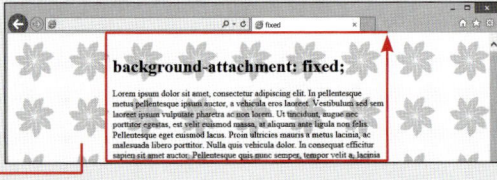

背景は<body>に適用

■ background プロパティ

background プロパティを使うと、背景関係のプロパティを一括で設定できます。

【background プロパティの書式（一部省略）】

background: url(背景画像のパス)　[background-repeat] [background-position] [background-color];

※値の順序は問わない。また、設定したいプロパティの値だけ記述すればよい

■ background プロパティで複数の背景画像を指定する

background プロパティで複数の背景画像を指定することもできます。ほかのプロパティと同様、背景画像ごとにカンマで区切って指定します。もちろん、今回の実習で記述した背景に関連するプロパティを、background プロパティで書き替えることもできます。

【実習で記述した CSS】

```
#main h1 {
  ...
  background-image: url(../images/bg_h1_head.png), url(../images/bg_h1_bottom.png);
  background-repeat: no-repeat, no-repeat;
  background-position: left top, left bottom;
}
```

⬇

【ショートハンドを使用して書き替え】

```
#main h1 {
  ...
  background: url(../images/bg_h1_head.png) no-repeat left top,
  url(../images/bg_h1_bottom.png) no-repeat left bottom;
}
```

なお、background プロパティで複数の背景画像を設定し、かつ背景色も指定したい場合、背景色は最後に 1 回だけ指定します。

【背景色を付けるときの正しい例】

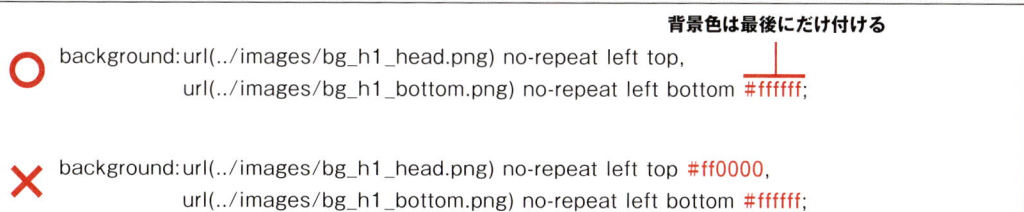

擬似クラスを使用する

「お問い合わせはこちら」と書かれたバナーにマウスポインタが重なったら、画像の透明度が変わるようにします。

● バナーにロールオーバーのスタイルを設定する

サブ領域にあるバナー画像のうちの1つにCSSを適用します。新たに記述するCSSは、擬似クラスというセレクターを使って、画像にマウスポインタが重なった（ロールオーバーした）ときにだけ適用されるようにします。

■ バナーに適用されるCSSを記述する

1 `<div class="bnr_inner">` ～ `<a>` ～ `<p>` 内の `<img>` に適用されるCSSを記述して、ロールオーバーしたときだけ透明度が変わるようにします。

【style.css】

```
...
/* 基本レイアウト ここから↓ */
...
#main h1 {
  margin: 0 0 30px 0;
  padding: 35px 0 35px 65px;
  font-size: 156.25%;
  background-image: url(../images/bg_h1_head.png), url(../images/bg_h1_bottom.png);
  background-repeat: no-repeat, no-repeat;
  background-position: left top, left bottom;
}
.bnr_inner a p img:hover {
  opacity: 0.8;
}
/* 基本レイアウト ここまで↑ */
...
```

2 base.htmlをブラウザーで開きます。「お問い合わせはこちら」と書かれたバナーにロールオーバーすると、画像が半透明になります。

【通常時】　　　　　　　　　　　　　　【ロールオーバー時】

 opacityプロパティ

opacityは、ボックスの透明度を設定するプロパティです。値は0から1の間で、小数点で指定します。値が0のとき完全に透明、1のとき完全に不透明になります。

【opacityプロパティの書式】

```
opacity:透明度;
```

※透明度は0～1の値

リンク擬似クラス・ユーザーアクション擬似クラス（ダイナミック擬似クラス）

CSSのセレクターにはリンク擬似クラスやユーザーアクション擬似クラス（両方合わせてダイナミック擬似クラス）という、少し特殊なクラスがあります。今回使用したのは:hover擬似クラスで、これは要素にマウスポインタがロールオーバーしているときにマッチします。
ダイナミック擬似クラスは全部で5種類あります。

【ダイナミック擬似クラス】

	テキストリンク	
:link	テキストリンク	・要素がリンク ・リンク先URLが未訪問
:visited	テキストリンク	・要素がリンク ・リンク先URLが訪問済み
:focus	テキストリンク	・要素が選択されている
:hover	テキストリンク	・要素にマウスポインタが 　ロールオーバーしている
:active	テキストリンク	・要素の上でマウスボタンが 　押されている

ダイナミック擬似クラスを使用する場合は、CSSにルールを記述する際、必ず次の順番で記述する必要があります。この順番で記述していないと、思ったようにスタイルが適用されないことがあります。

【ダイナミック擬似クラスの記述順】

```
a { ... }
a:link { ... }
a:visited { ... }
a:focus { ... }
a:hover { ... }
a:active { ... }
```

Accessibility Note <a> に :focus 擬似クラスを設定すると

マウス操作が難しい利用者でも Web サイトの閲覧ができるように、ブラウザーは tab キーやカーソルキーでリンクを選択できるようになっています。<a> に :focus 擬似クラスを設定すると、キーボード操作でそのリンク要素が選択されたときのスタイルを指定できます。

【:focus 擬似クラスを設定した例（サンプル：c03-focus.html）】
【c03-focus.html】

```
...
<head>
...
<style>
a:link { color: #ff0000; }
a:visited { color: #0000ff; }
a:focus { background-color: #ff9900; color: #ffffff; }
a:hover { color: #ff9900; }
a:active { color: #cc6600; }
</style>
</head>
<body>
<p><a href="#">テキストリンク</a></p>
</body>
</html>
```

【 tab キーを押してリンクを選択した状態】

tab キーを何回か押すとテキストリンクに背景色が付く

3-11 第3章 ▶ CSSの基礎と応用

ページを複製する

ここまでの作業で、サイト全体に共通するHTMLとCSSはほぼ完成しました。base.htmlを複製して、各ページのHTMLファイルを作成します。

● 各ページのHTMLファイルを作成する

base.html を複製して、トップページ、「結婚式場のコンセプト」ページ、「プランのご案内」ページ、「ブライダルフェア」ページ、「お問い合わせ」ページの HTML を作成します。

■ base.html を複製する（Windows）

① エクスプローラーで「start」フォルダーの「base.html」を右クリックし、ポップアップメニューから［コピー］を選択します。
※または、Ctrlキーと©キーを同時に押します。

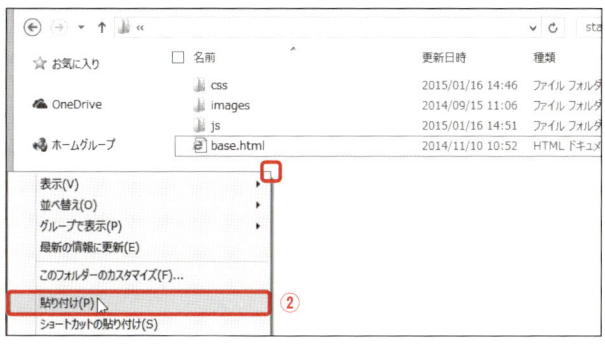

② ウィンドウ内でもう一度右クリックし、ポップアップメニューから［貼り付け］を選択します。
※または、Ctrlキーと♡キーを同時に押します。

③ 新しくできたファイルのファイル名を「index.html」にします。同じ作業を繰り返して「concept.html」「plan.html」「fair.html」「contact.html」を作成します。

base.html を複製する（Mac OS X）

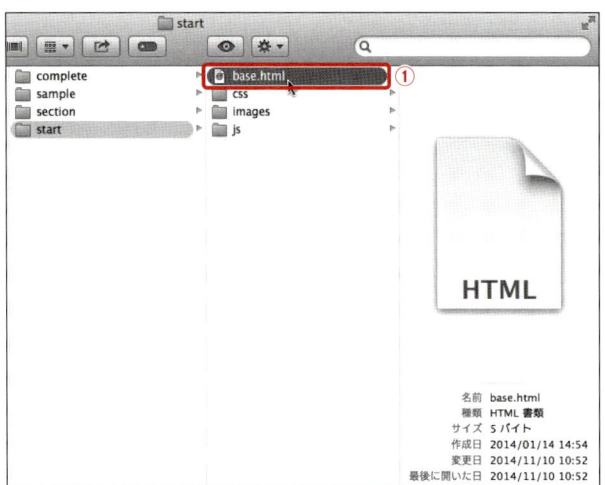

①Finder ウィンドウで「start」フォルダーの「base.html」を選択します。

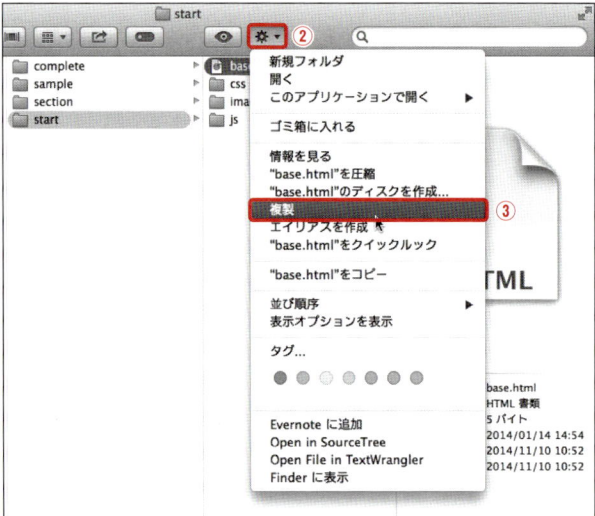

②［選択した項目に対して処理を実行］ボタンをクリックします。
③プルダウンメニューから［複製］を選択します。
※または、①でファイルを選択した後、command キーとDキーを同時に押します。

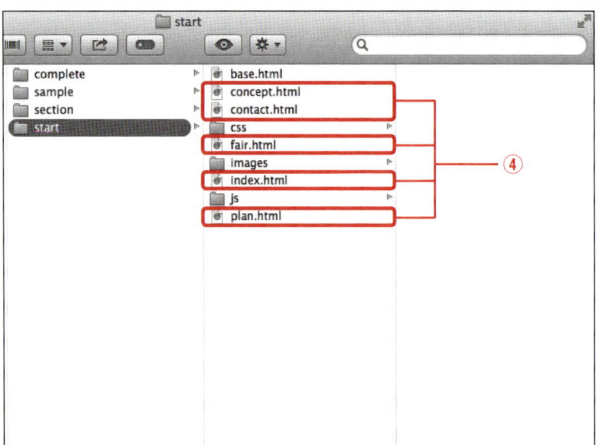

④新しくできたファイルのファイル名を「index.html」にします。同じ作業を繰り返して「concept.html」「fair.html」「plan.html」「contact.html」を作成します。

ページごとに少しだけ異なるCSSを適用する

現在見ているページに対応するナビゲーション項目をハイライトさせます。そのために、複製したHTMLファイルの<body>にid属性を付けます。

● 各ページに固有のid属性を付ける

たとえば「結婚式場のコンセプト」ページ（concept.html）を見ているときは、そのページにリンクしているナビゲーションのボタンをハイライトさせるようにします。そのために、まず各HTMLの<body>タグに固有のid属性を付けます。

■ <body> に id 属性を付ける

■ concept.html をテキストエディターで開きます。<body> タグに次の id 属性を追加します。作業が終わったらファイルを保存します。

【concept.html】

```html
<!DOCTYPE html>
<html lang="ja">
<head>
<meta charset="UTF-8">
<title>結婚式場のコンセプト - HOTEL IMPERIAL RESORT TOKYO</title>
<link rel="stylesheet" href="css/style.css">
</head>

<body id="concept">
…
```

■ plan.html をテキストエディターで開きます。concept.html と同様に、<body> に id 属性を追加して保存します。

【plan.html】

```html
…
<body id="plan">
…
```

■ fair.html をテキストエディターで開きます。plan.html と同じく <body> に id 属性を追加して保存します。

【fair.html】

```html
…
<body id="fair">
…
```

4 contact.html をテキストエディターで開きます。fair.html と同じく <body> に id 属性を追加して保存します。

【contact.html】

```
...
<body id="contact">
...
```

▶ CSSシグネチャ

ページごとに異なる CSS を適用したいときに、<body> タグに固有の id 属性、または class 属性を付けておく手法があります。これらの id 属性や class 属性を利用した CSS のセレクターを使えば、ページに対応するナビゲーションのリンクをハイライトさせるようなことができます。<body> に id 属性などを付けて、それを CSS に生かすテクニックを本書では「CSS シグネチャ」と呼んでいます。

【CSS のシグネチャの使い方】

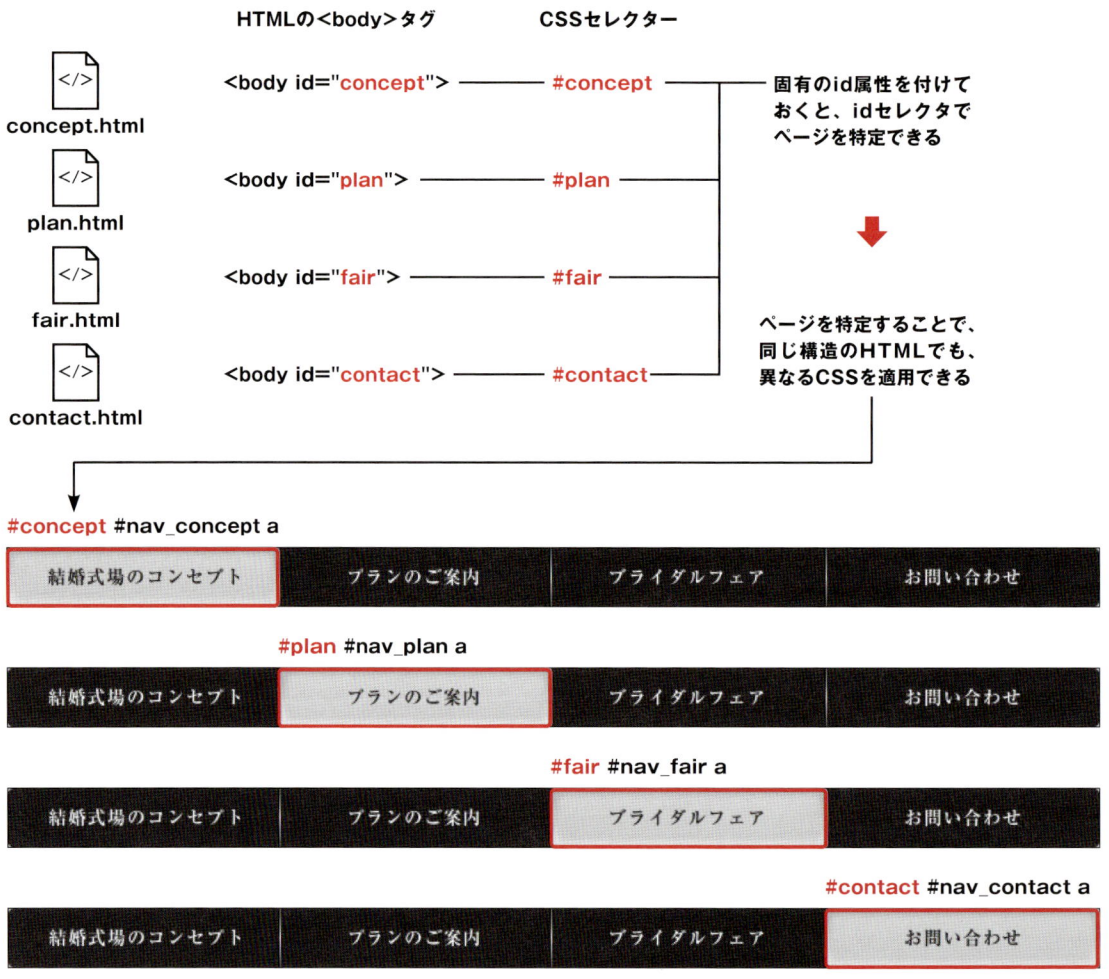

ナビゲーションのハイライトを作成する

ナビゲーションのボタンに、マウスがロールオーバーしたらハイライトするCSSを追加します。また、各ボタンのリンク先ページが表示されているときは、はじめからハイライトされているようにします。

▶ 擬似クラスとCSSシグネチャを利用したCSSを記述する

CSSのセレクターには、:hover擬似クラスを使用します。また、前節で<body>タグに追加した各ページのid属性と、ナビゲーションの<li>に付いているid属性の両方を利用したセレクターを記述して、リンク先のページが表示されている場合ははじめからハイライトしているようにします。
ナビゲーションのハイライトは、「CSSスプライト」という手法を用いて、背景画像の表示位置をずらすことで実現します。

■ナビゲーションの背景画像を操作する

1 style.cssに、次のCSSを記述します。

【style.css】

```css
...
/* 基本レイアウト ここから↓ */
...
#main h1 {
  margin: 0 0 30px 0;
  padding: 35px 0 35px 65px;
  font-size: 156.25%;
  background-image:url(../images/bg_h1_head.png), url(../images/bg_h1_bottom.png);
  background-repeat: no-repeat, no-repeat;
  background-position: left top, left bottom;
}
#concept #nav_concept a,
#plan #nav_plan a,
#fair #nav_fair a,
#contact #nav_contact a,
nav ul li a:hover {
  background-position: 0 -45px;
}
.bnr_inner a p img:hover {
  opacity: 0.8;
}
/* 基本レイアウト ここまで↑ */
...
```

2 index.html をブラウザーで開きます。ナビゲーションの各リンクにマウスポインタがロールオーバーすると背景画像の表示が変わり、ハイライトします。また、リンクをクリックして別のページに移動すると、そのリンクがはじめからハイライトするようになります。

【ロールオーバーしている状態】

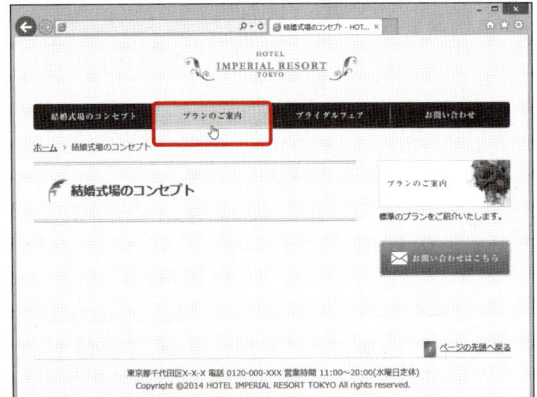

【クリックして plan.html が表示されている状態】

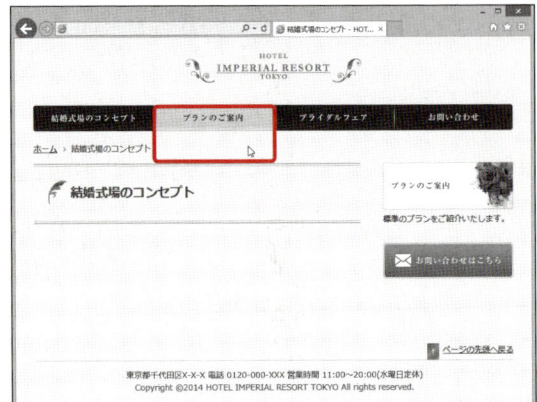

解説 CSSスプライト

「通常状態」「ロールオーバー状態」など状態の異なる画像を1つのファイルにまとめて、background-position プロパティの値を変えて表示を切り替えるテクニックを「CSS スプライト」と呼びます。

ナビゲーションの背景に使用している4点の画像は、どれも <a> のボックスよりも縦に大きく作られていて、マウスポインタがロールオーバーしていない状態では、その上半分が表示されています。リンクにロールオーバーしたとき、およびそのリンクのリンク先になっているページが表示されているときは、背景画像を上に −45 ピクセルずらします。

【「結婚式場のコンセプト（nav1.png）」の CSS スプライトの例】

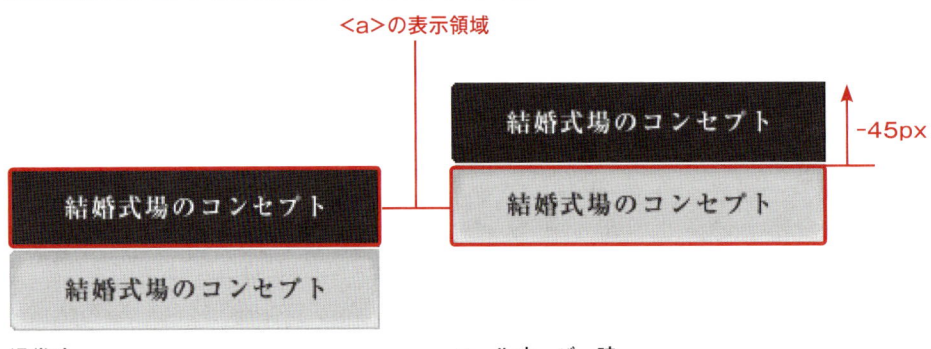

通常時　　　　　　　　　　ロールオーバー時

ロールオーバー時に背景画像を上に −45px ずらすことで、表示される領域を変更してハイライトを実現する

第4章
高度なリストのデザイン

トップページのタイトルを書き替える
スライドショーを組み込む
メイン領域のHTMLを作成する
トップページのCSSを編集する
スマートフォン向けのCSSを読み込む

4-1 トップページのタイトルを書き替える

第4章 ▶ 高度なリストのデザイン

本章ではトップページ（index.html）を作成します。スライドショー用JavaScriptとスマートフォン向けCSSの読み込み、お知らせ項目の整形を中心に作業します。

◉ タイトルを書き替える

index.html のページタイトルを書き替えます。

■ \<title\> の内容を書き替える

1 index.html をテキストエディターで開きます。\<title\> ～ \</title\> の内容を書き替えます。

【index.html】

```
...
<head>
<meta charset="UTF-8">
<title>HOTEL IMPERIAL RESORT TOKYO</title>
<link rel="stylesheet" href="css/style.css">
</head>
...
```

2 index.html をブラウザーで開きます。タブやウィンドウに表示されるタイトルが変わります。

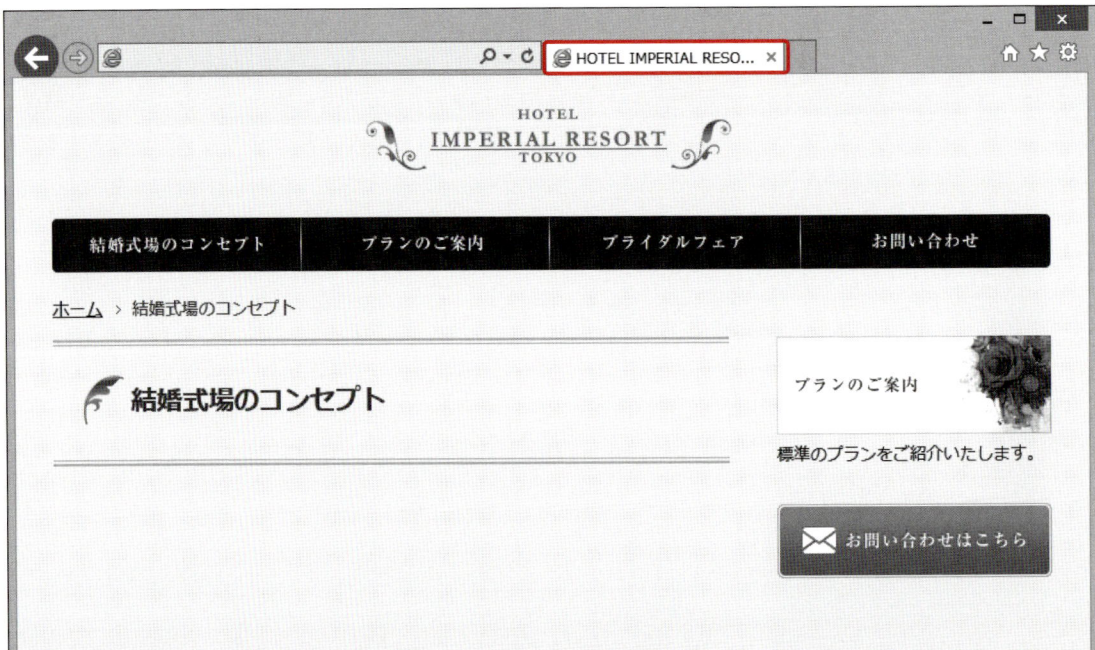

 **<title>タグ**

<title> は、HTML ドキュメントのタイトルを指定するタグです。<title> ～ </title> に記述したテキストは、ブラウザーのウィンドウやタブのタイトルとして表示されます。

【<title> タグの内容が表示される場所】

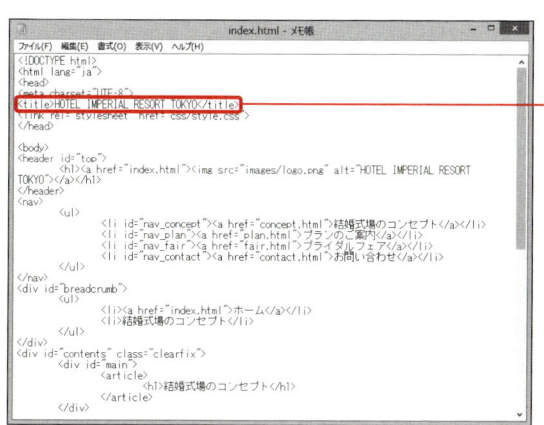
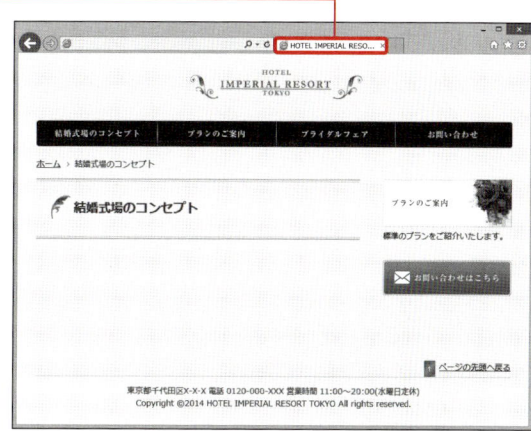

 <title> の内容は重要

<title> の内容はウィンドウやタブのタイトルにしか表示されないため、あまり重要ではないように感じます。しかし、Google や Yahoo! などの検索エンジンは、検索結果ページでこのタイトルを大きく表示します。ユーザーにページの概要が伝わるよう、的確なタイトルを付けましょう。
同じ理由から、サイト内のページにはそれぞれ別のタイトルを付けましょう。同じタイトルのページが検索結果に表示されても、ユーザーはどちらがより探している情報に近いのか判断ができません。

【Google の検索結果画面】

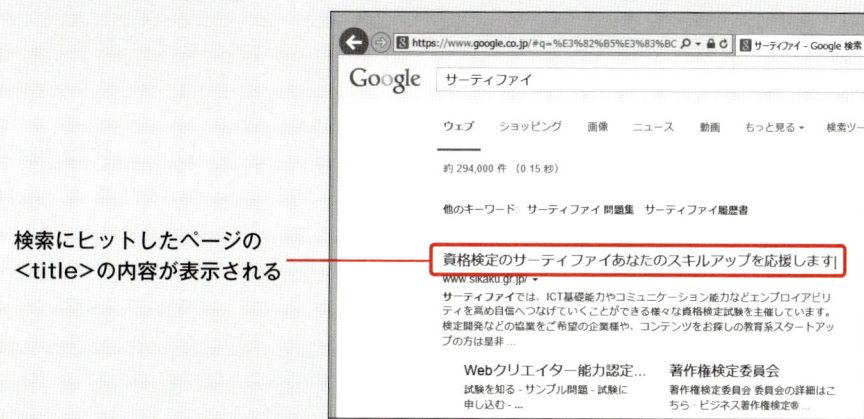

検索にヒットしたページの<title>の内容が表示される

4 高度なリストのデザイン

4-2 スライドショーを組み込む

スライドショーを組み込むために、パンくずリストのHTMLを変更するほか、外部JavaScriptファイルを読み込むようにします。

● パンくずリストのタグを書き換える

トップページにパンくずリストは掲載しません。そこで、パンくずリストのタグを一部流用しながら、スライドショーのためのHTMLに書き替えます。

■ id属性と <ul> を書き替え、外部JavaScriptファイルを読み込む

1 `<div id="breadcrumb">` のid属性を「graphic」に変更します。また、この `<div>` の内容を、スライドショーを組み込むために必要なHTMLに書き替えます。

【index.html】

```
...
<nav>
 <ul>
  <li id="nav_concept"><a href="concept.html">結婚式場のコンセプト</a></li>
  <li id="nav_plan"><a href="plan.html">プランのご案内</a></li>
  <li id="nav_fair"><a href="fair.html">ブライダルフェア</a></li>
  <li id="nav_contact"><a href="contact.html">お問い合わせ</a></li>
 </ul>
</nav>
<div id="graphic">
 <ul>
  <li class="now"><img src="images/slide1.jpg" alt="こだわりの空間で心地よいひとときを" class="image1"></li>
  <li><img src="images/slide2.jpg" alt="幸福に満ちた神聖なチャペル" class="image2"></li>
  <li><img src="images/slide3.jpg" alt="「ありがとう」の気持ちが伝わるウェディング" class="image3"></li>
 </ul>
</div>
...
```

2 </footer> 終了タグの次の行に、「js」フォルダーの中にある「slideshow.js」を読み込むタグを記述します。

【index.html】

```
...
<footer>
  ...
</footer>
<script src="js/slideshow.js"></script>
</body>
</html>
```

3 index.html をブラウザーで開きます。ナビゲーションの下に大きな画像が表示されます。しばらく待つと次の画像に切り替わり、スライドショーが組み込まれているのが分かります。

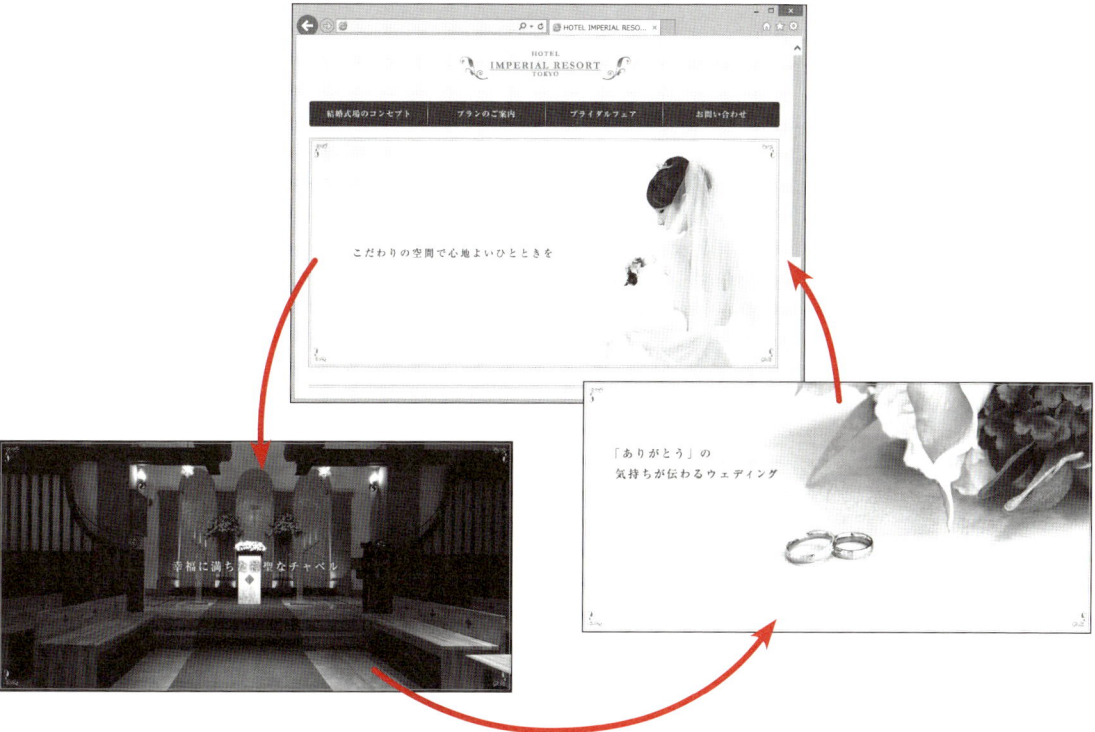

解説 JavaScriptファイルの読み込み

JavaScript は、主要なブラウザーすべてに組み込まれたプログラミング言語です。JavaScript のプログラムは HTML ドキュメントに直接書くこともできますが、外部ファイルに記述しておくこともできます。今回は、slideshow.js という JavaScript が書かれたファイルを、<script> タグで HTML に読み込んでいます。スライドショーの画像が切り替わる処理は、この JavaScript プログラムが行っています。

【外部ファイルを読み込む <script> の書式】

```
<script src="読み込むJavaScriptファイル.js"></script>
```

※ HTML5 では type 属性は不要

■ <script> タグを記述する場所

<script> タグは、<head> 内、もしくは <body> 内のどこにでも記述できます。一般的には <head> 内か、もしくは </body> 終了タグのすぐ上に記述します。
<head> タグ内に <script> タグを記述する場合は、読み込み速度の関係上、CSS を読み込む <link> タグや <style> タグよりも後に書きます。

<noscript> タグ

<noscript> タグを使うと、JavaScript が無効に設定されているブラウザーが、JavaScript を実行する代わりに表示するコンテンツを定義できます。

【<noscript> の書式】

```
<noscript>
    <!-- JavaScriptが無効になっているときのコンテンツをここに追加する -->
</noscript>
```

■ HTML5 では原則として使用しない

HTML4.01 や XHTML1.0 形式で記述していた数年前までは、ユーザビリティ向上のために <noscript> を含めるのが当たり前でした。
ところが HTML5 では、使用しなくてすむなら使用しないほうがよいとされています[1]。<noscript> で別のコンテンツを用意するのではなく、JavaScript が動作しなくても最低限の内容は把握できる HTML を作成したほうが、閲覧者により親切だからです。
たとえば index.html のスライドショーでは、その中で使用している写真は <img> タグで HTML に書き込まれているため、JavaScript が動かなくても 1 枚目の写真は表示されます。最低限の情報を伝えることができ、レイアウトが崩れることもないので、<noscript> はいりません。

[1] http://www.w3.org/TR/html5/scripting-1.html#the-noscript-element

Design Note　ファーストビュー

通常、Web ページは縦長に作られます。縦長に作られたページのうち、スクロールしなくても見える一番上の部分を「ファーストビュー」と言います[1]。ページのデザインをするときは、ロゴやナビゲーションなど、重要なものをスクロールしなくても見える位置に配置します。
もちろん、パソコンのディスプレイサイズによって、ファーストビューのサイズは異なります。一般的には、最大で幅 960 〜 980 ピクセル、高さ 600 ピクセル程度の範囲内に、主要なものが配置されるようにデザインします。

[1] ファーストビューは和製英語。最近は英語でそのまま Above the fold（折り畳んだ新聞の 1 面という意味）と言うことも多い

【ファーストビュー。ロゴ、ナビゲーション、目を引く写真がファーストビュー内に収まっている】

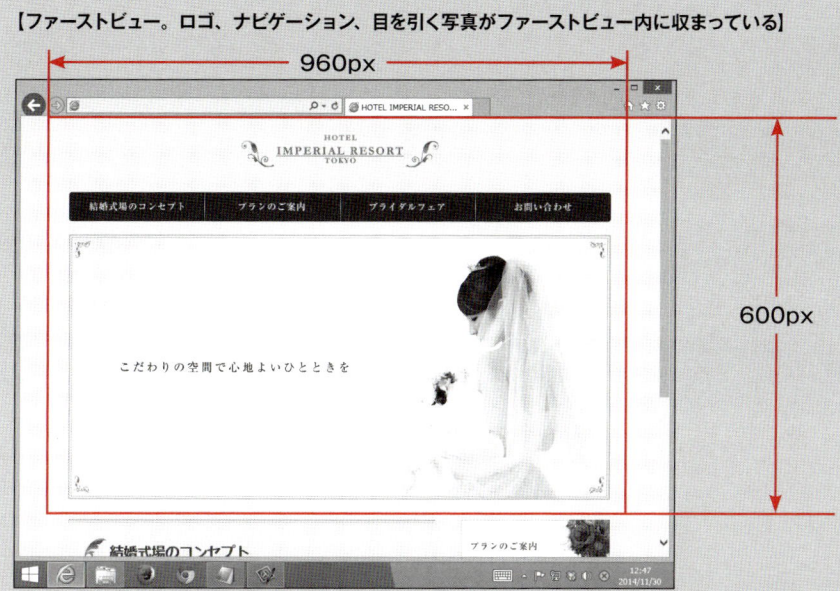

視線の動きを意識したデザイン

Webページを見るときの閲覧者の視線は、横書きの日本語を含む多くの言語圏の人では、左から右、上から下に移動します。ページのデザインをする際、Z、FまたはEの字に沿うようにコンテンツの配置をすると、視線の自然な動きを妨げず、情報を的確に伝えられるようになります。

【視線の動きに沿ったデザイン】

Zの字形に沿った配置（Z軸配置）

fair.html

F・Eの字形に沿った配置（F軸・E軸配置）

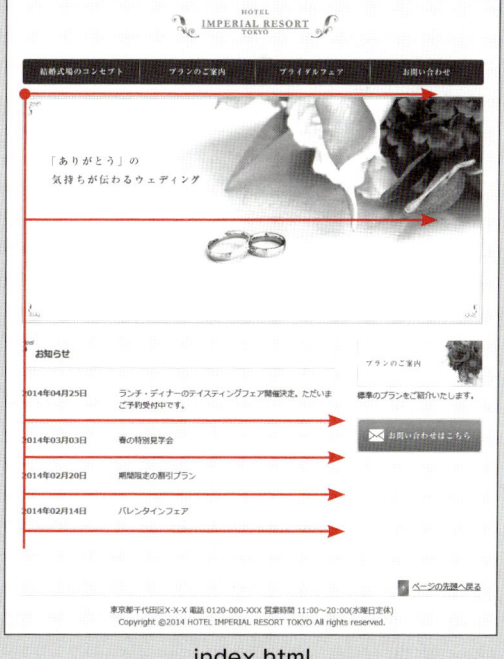

index.html

4 高度なリストのデザイン

スマートフォンなど画面幅が狭い端末でWebサイトを閲覧するときは、視線の動きが縦一直線に近くなります。情報を詰め込みすぎないように気をつけます。

【画面幅が狭いときの表示。あまり情報を詰め込みすぎない】

4-3 第4章 ▶ 高度なリストのデザイン

メイン領域のHTMLを作成する

トップページのメイン領域には「お知らせ」を掲載します。メイン領域を書き替えて、お知らせを4項目追加します。

▶ 一部のタグを書き替える

トップページは base.html を基本に作成するものの、ほかのページとは内容が多少異なります。そこで、メイン領域のタグを一部書き替えて、より内容に合った HTML に変更します。

■ <article> を <section> に、<h1> を <h2> に書き替える

1 メイン領域を定義している <article> を <section> に変えて、id 属性に「news」を指定します。また、その中の <h1> を <h2> に変更し、見出しのテキストも書き替えます。

【index.html】

```
...
<div id="contents">
  <div id="main">
    <section id="news">
      <h2>お知らせ</h2>
    </section>
  </div>
  <div id="sub">
    ...
  </div>
</div>
...
```

2 index.html をブラウザーで開きます。見出し（<h2>）のテキストが「お知らせ」に変わり、背景画像が表示されます。見出しの背景画像は common.css であらかじめ設定されています。

● お知らせの内容を追加する

メイン領域にお知らせの内容を追加します。お知らせは1項目につき日付と短いコメントが含まれています。HTMLは箇条書きで記述します。

■ <ul><li> でお知らせを4項目追加する

1 <h2> の次の行から、お知らせの箇条書きを記述します。

【index.html】

```
...
<div id="main">
  <section id="news">
    <h2>お知らせ</h2>
    <ul>
      <li>2014年04月25日ランチ・ディナーのテイスティングフェア開催決定。ただいまご予約受付中です。</li>
      <li>2014年03月03日春の特別見学会</li>
      <li>2014年02月20日期間限定の割引プラン</li>
      <li>2014年02月14日バレンタインフェア</li>
    </ul>
  </section>
</div>
...
```

2 index.html をブラウザーで表示します。箇条書きで4項目のお知らせが表示されます。

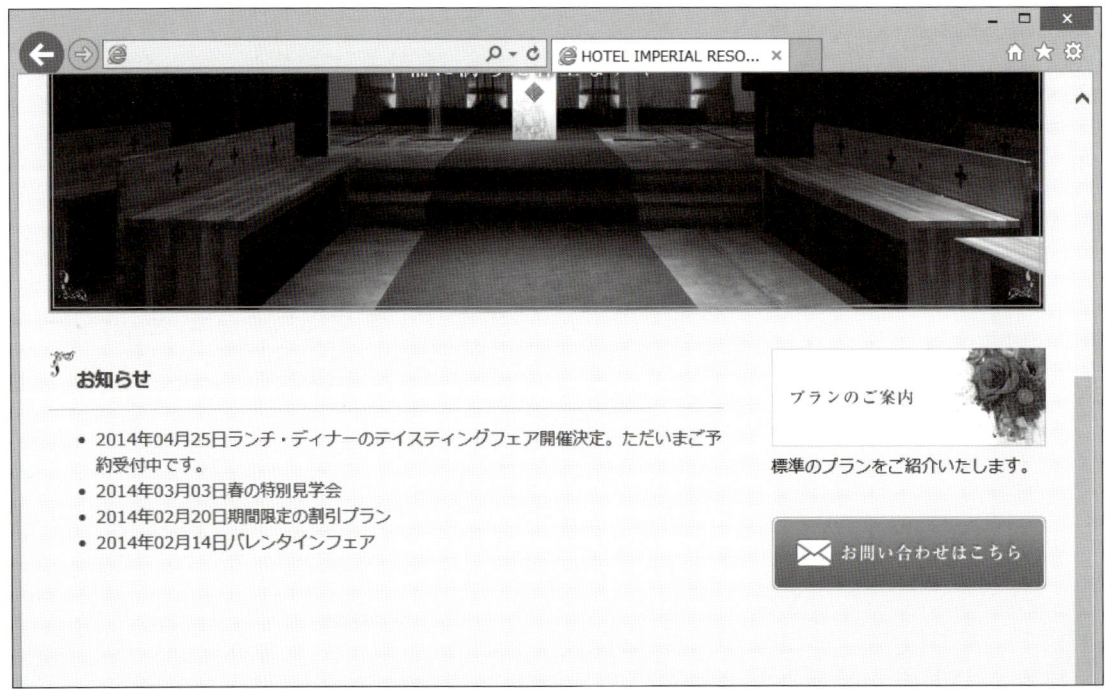

◉ 日付の部分をタグで囲む

お知らせの各項目に含まれる日付の部分を、HTML5で新たに追加された<time>タグで囲みます。

■ <time>で日付を囲む

1 お知らせの各項目に次のHTMLを追加します。

【index.html】

```
...
<ul>
  <li><time datetime="2014-04-25">2014年04月25日</time>ランチ・ディナーのテイスティングフェア開催決定。ただいまご予約受付中です。</li>
  <li><time datetime="2014-03-03">2014年03月03日</time>春の特別見学会</li>
  <li><time datetime="2014-02-20">2014年02月20日</time>期間限定の割引プラン</li>
  <li><time datetime="2014-02-14">2014年02月14日</time>バレンタインフェア</li>
</ul>
...
```

2 index.htmlをブラウザーで開きます。<time>タグで囲んでも表示は変わりません。

解説 <time>タグ

<time>は、日時を意味するタグです。<time>タグにはdatetime属性を含めることができます。この属性の値には、検索エンジンなどのコンピュータがなんらかの処理に利用できるように、決められたフォーマットで日時を記します。日付のみの書式と、日付だけでなく時間も記す代表的な書式例を挙げておきます。

【datetime属性の書式（日付のみ）】

```
<time datetime="2016-06-18">2016年6月18日</time>
```

【datetime属性の書式（日付と時間）】

```
<time datetime="2016-06-18 17:30">2016年6月18日午後5時30分</time>
```

Accessibility Note 日時は読み上げブラウザーが正しく読み上げる形式で

古い読み上げシステムや読み上げブラウザー（以下、総称してスクリーンリーダー）は、「2015/12/15」などの書式で書かれた文字を日付と認識せず、正しく発声しない場合があります。官公庁のWebサイトなど、アクセシビリティの観点から多様なスクリーンリーダーへの対応が求められる場合は、年月日や時・分など単位を含めた日時を書くようにしましょう。

日時だけでなく、金額なども同様で「￥5000-」は正しく読み上げられない場合があり、「5,000円」としたほうが確実です。

比較的新しいスクリーンリーダーはかなり柔軟に読み上げてくれることや、読み上げを重視しすぎると一般の閲覧者には違和感のある表現になるかもしれません。可能なかぎり多くのスクリーンリーダーで実際にテストしてみることをおすすめします。

【スクリーンリーダーの日時の読み上げ】

テキストの内容	新しいスクリーンリーダーの読み上げ結果	古いスクリーンリーダーの読み上げ結果
2014年11月10日	日付として読み上げる	日付として読み上げる
2014-10-30	日付として読み上げる	日付として読み上げない場合がある
2014/9/15	日付として読み上げる	日付として読み上げない場合がある
9時45分	時間として読み上げる	時間として読み上げる
10:35	時間として読み上げる	時間として読み上げない場合がある

※「新しいスクリーンリーダーの読み上げ結果」は、Windows 8の「ナレーター」、Mac OS X 10.9の「VoiceOver」でテスト

4-4 トップページのCSSを編集する

これからトップページのレイアウトを作成します。お知らせの箇条書きを整形するほか、スマートフォンでの閲覧に対応した別のCSSファイルを読み込みます。

▶ お知らせの箇条書きにCSSを適用する

お知らせの <ul><li> に CSS を適用します。リストマーカーを消すほか、パディング、テキストのインデントを調整します。また、各項目の下に区切り線を引きます。

■ <ul>、<li> に CSS を適用する

1 style.css をテキストエディターで開きます。「/* トップページ ここから↓ */」と「/* トップページ ここまで↑ */」の間に、お知らせの <ul>、<li> に適用される CSS を記述します。

【style.css】

```css
...
/* トップページ ここから↓ */
#news ul {
  list-style-type: none;
  padding-left: 0;
}
#news ul li {
  padding: 20px 0 20px 175px;
  border-bottom: 1px dotted #6c5f45;
  color: #342300;
  text-indent: -175px;
}
/* トップページ ここまで↑ */
...
```

2 index.html をブラウザーで確認します。お知らせの項目からリストマーカーが消え、各項目の下に下線が点線で引かれます。テキストが折り返すお知らせは、2 行目以降が右にずれて表示されます。

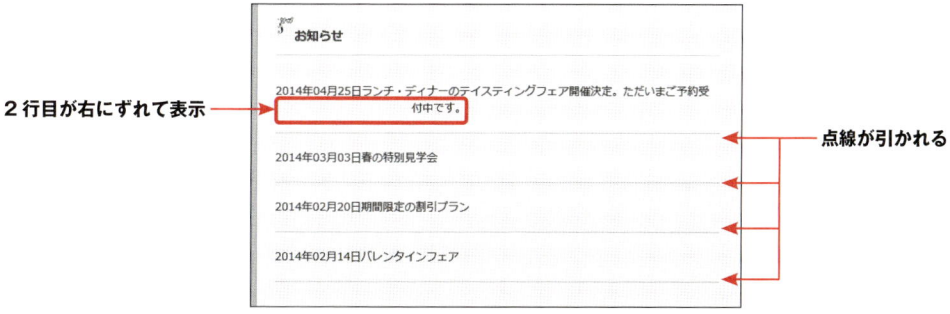

2 行目が右にずれて表示

点線が引かれる

解説 border-bottomプロパティ

border-bottom は、ボックスの底辺に線を引くプロパティです[*1]。プロパティ値には「線の太さ」「線の形状」「線の色」を半角スペースで区切って列挙します。値の順序は問いません。

[*1] 次ページ、および第3章「ボックスモデル」（P.96）参照

【borderプロパティ】

```
border: 線の太さ 線の形状 線の色;
```

■ ボーダーラインの線の形状

borderプロパティの線の形状を指定するには次のようなキーワードを使用します。値を書き替えて試してみてください。

【borderプロパティに線の形状を指定するキーワード】

キーワード	説明	表示例
solid	実線	solid
double	二重線	double
groove	溝線	groove
ridge	稜線	ridge
inset	沈みこみ	inset
outset	浮き出し	outset
none	ボーダーなし	none
hidden	ボーダーを表示しない	hidden
dashed	破線	dashed
dotted	点線	dotted

■ボーダー関連プロパティはほかにも多数ある

borderプロパティはいわゆるショートハンドで、4辺のボーダーラインの太さ、形状、色を一括で指定できるものです。これらを個別に設定するプロパティが多数用意されています。

【ボーダー関連プロパティの一覧】

プロパティ	説明	書式例
border-width	4辺のボーダーの太さ	border-width: 4px;
border-top-width	上ボーダーの太さ	border-top-width: 4px;
border-right-width	右ボーダーの太さ	border-right-width: 4px;
border-bottom-width	下ボーダーの太さ	border-bottom-width: 4px;
border-left-width	左ボーダーの太さ	border-left-width: 4px;
border-style	4辺のボーダーの形状	border-style: solid;
border-top-style	上ボーダーの形状	border-top-style: solid;
border-right-style	右ボーダーの形状	border-right-style: solid;
border-bottom-style	下ボーダーの形状	border-bottom-style: solid;
border-left-style	左ボーダーの形状	border-left-style: solid;
border-color	4辺のボーダーの色	border-color: #FF0000;
border-top-color	上ボーダーの色	border-top-color: #FF0000;
border-right-color	右ボーダーの色	border-right-color: #FF0000;
border-bottom-color	下ボーダーの色	border-bottom-color: #FF0000;
border-left-color	左ボーダーの色	border-left-color: #FF0000;
border	4辺のボーダーの太さ、形状、色を一括指定	border: 1px dotted #888800;
border-top	上ボーダーの太さ、形状、色を一括指定	border-top: 1px dotted #888800;
border-right	右ボーダーの太さ、形状、色を一括指定	border-right: 1px dotted #888800;
border-bottom	下ボーダーの太さ、形状、色を一括指定	border-bottom: 1px dotted #888800;
border-left	左ボーダーの太さ、形状、色を一括指定	border-left: 1px dotted #888800;

解説 text-indentプロパティ

text-indent はテキストのインデントを調整するプロパティです。インデントは「字下げ」とも言い、段落の最初の行が始まる位置を右や左に移動させることを指します。プロパティ値にはインデントの量を、px、em、% などの単位を付けて指定します。負の値を指定することもできます。

【text-indent プロパティ】

```
text-indent: インデントの量;
```

【text-indent の例（サンプル：c04-textindent.html）】
【CSS】

```
p {
    border: 1px solid #000000;
    width: 360px;
    text-indent: 2em;
}
```

　　　　　　　　　　　　　　2em
　　text-indentはテキストのインデントを調整するプロパティです。インデントは「字下げ」とも言い、段落の最初の行が始まる位置を右や左に移動させることを指します。

text-indentの調整位置

【HTML】

```
<p>text-indentはテキストのインデントを調整するプロパティです。インデントは「字下げ」とも言い…を指します。</p>
```

 パディングをキャンセルするインデントをかけて、2行目の開始位置を調整する

今回の実習では、<li> の左パディングを 175 ピクセルにした上で、インデントを -175 ピクセルに設定しています。こうすることで、1 行目だけ <li> のボックスの -175 ピクセルの位置からテキストが開始されます。2 行目以降は <li> のボックス内に収まるように表示されます。2 行目以降のテキストを整列するのによく使われるテクニックなので覚えておきましょう。
次の実習ではさらに手を加えて、日付とお知らせのコメントを整列させます。1 行目だけなぜ飛び出すように表示したか、その理由がよく分かります。

【<li> に適用されている左パディング、インデントの関係】

<ul>のボックス

　　　padding-left:175px　　<li>のボックス
　2014年04月25日ランチ・ディナーのテイスティングフェア開催決定。ただいまご予約受付中です。
　　　text-indent:-175px

▶ 日付を太字にする

お知らせの日付が記されている <time> に適用される CSS を記述します。<time> のボックスの幅を175 ピクセルにして、テキストを太字にします。

■<time> に適用される CSS を記述する

1 お知らせ各項目の <time> に適用される CSS を記述します。

【style.css】

```css
...
/* トップページ ここから↓ */
...
#news ul li {
  padding: 20px 0 20px 175px;
  border-bottom: 1px dotted #6c5f45;
  color: #342300;
  text-indent: -175px;
}
#news ul li time {
  display: inline-block;
  width: 175px;
  font-weight: bold;
  color: #6c5f45;
}
/* トップページ ここまで↑ */
...
```

2 index.html をブラウザーで開きます。日付が表示されなくなってしまいました。

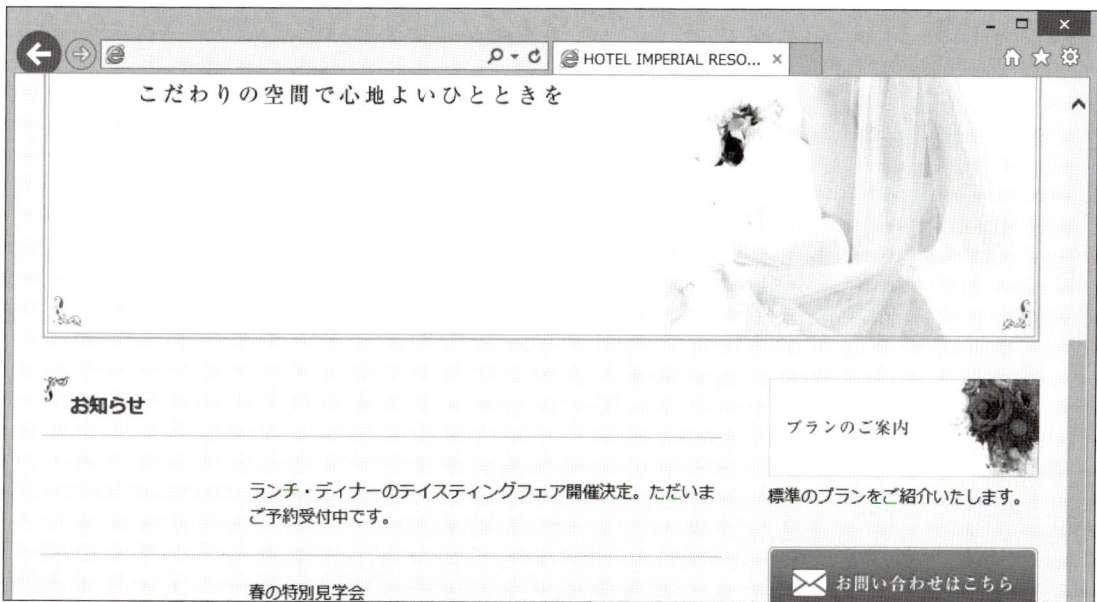

3 不具合を解消するために、日付の位置を調整します。<time> に適用される CSS に 1 行追加します。

【style.css】

```
...
#news ul li time {
  display: inline-block;
  width: 175px;
  font-weight: bold;
  color: #6c5f45;
  text-indent: 0;
}
...
```

4 再度 index.html をブラウザーで開きます。日付が理想的な位置に配置されました。

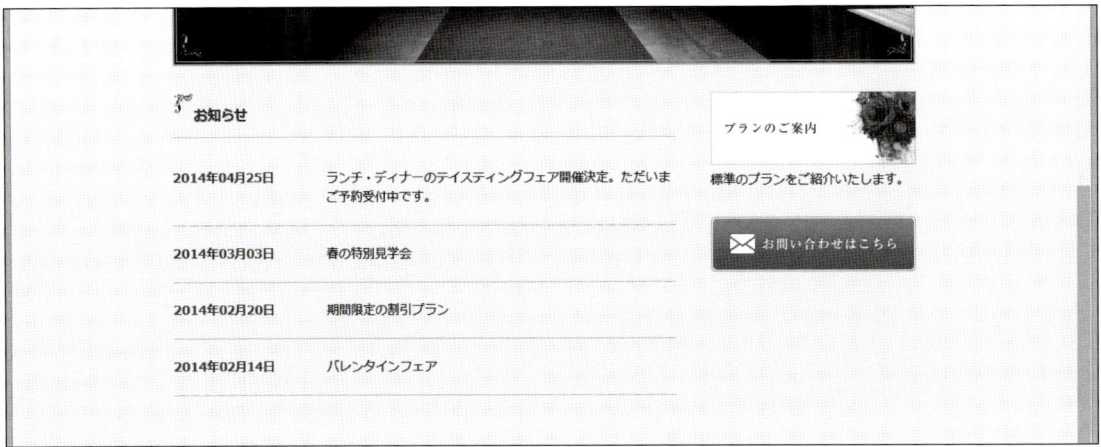

解説 継承

CSS プロパティの中には、親要素に設定されたスタイル宣言が子要素にそのまま引き継がれるものがあります。これを「継承」と言います。text-indent は親要素のスタイルを継承するプロパティです。今回の実習を例にすると、<time> の親要素 (<li>) に text-indent:-175px が設定されています。子要素である <time> にはその宣言が継承され、text-indent:-175px が適用されます。結果的に、<time> に含まれるテキストは合計で 350 ピクセル左にインデントされるため、メイン領域から大きくはみ出して、表示されなくなってしまいます。

【実習で記述したCSSの仕組み】

1. \<li\>に適用されているtext-indent

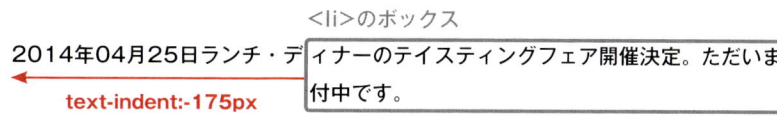

2. text-indentは子要素に継承するので、\<time\>のテキストが大きくはみ出す

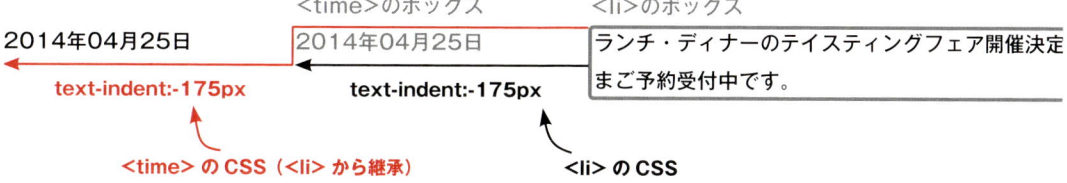

3. \<time\>のtext-indentを0にする

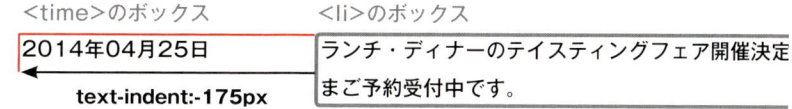

■ 継承するかどうかはプロパティによって異なる

親要素のスタイル宣言を継承するかどうかは、個々のCSSプロパティによって決まっています。大まかに言えば、フォントやテキスト行のスタイルを調整するプロパティ、たとえばfont-family、font-sizeや、text-align、line-height、今回のtext-indentなどは継承します。それ以外のほとんどのCSSプロパティは継承しません。

4-5 スマートフォン向けのCSSを読み込む

スマートフォンのように画面サイズの小さい端末で見たときは、専用のCSSを読み込むようにします。

● 画面サイズが小さいときはレイアウトを変更する

スマートフォンなど、パソコンに比べて画面の小さい端末でWebサイトを閲覧しようとすると、文字や画像が縮小され、ものすごく小さく表示されることがあります。そうならないように、画面サイズが小さいときはページのレイアウトを変更します。

レイアウトの変更はCSSだけで行います。「メディアクエリー」と呼ばれるCSSの新機能を使って、画面サイズが小さいときだけ、追加のCSSファイルが読み込まれるようにします。

【本節で記述するメディアクエリーの動作概要】

● メディアクエリーを使って別のCSSファイルを読み込む

画面の横幅が480ピクセル以下のスマートフォンで閲覧したときには、style.css、common.cssに加え、追加のCSSファイルとして「css」フォルダーの中にある「responsive.css」を読み込むようにします。

■ <link>タグを追加する

1 index.htmlを開きます。<head>内のすでにある<link>タグの下にもう1行、<link>タグを追加します。

【index.html】

```
...
<head>
<meta charset="UTF-8">
<meta name="viewport" content="width=device-width,initial-scale=1.0">
<title>HOTEL IMPERIAL RESORT TOKYO</title>
<link rel="stylesheet" href="css/style.css">
<link rel="stylesheet" href="css/responsive.css" media="screen and (max-width: 480px)">
</head>
...
```

❷ index.html をブラウザーで開きます。ブラウザーのウィンドウを狭めていくと、途中でレイアウトが切り替わります。

【通常のウィンドウ幅】

【幅 480 ピクセル以下】

解説 レスポンシブWebデザイン

スマートフォンやタブレットの登場で、パソコン以外の端末で Web サイトを閲覧する機会が増えました。HTML はいっさい切り替えず、画面サイズなどの条件に応じて適用する CSS だけを変えることで、端末に適したレイアウトを実現する手法があります。それが「レスポンシブ Web デザイン」です。
レスポンシブ Web デザインを実現するには、次の 2 つの作業をします。
- HTML に <meta name="viewport"> タグを追加する
- メディアクエリーを使用して CSS を切り替える

<meta name="viewport"> タグの追加

スマートフォンやタブレットのブラウザーが Web ページを表示するとき、そのページがパソコン向けに、横幅 980 ピクセル[*1] の固定幅で作られていると仮定して一度描画し、その後端末の画面サイズに合わせて縮小表示します。そのため、パソコン向けに作られたページはものすごく小さく表示されることがあります。

【スマートフォンがWebページを表示するときの通常の処理】

ページの横幅を980ピクセルと仮定していったん描画

画面サイズに合わせて縮小表示

<meta name="viewport"> タグを使用すると、横幅を仮定して描画し、それを縮小表示するという通常の処理手順をキャンセルすることができます。

画面幅が480ピクセル以下のときに適用されるresponsive.cssには、ページの横幅を固定せず、常に画面幅の95％になるようなCSSが書かれているため、横幅を仮定して縮小表示する必要がありません。そこで、<meta name="viewport"> タグを使って、通常の表示処理をキャンセルしています。

[1] iOSの場合。Android端末は機種によって異なる

【表示処理をキャンセルするときの <meta name="viewport"> の書式】

<meta name="viewport" content="width=device-width,initial-scale=1.0">

メディアクエリーの使用

「メディアクエリー」と呼ばれる条件文を用いれば、画面サイズの違いなどに応じて、適用するCSSを切り替えることができます。メディアクエリーを使用するには、HTMLに<link>タグを追加するか、もしくはCSSに@mediaルールを追加します。

●HTMLに<link>タグを追加する

HTMLの<link>タグを使って、条件に適合したときのCSSを読み込ませます。条件を指定するには、<link>タグのmedia属性を使います。

【<link> タグの media 属性を使用する書式】

```
<link rel="stylesheet" href="CSSファイルのパス.css" media="メディア特性 and (メディアクエリー)">
```

● CSS に @media ルールを追加する

@media ルールを使うと、すでにある CSS ファイルに、条件に応じて切り替える CSS を追加することができます。つまり、responsive.css に書かれた CSS を、style.css に丸ごと移せるわけです。具体的な例を確認したいときは、サンプルの「c04-responsive」フォルダーをご覧ください。

【@media ルールの書式】

```
@media メディア属性 and (メディアクエリー) {
    /* 条件に適合したときのCSSをここに記述する */
}
```

【style.css に @media ルールを使って記述する例 (サンプル：c04-responsive /css/style.css)】

```
...
/* @mediaルールを使ったレスポンシブなCSSの記述例 */
@media screen and (max-width: 480px) {
  /* 画面の横幅が480px以下のときに適用されるCSSはすべてここに記述する */
  header, nav, #graphic, #contents, footer {
    margin: 0 auto;
    width: 95%;
  }
  ...
}
```

【「メディア属性」の主な値】

属性値	説明
screen	画面用の CSS を指定
print	プリント用の CSS を指定

【「メディアクエリー」の主な値】

メディアクエリーの書式例	説明
(max-width:480px)	画面幅が 480 ピクセル以下のとき CSS を適用
(min-width:600px)	画面幅が 600 ピクセル以上のとき CSS を適用
(max-height:500px)	画面高が 500 ピクセル以下のとき CSS を適用
(min-height:768px)	画面高が 768 ピクセル以上のとき CSS を適用
(orientation:portrait)	画面幅が高さ以下のとき、つまり端末を縦に持っているとき CSS を適用
(orientation:landscape)	画面幅が高さ以上のとき、つまり端末を横に持っているとき CSS を適用

| Design Note | コンテンツを折りたたむ「開閉」手法 |

関連する情報を近くにまとめたり[*1]、ボーダーラインで囲んだりしてグループ化すると、ページの内容が整理されて読みやすくなります。
Webデザインならではのグループ化手法の1つに「開閉」があります。掲載する情報が多いときや、常に見えている必要がないものに使用すると効果的です。

[*1] 第9章「近接」P.249

■スマートフォンのナビゲーション

スマートフォンでは、パソコンのようにナビゲーションのリンクを横に並ばせるのは現実的ではありません。だからといってリンクを縦に並べて、狭い画面のかなりの部分を占有してまで見せておく必要もありません。そこで、画面を有効に利用するために、ナビゲーションを開閉できるようにすることがあります。

【開閉するナビゲーションの例】

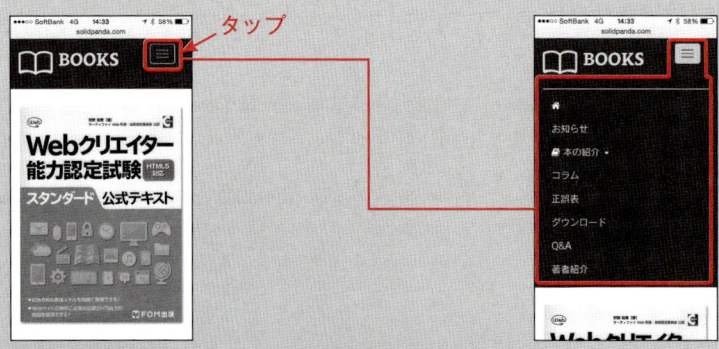

スマートフォンサイトで見かけるナビゲーション。一般的に3本線のアイコンを付けることが多いため、「ハンバーガーメニュー」と呼ばれている。

■アコーディオン

情報量の多いページをコンパクトに見せる方法としてよく用いられるのは、一度見出しをクリックすると記事が表示され、もう一度クリックすると記事が隠れるというものです。一般的に「アコーディオン」と呼ばれるデザイン手法です。

【アコーディオンの例】

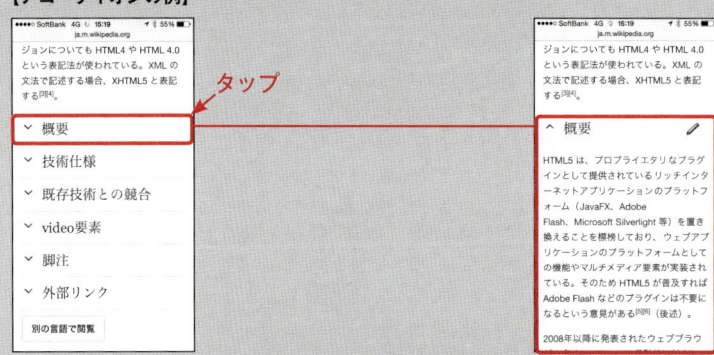

スマートフォン版のウィキペディア。見出しをタップするとテキストが表示されるようになっている。

■開閉を実現するには

スマートフォンのナビゲーションやアコーディオンなど、Webページで「開閉」を実現するには、JavaScriptとCSSを組み合わせます。JavaScriptが書けなくても、どういう場面で使うのが効果的か、デザインのアイディアとして知っておいた方がよいでしょう。

第5章 ▶

テキスト主体の
ページを作成

concept.htmlを作成する
画像にテキストを回り込ませる
不要なマージンをなくす

5-1 concept.htmlを作成する

concept.htmlは「結婚式場のコンセプト」のページです。このページはテキストと2点の画像で構成されています。まずはメイン領域にテキストを挿入します。

▶ <section>を2つ追加する

concept.html のメイン領域に <section> を 2 つ追加します。

<section> を 2 つ追加する

1 concept.html をテキストエディターで開きます。メイン領域にある <h1> の下に、<section> を 2 つ追加します。追加した <section> には、両方ともクラス「concept_box」を付けます。

【concept.html】

```html
...
<div id="main">
  <article>
    <h1>結婚式場のコンセプト</h1>
    <section class="concept_box">

    </section>
    <section class="concept_box">

    </section>
  </article>
</div>
...
```

2 追加した 2 つの <section> に、それぞれ見出しの <h2> とテキストを挿入します。

【concept.html】

```html
...
<div id="main">
  <article>
    <h1>結婚式場のコンセプト</h1>
    <section class="concept_box">
      <h2>すべてのお客様のご満足のために</h2>
      <p>豊富な経験に基づき、お客様のどのようなご要望にもご満足いただけるプランニングを行っております。</p>
      <p>500人までご招待いただける広大なガーデンから、10人ほどでささやかなお祝いができる素敵なお部屋まで、ご要望に応じたぴったりの会場をお選びいただけます。<br>また、妊婦様のためのマタニティプラン、お子様とご一緒のファミリープランなど、多様なニーズにお応えいたします。</p>
      <p>お気に入りの会場を見つけていただくため、見学会やフェアを随時行っております。クリスマスやバレンタインなどには素敵なイベントを行っておりますので、お気軽にご来場ください。</p>
```

```
      </section>
      <section class="concept_box">
        <h2>料理へのこだわり</h2>
        <p>富士山麓の山で汲みあげた天然水を使い、有機農法で作られた体にやさしい野菜を使用しております。</p>
        <p>また、新郎新婦の思い出の品を模したケーキなど、世界に1つだけのオリジナルスイーツをおつくりいたします。</p>
      </section>
    </article>
  </div>
  ...
```

3 concept.html をブラウザーで開きます。見出しとテキストが表示されます。
 を記述した部分で改行されていることを確認してください。また、2つの <h2> 見出しには、common.css で定義された背景画像が表示されます。

<p>のデフォルトCSSとマージンのたたみ込み

<p> のデフォルト CSS では、上下に 1em（1 行分）のマージンが空くように設定されています。<p> と <p> の間に余白ができるのはそのためです。

【デフォルト CSS による <p> の上下マージン】

■ マージンのたたみ込み

上マージンと下マージンが隣接した場合、どちらか大きいほう（大きさが同じ場合はどちらか一方）だけが採用されます。この、上下マージンのどちらか一方だけが採用されることを「マージンのたたみ込み」と言います。左右に隣接するマージンはたたみ込まれません。

今回記述した HTML では <p> が連続しています。<p> のデフォルト CSS には上下 1em のマージンが設定されているので、単純に計算すれば合計 2em のマージンが空くはずですが、たたみ込みが発生するため、空くのは 1em だけになります。

【マージンのたたみ込み】

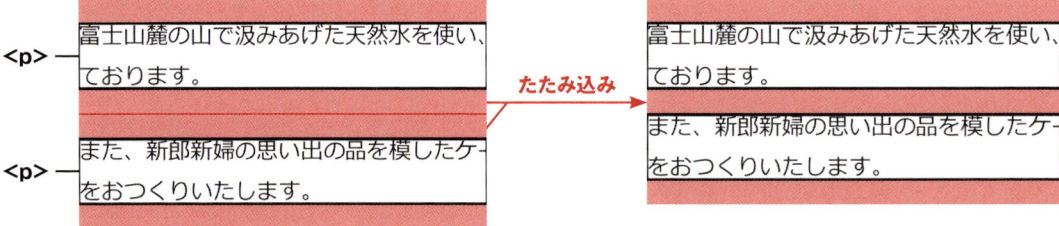

タグ

 は「強制改行」と呼ばれ、テキストを改行するためのタグです。空要素[*1] の一種で、終了タグはありません。

[*1] 第 2 章「空要素」(P.44)

● 各セクションに画像を挿入する

2つあるセクションそれぞれに、画像を挿入します。各セクションの最初の<p>に<img>を追加します。これでconcept.htmlの編集は終わりです。

■ 最初の <p> に <img> を追加する

■1 2つある<section>それぞれの子要素のうち、最初に出てくる<p>に<img>タグを追加します。1つ目に追加する<img>タグには、「images」フォルダーの中にある「concept_photo1.jpg」を指定し、クラス名「image_right」を付けます。
2つ目に追加する<img>タグには、imagesフォルダー内の「concept_photo2.jpg」を指定し、クラス名「image_left」を付けます。どちらもwidth属性、height属性は付けません。

【concept.html】

```
...
<section class="concept_box">
  <h2>すべてのお客様のご満足のために</h2>
  <p><img src="images/concept_photo1.jpg" alt="" class="image_right">豊富な経験に基づき、お客様のどのようなご要望にもご満足いただけるプランニングを行っております。</p>
  <p>...</p>
  <p>...</p>
</section>
<section class="concept_box">
  <h2>料理へのこだわり</h2>
  <p><img src="images/concept_photo2.jpg" alt="" class="image_left">富士山麓の山で汲みあげた天然水を使い、有機農法で作られた体にやさしい野菜を使用しております。</p>
  <p>...</p>
</section>
...
```

■2 concept.htmlをブラウザーで開きます。各セクションに画像が挿入されます。

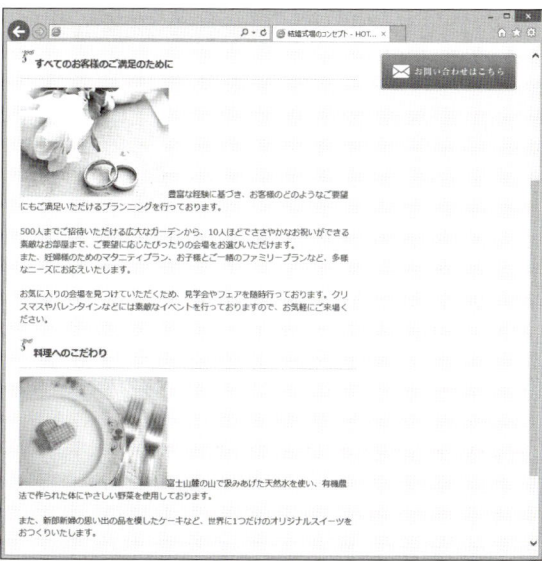

5-2 画像にテキストを回り込ませる

これからstyle.cssを編集します。セクションに追加した画像にテキストを回り込ませます。

▶ 画像にフロートを適用する

画像にフロートを適用して、後続のテキストを回り込ませます。

■ <img> に付けたクラスをセレクターにして CSS を記述する

1 style.css をテキストエディターで開きます。クラスセレクターを使用して、クラス名「image_right」「image_left」が付いた <img> に適用される CSS を記述します。image_right は右フロート、image_left は左フロートになるように、かつ、回り込むテキストとの間に 25 ピクセルのマージンが空くようにします。コメント文「/*「結婚式場のコンセプト」ページ ここから↓ */」から「/*「結婚式場のコンセプト」ページ ここまで↑ */」に記述してください。

【style.css】

```
...
/* 「結婚式場のコンセプト」ページ ここから↓ */
.image_right {
  float: right;
  margin-left: 25px;
}
.image_left {
  float: left;
  margin-right: 25px;
}
/* 「結婚式場のコンセプト」ページ ここまで↑ */
...
```

2 concept.html をブラウザーで開きます。最初の画像は右上に配置され、その左側にテキストが回り込みます。2 番目の画像は左上に配置され、その右側にテキストが回り込みます。

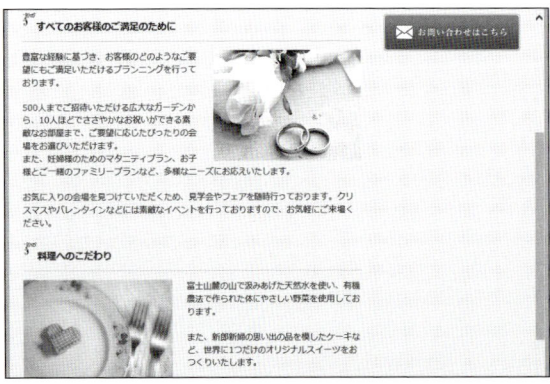

▶ フロートを解除する

<img> に設定したフロートは解除する必要があります。そこで、<section class="concept_box"> に CSS を適用してフロートを解除します。

■ フロートを解除する

① <section class="concept_box"> に適用される CSS を記述して、フロートを解除すると同時に、30 ピクセルの下マージンが空くようにします。「/* 「結婚式場のコンセプト」ページ ここから↓ */」のすぐ下に記述します。

【style.css】

```
...
/* 「結婚式場のコンセプト」ページ ここから↓ */
.concept_box {
  overflow: hidden;
  margin-bottom: 30px;
}
.image_right {
  float: right;
  margin-left: 25px;
}
...
/* 「結婚式場のコンセプト」ページ ここまで↑ */
...
```

② concept.html をブラウザーで開きます。セクションとセクション、セクションとフッターの間の余白が大きくなります。

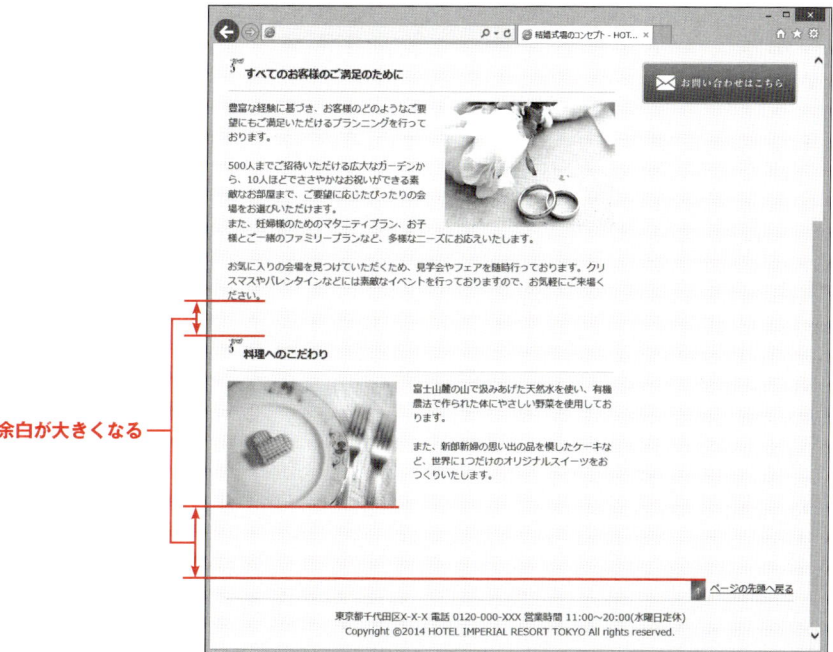

余白が大きくなる

解説　空きすぎるマージン

今回記述したCSSは一見うまくいっているようですが、実際には指定したよりも大きなマージンが空いています。

前節5-1の解説にあるとおり、<p>には上下1emのマージンが設定されています。今回記述したCSSでは、<section>に30ピクセルの下マージンを設定しています。つまり、下マージンが2つ隣りあうことになりますが、overflow:hidden;が適用されている要素（ここでは<section>）には、マージンのたたみ込みが発生しません。そのため、<p>と<section>両方の下マージンが空くことになります。

また、<footer>には、第3章「フッター領域とコンテンツ領域の間に隙間を空ける」（P.111）で作業したときに、70ピクセルの上パディングを設定しています。パディングとマージンはたたみ込まれないので、こちらも余計に空白が空いてしまいます。

次節で不要なマージンを0にして、ちょうどよい空きをつくります。

【マージンが二重に空いている場所】

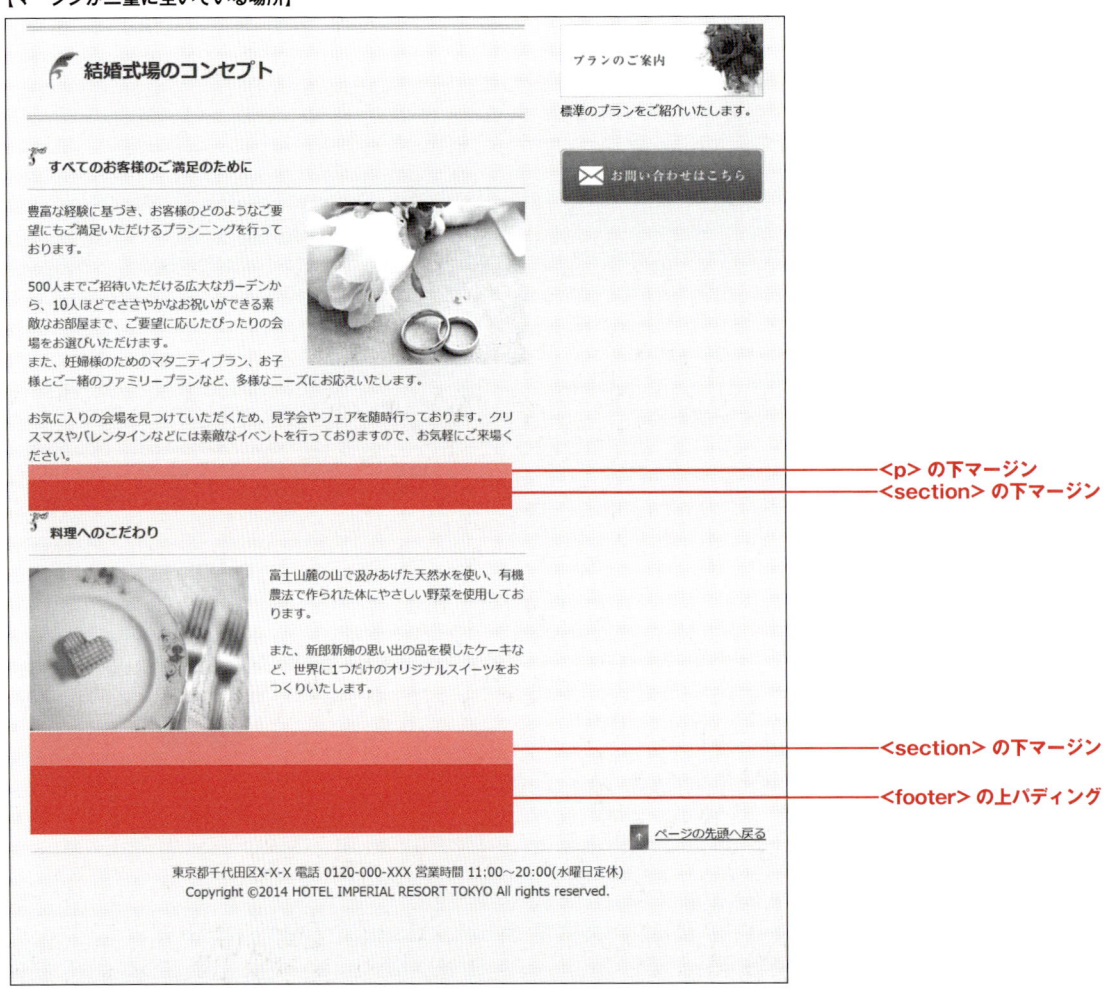

不要なマージンをなくす

前節で大きく空いてしまった<p>と<section>、<section>と<footer>の間に空いている余白を調整するために、不要なマージンを0にします。

不要なマージンを0にする

各セクションに含まれる<p>のうち最後に出てくるものと、2つあるセクションのうちフッターのすぐ上にあるほう、つまり最後に出てくる<section>の下マージンを0にします。

:last-childを使ったCSSを記述する

1. style.cssにCSSを追加します。:last-child擬似クラスを使用して、各セクションの最後の<p>と、最後に出てくる<section class="content_box">を選択して、下マージンを0にします。

【style.css】

```
...
/* 「結婚式場のコンセプト」ページ ここから↓ */
...
.image_left {
  float: left;
  margin-right: 25px;
}
.concept_box:last-child,
.concept_box p:last-child {
  margin-bottom: 0;
}
/* 「結婚式場のコンセプト」ページ ここまで↑ */
...
```

2. concept.htmlをブラウザーで開きます。<section>内の最後の<p>、2番目の<section>の下マージンが0になり、空きすぎた余白が解消されます。

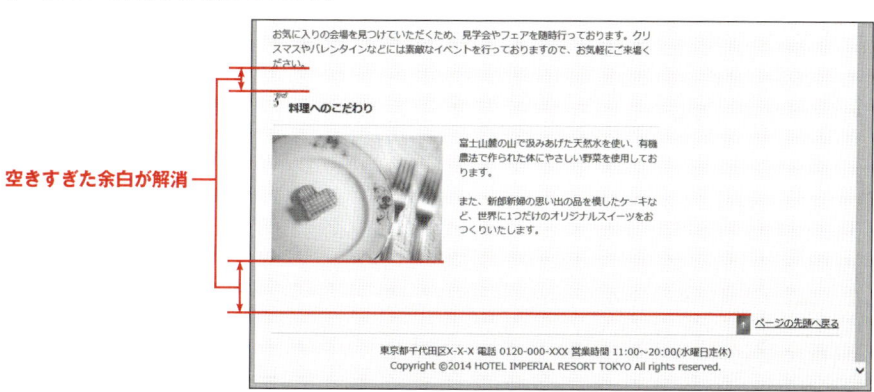

空きすぎた余白が解消

解説 E:last-child擬似クラス

E:last-child擬似クラスは、要素Eのすべての兄弟要素のうち、最後のEにマッチします。Eはなんらかのセレクターで、今回記述したCSSでは「.concept_box」「.content_box p」がそれにあたります。

【今回記述したセレクターにマッチするconcept.htmlの要素】

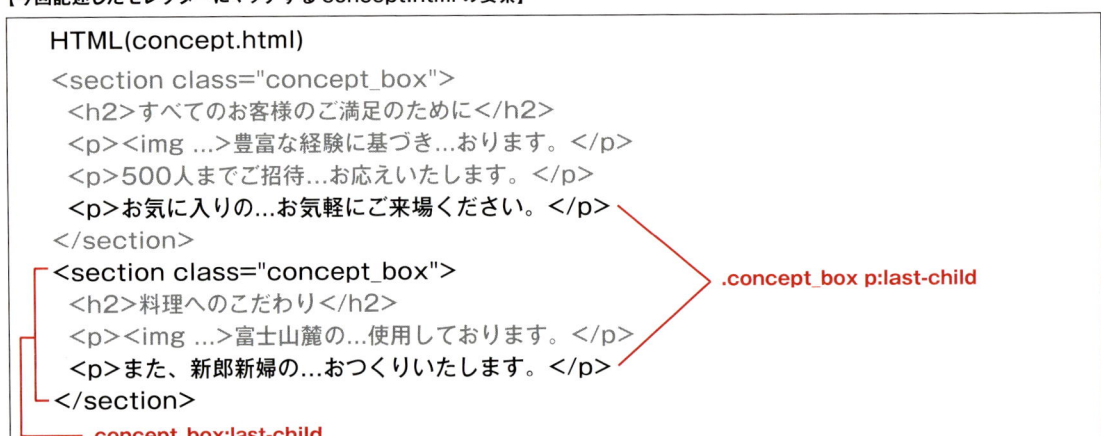

One Point テキストを修飾するタグ

第5章では、テキスト主体のページを作成してきました。
テキストを部分的に修飾し、「重要」や「引用」などの意味を持たせるタグがあります。記事が主体のWebサイトでよく使われます。

【テキストを修飾する代表的なタグ】

タグ	意味	使用例
strong	非常に重要、深刻、緊急	`<strong>`前日までに`</strong>`ご連絡ください。
em	強調	`<em>`斜体は欧文では`</em>`強調に使われます。
b	太字（重要性はない）	`<b>`日時：`</b>`10月16日
i	斜体（強調の意味はない）	`<i>`動物の学術名は`</i>`斜体にすることがあります。
sub	下付き文字	CO`<sub>`2`</sub>`の削減
sup	上付き文字	E=mc`<sup>`2`</sup>`

【テキストを修飾するタグの表示例（サンプル：c05-phrasing.html）】

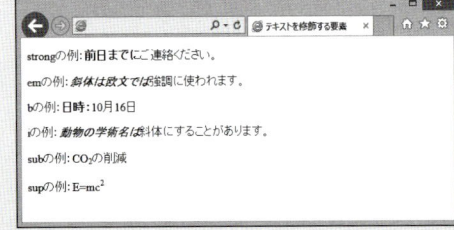

第6章
テーブルとそのスタイル

タイトル、見出しを変更する
テーブルの基本的なHTMLを作成する
キャプションを追加する
テーブル行をグループ化する
テーブルのレイアウトを調整する

6-1 タイトル、見出しを変更する

第6章 ▶ テーブルとそのスタイル

「プランのご案内」ページ（plan.html）を作成します。このページでは、メイン領域にテーブル（表）のHTMLとCSSを作成します。

● ページに合わせてタイトルと見出しを変更する

テーブルの作成に入る前に、ページの内容にあわせて、タイトルとパンくずリスト、メイン領域の見出しのテキストを書き替えます。

■ <title>、<li>、<h1> のテキストを編集する

1 plan.html をテキストエディターで開きます。<title>、パンくずリストの <li>、メイン領域の <h1> のテキストを書き替えます。

【plan.html】

```
<!DOCTYPE html>
<html lang="ja">
<head>
<meta charset="UTF-8">
<title>プランのご案内 - HOTEL IMPERIAL RESORT TOKYO</title>
<link rel="stylesheet" href="css/style.css">
</head>

<body id="plan">
...
<div id="breadcrumb">
  <ul>
    <li><a href="index.html">ホーム</a></li>
    <li>プランのご案内</li>
  </ul>
</div>
<div id="contents">
  <div id="main">
    <article>
      <h1>プランのご案内</h1>
    </article>
  </div>
  ...
</div>
...
</body>
</html>
```

2. plan.html をブラウザーで確認します。ブラウザーのタブまたはウィンドウのタイトル、パンくずリスト、メイン領域の見出しのテキストが変更されます。

解説 <title>と<h1>のテキストを統一する

<title> に記述するタイトルは、検索サイトが検索結果を表示するときには見出しになるため非常に重要ですが、実際にページを見ても目立ちません。そこで、目立つ場所にも大見出しを立てたほうがよいでしょう。今作成しているサイトでは、メイン領域の <h1> がそれにあたります。
<title> と目立つ大見出し <h1> のテキストをまったく一緒にする必要はありませんが、検索サイトからやってくる閲覧者を混乱させないために、統一するよう心がけます。

【<title> とページの大見出しは統一する】

6-2 テーブルの基本的なHTMLを作成する

第6章 ▶ テーブルとそのスタイル

「プランのご案内」ページには、キャプションの付いた7行2列のテーブルを作成します。テーブルには専用のHTMLタグや属性を多用します。それぞれの役割をしっかり理解しておくことが大事です。

● はじめに5行2列のテーブルを作成する

作成するテーブルのうち、まず5行2列のHTMLを記述します。

■ <table> と関連する要素を記述する

❶ plan.html をテキストエディターで開きます。メイン領域の <h1> の次の行から HTML を記述します。

【plan.html】

```
...
<div id="main">
  <article>
    <h1>プランのご案内</h1>
    <table>
      <tr>
        <th>項目</th>
        <th>説明</th>
      </tr>
      <tr>
        <th>挙式会場</th>
        <td>アルカンジュ（チャペル）</td>
      </tr>
      <tr>
        <th>披露宴</th>
        <td>お料理、お飲み物、花嫁衣裳（2種類）、花婿衣裳（2種類）、招待状、ブーケ、引き出物、写真撮影など</td>
      </tr>
      <tr>
        <th>費用</th>
        <td>計40名様…1,852,381円<br>計60名様…2,743,290円</td>
      </tr>
      <tr>
        <th>オプション</th>
        <td>オリジナルスイーツ</td>
      </tr>
    </table>
  </article>
</div>
...
```

2 plan.html をブラウザーで開きます。罫線が引かれないため見づらいですが、5 行 2 列のテーブルが表示されます。

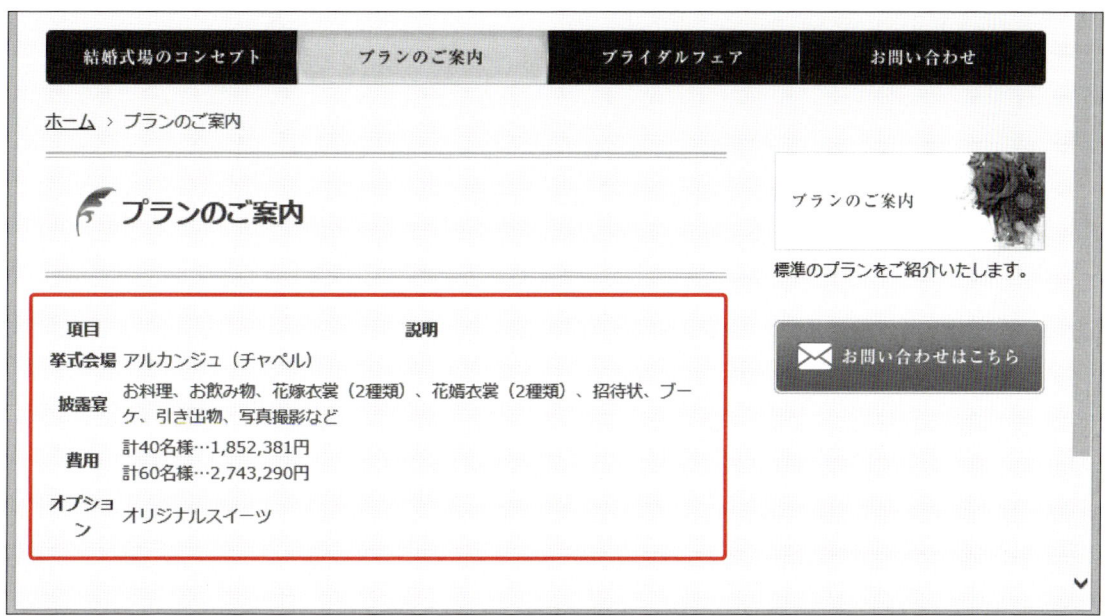

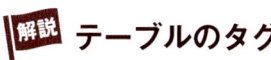 テーブルのタグ

テーブルを作成する場合は <table> タグを使用します。<table> タグの要素の内容として、テーブル行の定義は <tr> で行い、さらに、1 行の間に含まれる列を <td> または <th> で定義します。
なお、HTML5 では、CSS でレイアウトを調整しない限り罫線は表示されません。

▌<tr>

<tr> はテーブル行を意味します。<tr> の要素の内容として含まれる <td> もしくは <th> が、横一列に並びます。
<table> には、最低 1 つ以上の <tr> を含めます。

▌<td> と <th>

<td> と <th> は、ともにテーブル列のセルを意味するタグです。<td> が一般的なセル（データセル）、<th> が見出しセルです。<th> はデフォルト CSS[*1] により、太字で、セルに対して中央揃えでテキストが配置されます（もちろん、CSS を編集してスタイルを変更することはできます）。
[*1] 第 3 章「ブラウザーのデフォルト CSS」（P.100）

▶ テーブルに2行追加して、一部の行を結合する

テーブルの「オプション」見出しの下に 2 行追加します。その際「オプション」見出しセルを、縦に 3 行結合します。

■ <tr>、<td> を追加する

1 「オプション」を囲む <th> に rowspan 属性を追加します。

【plan.html】

```
...
<table>
  ...
  <tr>
    <th rowspan="3">オプション</th>
    <td>オリジナルスイーツ</td>
  </tr>
</table>
...
```

2 「オプション」行の下に 2 行追加します。

【plan.html】

```
...
<tr>
  <th rowspan="3">オプション</th>
  <td>オリジナルスイーツ</td>
</tr>
<tr>
  <td>お子様用お料理</td>
</tr>
<tr>
  <td>キャンドルサービス</td>
</tr>
...
```

3 plan.html をブラウザーで開きます。テーブルに 2 行追加されます。また「オプション」の見出しは縦に 3 行分結合されます。

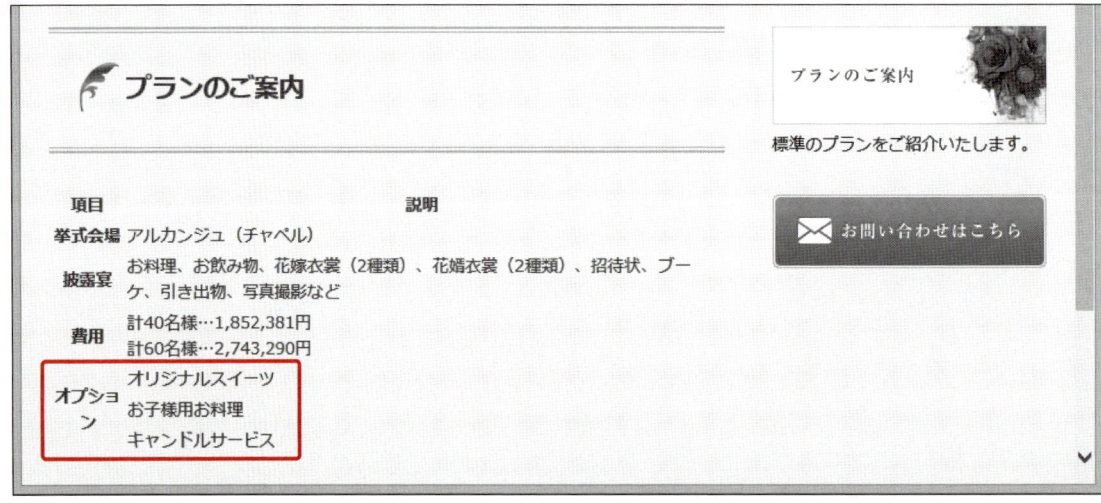

rowspan属性

rowspan属性は、同じ列の隣接するセルを縦に結合する属性です。属性値は結合するセルの数にします。rowspan属性とcolspan属性（次の「ワンポイント」参照）は、どちらも <th> および <td> に追加できます。

【rowspan 属性の使用例。同じ列の隣接するセルを結合する】

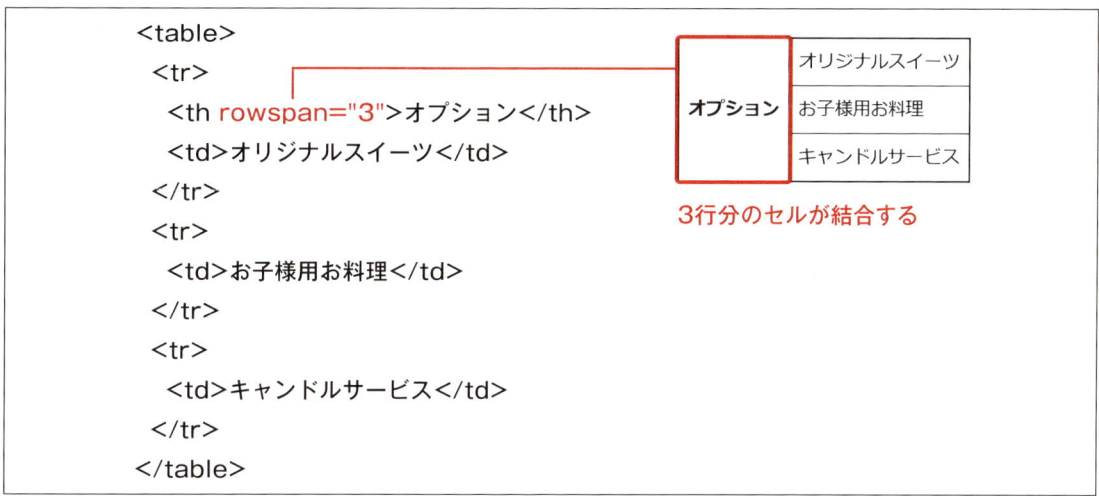

colspan 属性

rowspanはセルを縦に結合しますが、横に結合したいときはcolspan属性を使用します。colspan属性は、同じ行の隣接するセルを横に結合します。

【colspan 属性の使用例。同じ行の隣接するセルを結合する（サンプル：c06-colspan.html）】

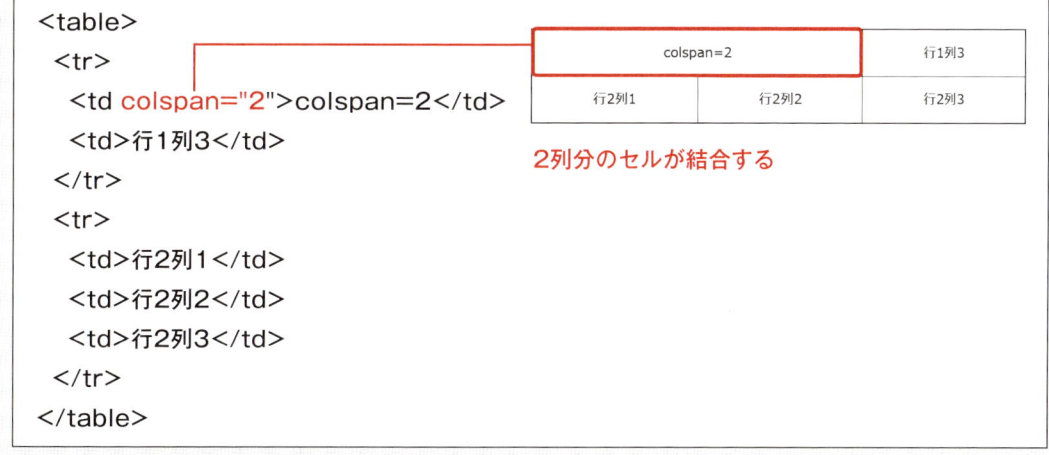

■ セルを結合するときの注意

rowspan 属性、colspan 属性を使ってセルを結合する場合、結合されるほうの <th> や <td> は削除して、HTML に含めないようにします。今回新たに追加した 2 行分の <tr> には、<th> がなく <td> しか含まれていないのはそのためです。

● 見出しに関連するセルの方向を指定する

今作成しているテーブルは、1 行目の 1 列目、2 列目が見出しセルなのに加えて、1 列目のすべてのセルも見出しセルになっています。これらの見出しセルと通常のデータセルを関連付けるために、<th> タグに属性を追加します。

■ scope 属性を追加する

1 テーブルに含まれるすべての <th> に scope 属性を追加します。

【plan.html】

```
...
<table>
 <tr>
  <th scope="col">項目</th>
  <th scope="col">説明</th>
 </tr>
 <tr>
  <th scope="row">挙式会場</th>
  <td>アルカンジュ（チャペル）</td>
 </tr>
 <tr>
  <th scope="row">披露宴</th>
  <td>お料理、お飲み物、花嫁衣裳（2種類）、花婿衣裳（2種類）、招待状、ブーケ、引き出物、写真撮影など</td>
 </tr>
 <tr>
  <th scope="row">費用</th>
  <td>計40名様…1,852,381円<br>計60名様…2,743,290円</td>
 </tr>
 <tr>
  <th rowspan="3" scope="rowgroup">オプション</th>
  <td>オリジナルスイーツ</td>
 </tr>
 <tr>
  <td>お子様用お料理</td>
 </tr>
 <tr>
  <td>キャンドルサービス</td>
 </tr>
</table>
...
```

❷ plan.html をブラウザーで開きます。scope は表示に関係する属性ではないため、見た目上の変化はありません。

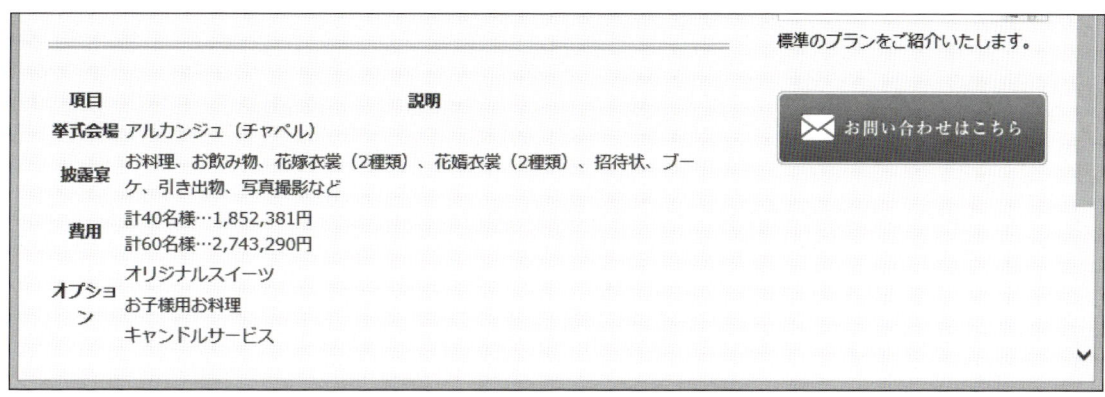

● scope属性

<th> に追加できる scope 属性は、その見出しに関連するのが同じ列にあるセルなのか、同じ行にあるセルなのかを指定します。

scope 属性の値を「col」にした場合、同じ列にあるセルが見出しセルと関連することになります。値を「row」にした場合は、同じ行にあるセルが見出しセルと関連することになります。

さらに、値を「rowgroup」にした場合は、同じ行にあるセルが見出しセルと関連すると同時に、後続の行にもその関連性を維持します。

scope 属性はブラウザーの表示結果には何の影響も与えませんが、スクリーンリーダーがテーブルの各セルを正しい順序で読み上げるためのガイドになります。

【見出し <th> セルと <td> セルの関連性】

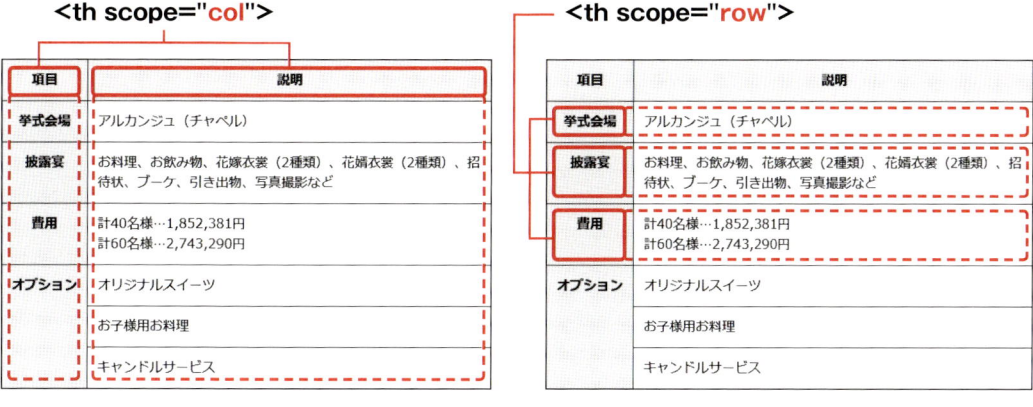

【scope 属性】

```
<th scope="関連するセルの方向">
```

【scope 属性の値】

属性値	説明
col	<th> と同じ列にある後続のセルが関連する
row	<th> と同じ行にある後続のセルが関連する
colgroup	<th> と同じ列にある後続のセルが関連し、次の列以降の各セルにも同じ関連性が維持される
rowgroup	<th> と同じ行にある後続のセルが関連し、次の行以降の各セルにも同じ関連性が維持される

Accessibility Note　単語の文字と文字の間のスペース

見た目を調整するために、テーブルに含まれる単語の文字と文字の間にスペースを入れて、ワープロソフトなどで言う均等割付けを実現しようとしている例がときどきみられます。アクセシビリティの観点から、そうしたスペースを入れてはいけません。スクリーンリーダーが単語として認識できず、正しく読み上げることができないからです。

【<th> の単語にスペースを入れた例】

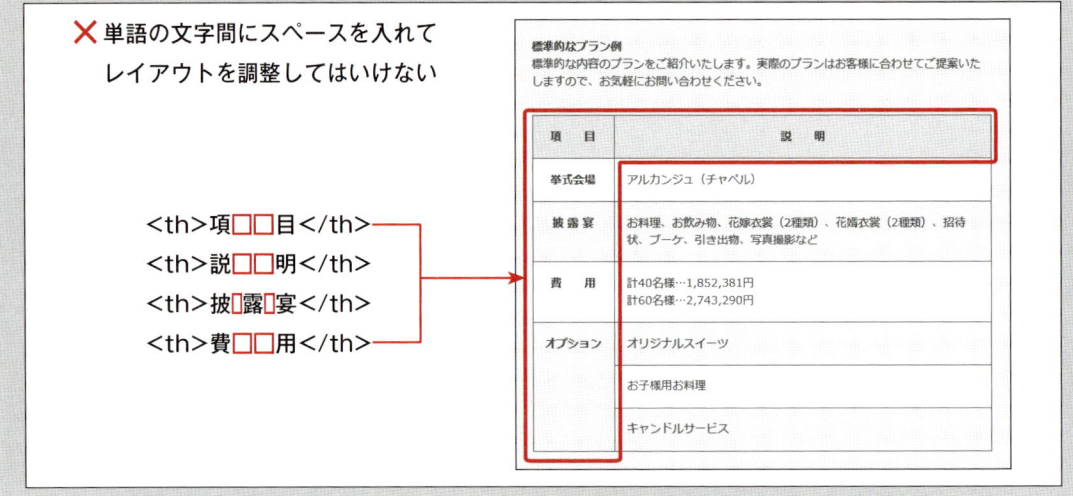

キャプションを追加する

テーブルにキャプションを追加します。

▶ テーブルにキャプションを追加する

テーブルには専用のキャプションを含めることができます。ここまで作成してきたテーブルに、その内容を説明・補足するキャプションを追加します。

■ <caption> を追加する

1 <table> 開始タグの次の行に、<caption> を追加します。

【plan.html】

```
...
<table>
 <caption>
   <strong>標準的なプラン例</strong><p>標準的な内容のプランをご紹介いたします。実際のプランはお客様に合わせてご提案いたしますので、お気軽にお問い合わせください。</p>
 </caption>
 ...
</table>
...
```

2 plan.html をブラウザーで開きます。テーブルの上にキャプションが追加されます。

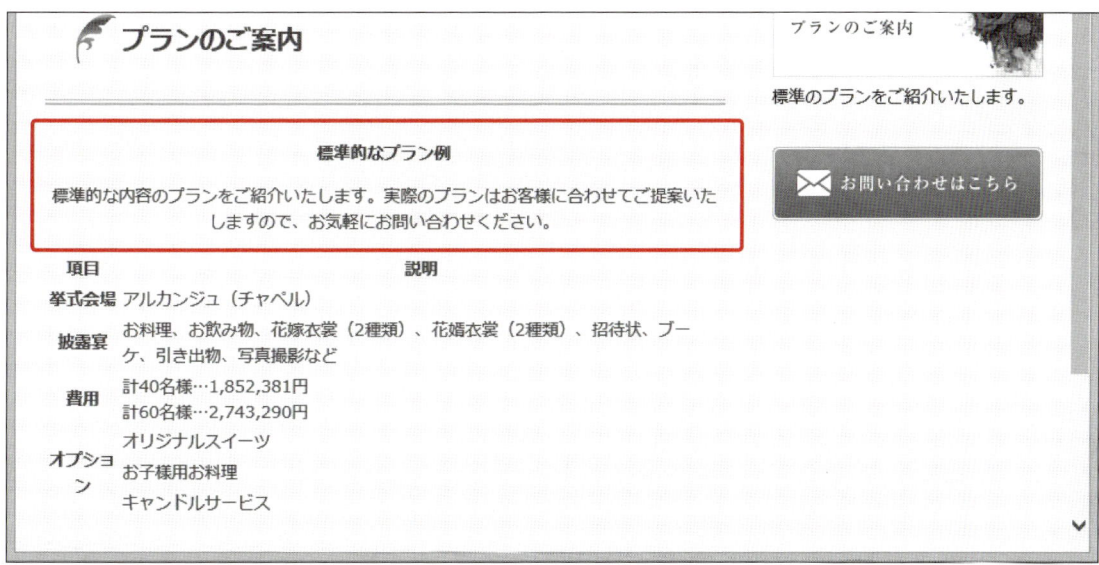

解説 <caption>タグ

テーブルにキャプションを含める場合は <caption> タグを使用します。<caption> は <table> 内でのみ使えるタグです。<table> の最初の子要素として、<tr> などよりも先に記述しなければなりません。

【<caption> は <table> の最初の子要素として記述する】

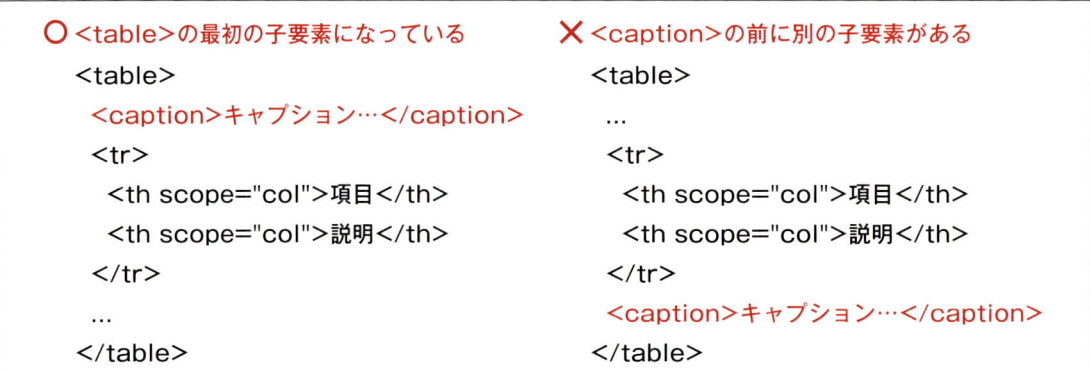

キャプションをテーブルの下に配置するには？

<caption> タグは <table> 開始タグのすぐ次に記述しなければならず、通常はテーブルの上にキャプションが表示されますが、CSS を使えばテーブルの下に配置することもできます。caption-side プロパティで、キャプションの位置を上にする（top）か、下にする（bottom）かを指定します。

【caption-side の書式】

caption-side: top または bottom;

【キャプションを下にした例（サンプル：c06-captionside.html）】

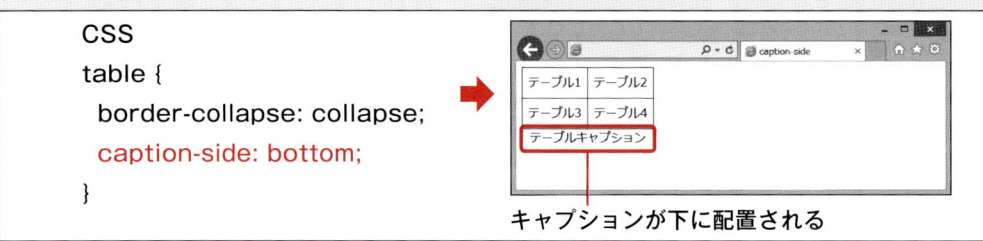

解説 <strong>タグ

<strong> は非常に重要、深刻、緊急を意味するタグです。デフォルト CSS では太字で表示されます。<strong> は HTML4.01/XHTML1.0 から意味が変更されたタグのひとつです。

テーブル行をグループ化する

少しでもソースコードの可読性を高めるために、テーブルに含まれる行を「ヘッダー行」「フッター行」「ボディ行」にグループ化できる専用のタグが用意されています。

ヘッダー行、ボディ行をグループ化する

テーブルの1行目がテーブルの見出し行であることを明示するために、ヘッダー行として要素をグループ化します。また、2行目以降を、実際の内容が記されているボディ行としてグループ化します。

<thead>、<tbody> を追加する

① `<table>` に含まれる最初の `<tr>` ～ `</tr>` を、`<thead>`、`</thead>` で囲みます。

【plan.html】

```
...
<table>
 <caption>
   <strong>標準的なプラン例</strong><p>標準的な内容のプランをご紹介いたします。実際のプランはお客様に合わせてご提案いたしますので、お気軽にお問い合わせください。</p>
 </caption>
 <thead>
 <tr>
   <th scope="col">項目</th>
   <th scope="col">説明</th>
 </tr>
 </thead>
 <tr>
   <th scope="row">挙式会場</th>
   <td>アルカンジュ（チャペル）</td>
 </tr>
 ...
</table>
...
```

2 残りの <tr> ～ </tr> すべてを囲むように、<tbody>、</tbody> を追加します。

【plan.html】

```
...
<table>
 ...
 <thead>
 <tr>
   <th scope="col">項目</th>
   <th scope="col">説明</th>
 </tr>
 </thead>
 <tbody>
 <tr>
   <th scope="row">挙式会場</th>
   <td>アルカンジュ（チャペル）</td>
 </tr>
 ...
 <tr>
   <td>キャンドルサービス</td>
 </tr>
 </tbody>
</table>
...
```

3 plan.html をブラウザーで開きます。表示上の変化はありません。

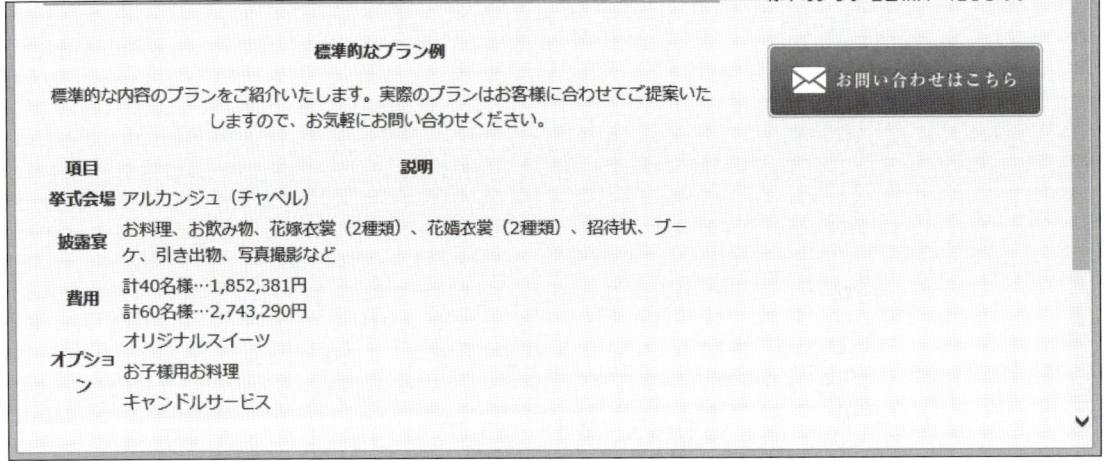

<thead>タグ、<tbody>タグ

<thead> はテーブルのヘッダー行をグループ化するタグです。<thead> は、<caption> がある場合はその次、ない場合は <table> 開始タグの次に記述します。

<tbody> は、内容そのものが含まれる「ボディ行」をグループ化するタグです。

 **<tfoot> タグ**

テーブル行をグループ化するタグには、<thead>、<tbody> のほかに <tfoot> があります。これはテーブルの最後の行（フッター行）をグループ化するタグです。たとえば下図のようなテーブルを作成する場合、合計金額を表示する最後の行を <tfoot> で囲みます（サンプルはわかりやすいように CSS で整形してあります）。
<tfoot> は、HTML4 系では <thead> のすぐ後ろに挿入する決まりでしたが、HTML5 ではテーブルの並び順どおり最後でもよいことになりました。

【<tfoot> を挿入できるのはどちらか 1 箇所（サンプル：samples/c06-tfoot.html）】

```
<table>
 <thead>
 <tr><th>項目</th><th>点数</th><th>料金</th></tr>
 </thead>
 <tfoot>
 <tr>
   <th colspan="2">合計</th><td>¥15,000-</td>
 </tr>
 </tfoot>
 <tbody>
 <tr><td>スニーカー</td><td>1</td><td>¥5,000-</td></tr>
 <tr><td>革靴</td><td>1</td><td>¥10,000-</td></tr>
 </tbody>
 <tfoot>
 <tr>
   <th colspan="2">合計</th><td>¥15,000-</td>
 </tr>
 </tfoot>
</table>
```

- 上の <tfoot>：HTML4系（HTML5でも可）
- 下の <tfoot>：HTML5
- どちらか1箇所に挿入

項目	点数	料金
スニーカー	1	¥5,000-
革靴	1	¥10,000-
合計		¥15,000-

→ <tfoot>の行

6-5 テーブルのレイアウトを調整する

これからCSSを編集して、テーブルのレイアウトを調整します。

▶ セルに罫線を引く

テーブルのレイアウト調整は、まずセルに罫線を引くことから始めます。すべてのセルに太さ1ピクセルの罫線を引きます。また、パディングを調整して各セルのテキストと罫線の間に15ピクセルの隙間を作ります。

■ <th>、<td> にボーダーとパディングを適用する

1 style.css をテキストエディターで開きます。コメント文「/*「プランのご案内」ページ ここから↓ */」と「/*「プランのご案内」ページ ここまで↑ */」の間に CSS を記述します。

【style.css】

```css
...
/* 「プランのご案内」ページ ここから↓ */
table th, table td {
  padding: 15px;
  border: 1px solid #6c5f45;
}
/* 「プランのご案内」ページ ここまで↑ */
...
```

2 plan.html をブラウザーで開きます。それぞれのセルにボーダーラインが付くため、罫線が二重に引かれているような表示になります。

項目	説明
挙式会場	アルカンジュ（チャペル）
披露宴	お料理、お飲み物、花嫁衣裳（2種類）、花婿衣裳（2種類）、招待状、ブーケ、引き出物、写真撮影など
費用	計40名様…1,852,381円 計60名様…2,743,290円
オプション	オリジナルスイーツ
	お子様用お料理
	キャンドルサービス

解説 テーブルの基本的なレンダリング（表示）

CSSを適用しない限り、一般的にテーブルはセル（<th>、<td>）内のコンテンツが収まる最小限の幅で表示されます。今作成しているテーブルは、3行2列目の <td> に含まれるテキストが長いため、幅を指定しなくてもメイン領域の幅いっぱいに広がります。テーブル全体の幅を指定するには、<table> に width プロパティを適用します。

【<table> に width プロパティを適用する例】

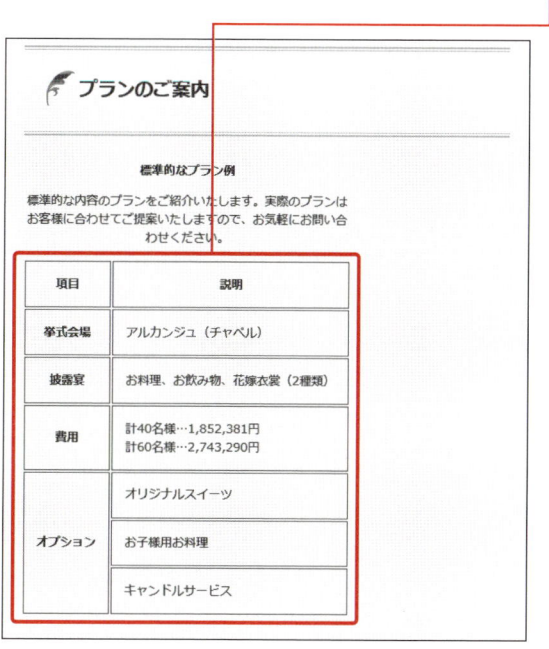

<table>はコンテンツが収まる最小限の幅で表示されるため、たとえば3行2列目のテキストが短いとメイン領域よりも狭くなる

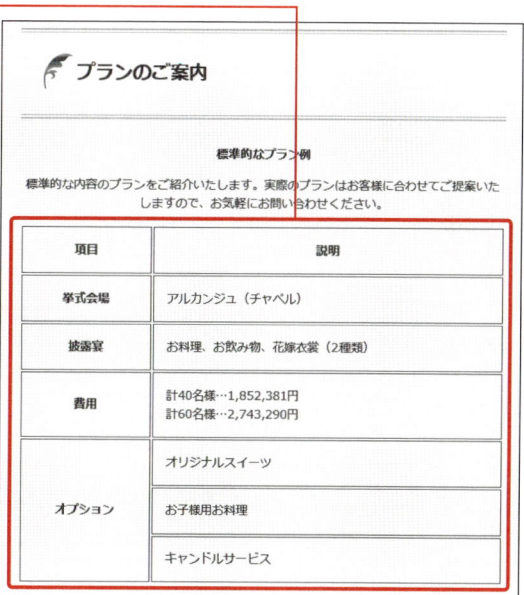

<table>の幅を指定するにはCSSを追加する

幅を指定するCSSの例
```
table {
  width: 100%;
}
```

table-layout プロパティ

table-layout プロパティを使うと、<table> に width プロパティが指定されている場合に、各列の幅を自動（auto）にするか、均等（fixed）にするかを変更することができます。
auto の場合は、各列のコンテンツの量によって幅が変わり、fixed の場合はコンテンツの量にかかわらず均等になります。デフォルト CSS では auto が指定されています。

【table-layout プロパティの auto と fixed の違い（サンプル：samples/c06-layout.html）】

項目	説明
挙式会場	アルカンジュ（チャペル）
披露宴	お料理、お飲み物、花嫁衣裳（2種類）、花婿衣裳（2種類）、招待状、ブーケ、引き出物、写真撮影など
費用	計40名様…1,852,381円 計60名様…2,743,290円
オプション	オリジナルスイーツ
	お子様用お料理
	キャンドルサービス

table-layout:auto;
コンテンツ量に応じて列の幅が決定される

項目	説明
挙式会場	アルカンジュ（チャペル）
披露宴	お料理、お飲み物、花嫁衣裳（2種類）、花婿衣裳（2種類）、招待状、ブーケ、引き出物、写真撮影など
費用	計40名様…1,852,381円 計60名様…2,743,290円
オプション	オリジナルスイーツ
	お子様用お料理
	キャンドルサービス

table-layout:fixed;
列の幅が均等になる

二重になっている罫線を1本にする

テーブルのセルにボーダーを指定して罫線を引きましたが、線が二重になってしまいます。この罫線を1本にまとめます。

■ <table> に border-collapse プロパティを指定する

1 style.css のコメント文「/*「プランのご案内」ページ ここから↓ */」の次の行から、<table> に適用される CSS を記述します。

【style.css】

```css
...
/*「プランのご案内」ページ ここから↓ */
table {
  border-collapse: collapse;
}
table th, table td {
  padding: 15px;
  border: 1px solid #6c5f45;
}
/*「プランのご案内」ページ ここまで↑ */
...
```

2 plan.html をブラウザーで開きます。二重になっていた罫線が 1 本にまとまります。

解説 border-collapseプロパティ

border-collapse はテーブルの罫線の引き方を決めるプロパティです。必ず <table> に対して適用します。

プロパティ値は separate と collapse の 2 種類です。separate にすると罫線はセルごとに引かれ、二重に囲まれたようになります。collapse にすると隣接するセルの罫線が 1 本にまとめられます。

【border-collapse プロパティ】

```
border-collapse: separateまたはcollapse;
```

border-spacing プロパティ

border-collapse プロパティの値が separate になっているときはセルごとに罫線が引かれますが、border-spacing プロパティを使えば、その罫線と罫線の間のスペースを調整することができます。

【border-spacing プロパティ】

border-spacing: 罫線と罫線の間のスペース;
border-spacing: 横方向のスペース 縦方向のスペース;

【border-spacing プロパティの使用例（サンプル：samples/c06-spacing.html）】

```
table {
  border-collapse: separate;
  border-spacing: 60px 40px;
  border: 2px solid #000000;
}
td {
  border: 2px solid #000000;
}
```

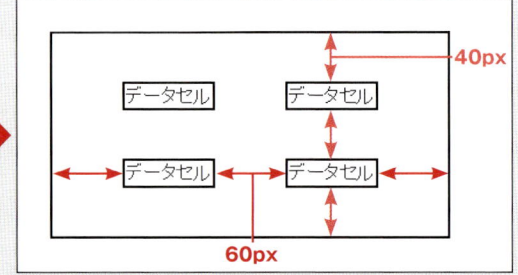

● 1列目のセルの幅を指定する

テーブル1列目のセルが狭すぎてテキストが折り返してしまっています。1列目のセルの幅を70ピクセルに固定して、テキストが折り返さないようにします。

■ :first-child を使った CSS を記述する

■ 各行1列目の <th> にだけ適用される CSS を記述します。

【style.css】

```
...
/* 「プランのご案内」ページ ここから↓ */
table {
  border-collapse: collapse;
}
table th, table td {
  padding: 15px;
  border: 1px solid #6c5f45;
}
table tr th:first-child {
  width: 70px;
}
/* 「プランのご案内」ページ ここまで↑ */
...
```

2 plan.html をブラウザーで開きます。1列目のセルの幅が広がり、テキストが折り返さないようになります。

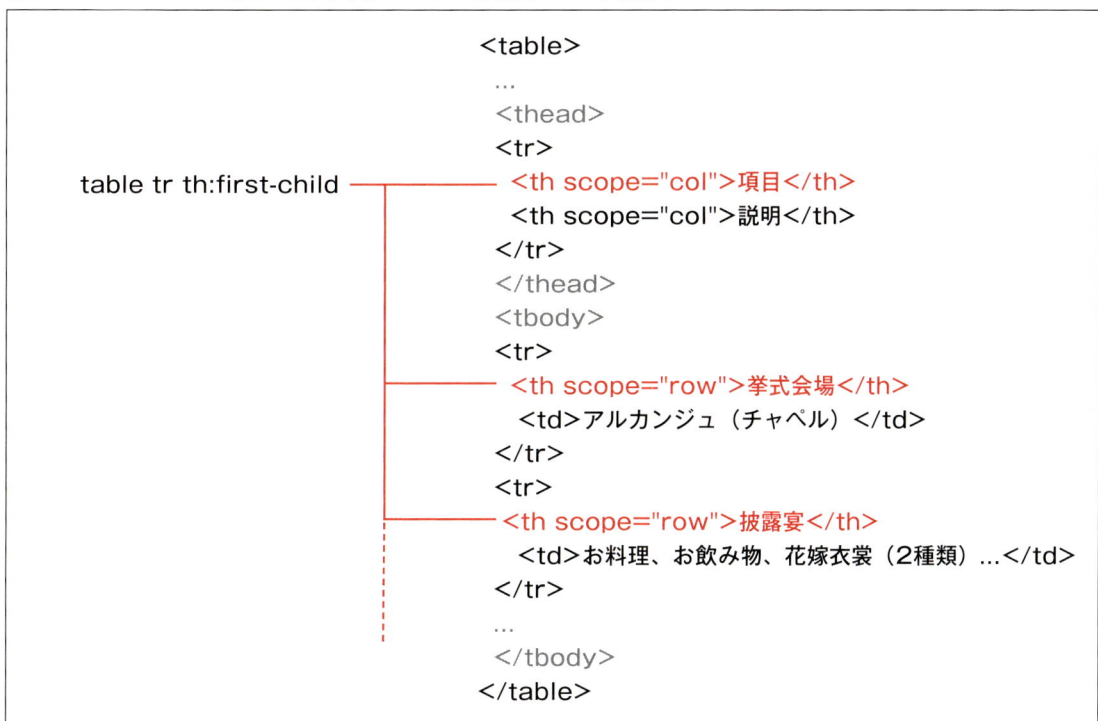

解説 E:first-child擬似クラス

E:first-child 擬似クラスは、要素 E のすべての兄弟要素のうち、最初の E にマッチします。E はなんらかのセレクターで、今回記述した CSS では「table tr th」がそれにあたります。

【「table tr th:first-child」にマッチする plan.html の要素（HTML は抜粋）】

```
<table>
  ...
  <thead>
  <tr>
    <th scope="col">項目</th>      ← table tr th:first-child
    <th scope="col">説明</th>
  </tr>
  </thead>
  <tbody>
  <tr>
    <th scope="row">挙式会場</th>   ← table tr th:first-child
    <td>アルカンジュ（チャペル）</td>
  </tr>
  <tr>
    <th scope="row">披露宴</th>     ← table tr th:first-child
    <td>お料理、お飲み物、花嫁衣裳（2種類）...</td>
  </tr>
  ...
  </tbody>
</table>
```

● 2行目以降のテキストを上端揃えにする

レイアウトが整ってだんだんテーブルらしくなってきました。次は、今上下中央揃えになっている各セルのテキストを上端揃えにします。

■ <tbody> 内の <th>、<td> に CSS を適用する

1 見出し行の1行目を除くすべてのセルに対して、テキストを上端揃えにする CSS を記述します。

【style.css】

```
...
/* 「プランのご案内」ページ ここから↓ */
...
table tr th:first-child {
  width: 70px;
}
table tbody th,
table tbody td {
  vertical-align: top;
}
/* 「プランのご案内」ページ ここまで↑ */
...
```

2 plan.html をブラウザーで開きます。セルのテキストが上端揃えになります。

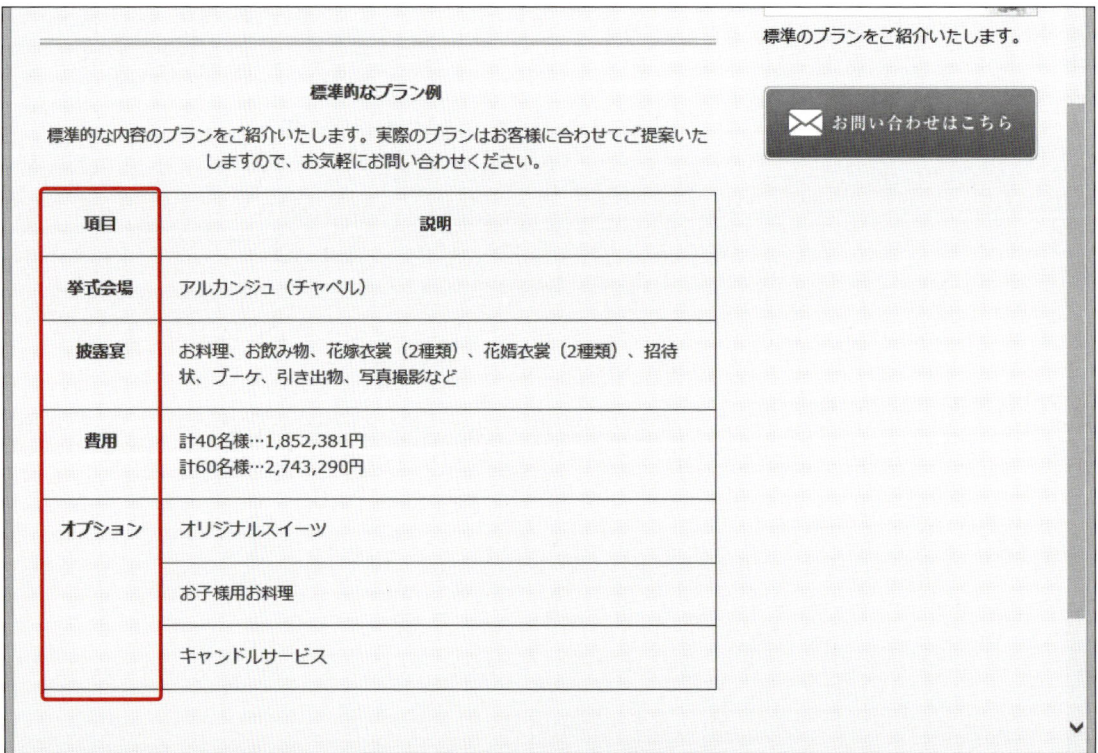

解説 vertical-alignプロパティ

テーブルセルの <th>、<td> に vertical-align プロパティを指定すると、セル内のテキストまたは画像などのコンテンツを、上端揃え（top）、中央揃え（middle）、下揃え（bottom）にすることができます。テーブルセルに vertical-align プロパティを使用する場合は、この3つの値が使用できます。

【vertical-align プロパティ】

vertical-align: 垂直方向の整列位置;

■ vertical-align をテーブルセル以外のインラインレベル要素に使用する

vertical-align プロパティをテーブルセルではなく <span> などのインラインレベル要素（フレージングコンテンツと考えてもよい）に適用した場合、テキストの整列位置を変えることができます。
欧文書体は、一般的に「x」の下辺にテキストが整列するようになっています。この整列線を「ベースライン（baseline）」と言います。<img> タグで挿入された画像もベースラインに整列します。
vertical-align を設定すると、垂直方向の整列位置をベースライン以外の「top」や「middle」などに変えることができます。

【vertical-align プロパティの値】

プロパティ値	説明	表示結果
baseline	ベースラインで整列	potato chips
top	上端揃え	potato chips
middle	中央揃え	potato chips
bottom	下端揃え	potato chips
text-top	テキストの上端に揃える	potato chips
text-bottom	テキストの下端に揃える	potato chips
super	上付き	potato chips
sub	下付き	potato chips

text-decoration プロパティ

vertical-align、text-align[*1]、text-indent[*2] など、これまでにいくつかテキストの配置を調整するプロパティを使用してきました。こうしたプロパティにはもう1つ、text-decoration プロパティがあります。このプロパティを使うと、テキストに下線や字消し線などを付けることができます。

[*1] 第4章「解説　text-indent プロパティ」(P.144)
[*2] 第3章「解説　text-align プロパティ」(P.101)

【text-decoration プロパティの書式】

text-decoration: テキスト装飾のキーワード;

【text-decoration の代表的なキーワード】

キーワード	キーワード説明	表示結果
underline	下線	テキストデコレーション下線
overline	上線	テキストデコレーション上線
line-through	字消し線	テキストデコレーション字消し線
none	装飾なし	テキストデコレーションなし

▶ 奇数行と偶数行で背景色を変える

テーブルの奇数行と偶数行で背景色を変え、縞のテーブルにします。ただし、1行目の見出し行にはそれとは別の背景色を付けます。

■ :nth-child(n) セレクターを使った CSS を記述する

1 まず、1行目の見出し行の背景色を指定します。

【style.css】

```
...
/* 「プランのご案内」ページ ここから↓ */
...
table tbody th,
table tbody td {
  vertical-align: top;
}
table thead tr th {
  background-color: #eee8cc;
}
/* 「プランのご案内」ページ ここまで↑ */
...
```

2 次に、`<tbody>` に含まれる `<tr>` のうち、奇数行のものに適用される CSS を追加します。

【style.css】

```css
...
/*「プランのご案内」ページ ここから↓ */
...
table thead tr th {
  background-color: #eee8cc;
}
table tbody tr:nth-child(odd) {
  background-color: #ffffff;
}
/*「プランのご案内」ページ ここまで↑ */
...
```

3 最後に、`<tbody>` に含まれる `<tr>` のうち、偶数行のものに適用される CSS を追加します。

【style.css】

```css
...
/*「プランのご案内」ページ ここから↓ */
...
table tbody tr:nth-child(odd) {
  background-color: #ffffff;
}
table tbody tr:nth-child(even) {
  background-color: #f4f2f0;
}
/*「プランのご案内」ページ ここまで↑ */
...
```

4 plan.html をブラウザーで開きます。1 行目の見出し行、それ以降の奇数行、偶数行にそれぞれ別の背景色が適用されます。テーブル本体の CSS 編集はこれで終了です。

項目	説明
挙式会場	アルカンジュ（チャペル）
披露宴	お料理、お飲み物、花嫁衣裳（2種類）、花婿衣裳（2種類）、招待状、ブーケ、引き出物、写真撮影など
費用	計40名様…1,852,381円 計60名様…2,743,290円
オプション	オリジナルスイーツ
	お子様用お料理
	キャンドルサービス

解説 E:nth-child(n)擬似クラス

E:nth-child(n) 擬似クラスは、要素 E のすべての兄弟要素のうち、n 番目の E にマッチします。要素 E はなんらかのセレクターで、今回記述した CSS では「table tbody tr」がそれにあたります。
なお、E:nth-child(n) 擬似クラスの n は 0 以上の整数を指し、カッコ内には数式を書きます。n を使わず、今回のように奇数を指す odd、偶数を指す even というキーワードを使用することもできます。

【:nth-child(n) 擬似クラスの使用例】

HTML	CSS	
	セレクター	マッチする要素
<table>	td:nth-child(odd)	①③
<tr>	td:nth-child(even)	②④
<td>セル1</td>…①	td:nth-child(2)	②
<td>セル2</td>…②	td:nth-child(3n+1)	①④
<td>セル3</td>…③		
<td>セル4</td>…④		
</tr>		
</table>		

E:nth-of-type(n) 擬似クラス

E:nth-child(n) 擬似クラスと同様、数式を使えるセレクタには E:nth-of-type(n) 擬似クラスがあります。E:nth-child(n) 擬似クラスは、要素 E の兄弟要素すべてがカッコ内の数式のカウント対象になるのに対し、E:nth-of-type(n) 擬似クラスは、要素 E だけがカッコ内の数式のカウント対象になります。

【E:nth-of-type(n) と E:nth-child(n) の違い（サンプル：c06-type.html）】

```
HTML
<h1>h1見出し</h1>     ……①
<p>p段落</p>         ……②
<p>p段落</p>         ……③

CSS
p:nth-of-type(2n+1) {
  color: #0000ff;
}
p:nth-child(2n+1) {
  color: #ff0000;
}
```

どちらも式は奇数番目（1、3）を指すが…

<p>のうち、1番目の<p>②にマッチ。③は2番目の<p>なのでマッチしない

<p>のすべての兄弟要素、つまり<h1>を1番目として、3番目の<p>③にマッチ。①は<h1>なのでマッチしない

▶ キャプションのCSSを調整する

本章の最後に、テーブルに付いているキャプションの CSS を調整します。キャプションはデフォルトでは中央揃えになっているので、これを左揃えにします。また、テーブル本体との間に 30 ピクセルのマージンを設けます。

■ <caption> に適用される CSS を記述する

1 「table」がセレクターになっているルールの下に、<caption> に適用される CSS を記述します。

【style.css】

```
...
/* 「プランのご案内」ページ ここから↓ */
table {
  border-collapse: collapse;
}
caption {
  text-align: left;
  margin-bottom: 30px;
}
caption p {
  margin-top: 0;
  margin-bottom: 0;
}
table th, table td {
  padding: 15px;
  border: 1px solid #6c5f45;
}
...
/* 「プランのご案内」ページ ここまで↑ */
...
```

2 plan.html をブラウザーで確認します。キャプションのテキストが左揃えになり、テーブル本体との間に 30 ピクセルのマージンが空きます。

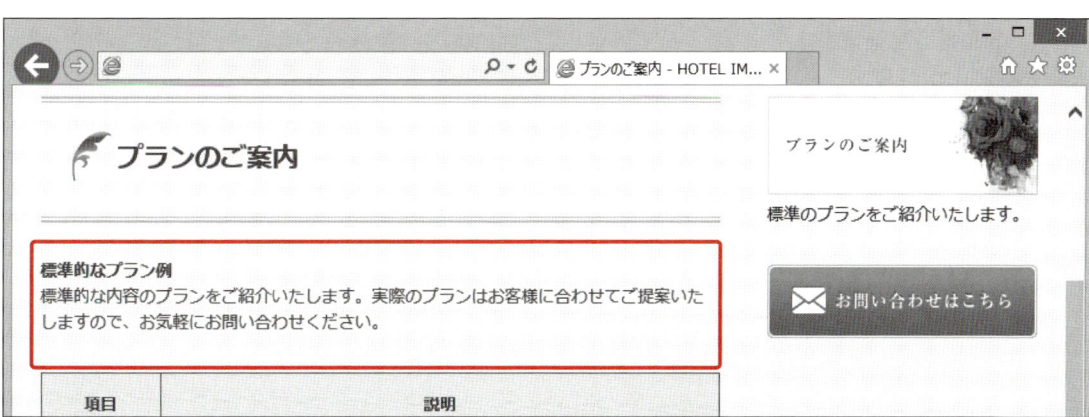

CSS の効率の良い作成と管理

Web サイトを作成していると、CSS がどんどん長くなります。今実習で作成している 5 ページ構成（base.html を除く）の Web サイトでさえ、完成するときには style.css、common.css、responsive.css を合わせて 400 行ほどになります。実務で作成するような、より規模が大きく、手の込んだ Web サイトを手がけるようになると、CSS のソースがその何倍、何十倍にもなることがあります。
CSS のソースが増えてくると、管理が大変になります。ここでは、複雑で大規模な CSS を効率的に開発、修正するために役立つツールを 2 つ紹介します。

■ブラウザーの開発ツール

すべてのブラウザーには、Web サイト開発に役立つ開発ツールが搭載されています。開発ツールの機能の中には、表示している Web ページの一部をクリックすると、それに対応する HTML 要素の場所をハイライトする機能や、要素に適用されている CSS を一覧表示する機能があります。CSS ルールが記述されているファイル名まで分かるので、修正のときは非常に役立ちます。
開発ツールは、IE では、[F12] キーを押すと開けます。Safari の場合は、[開発] メニュー ― [Web インスペクタを表示] を選択すると開けますが、最初に 1 回だけ、環境設定を変更する必要があります。環境設定を変更するには、[Safari] メニュー ― [環境設定] で環境設定ウィンドウを開いた後、[詳細] タブをクリックして「メニューバーに"開発"メニューを表示」にチェックを付けます。

【IE の開発メニュー】

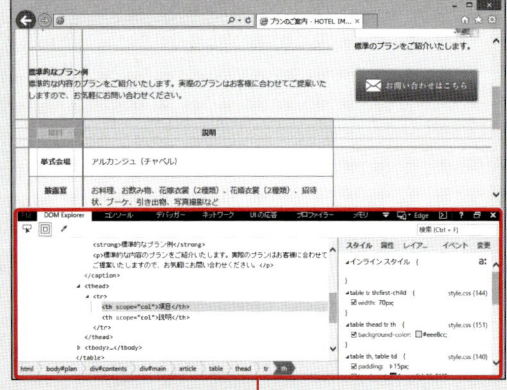

開発ツール

【Safari の環境設定ウィンドウ】

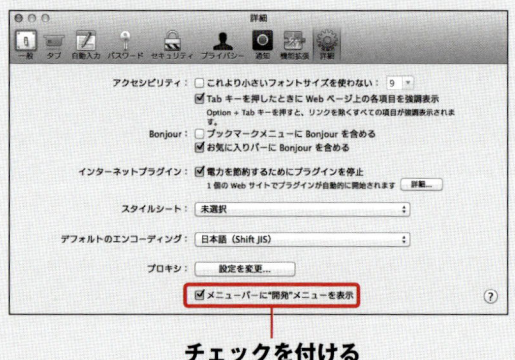

チェックを付ける

■CSS プリプロセッサー

数年前から Web 開発でよく使われるようになり、特に大規模 Web サイトの開発で導入が進んでいるのが「CSS プリプロセッサー」です。CSS の文法を拡張したような言語を習得する必要がありますが、一度慣れてしまえば効率よく、少ない手間で記述することができ、管理もしやすくなります。Sass、LESS が有名です。

【Sass 公式サイト】

http://sass-lang.com

【LESS 公式サイト】

http://lesscss.org

第7章 ▶

ギャラリーレイアウト

タイトルなどを書き替えて、段落を1つ追加する
画像とキャプションのセットを追加する
ギャラリーレイアウトを完成させる

7-1 第7章 ▶ ギャラリーレイアウト

タイトルなどを書き替えて、段落を1つ追加する

「ブライダルフェア」ページ（fair.html）を作成します。メイン領域に写真6点とキャプションを付け、ギャラリーと呼ばれるタイプのレイアウトを作成します。

▶ タイトル、パンくずリスト、見出しを書き替える

前章と同じく、まずはタイトル、パンくずリスト、見出しを書き替えます。

■ <title>、<li>、<h1> のテキストを編集する

1 fair.html をテキストエディターで開きます。<title>、パンくずリストの <li>、メイン領域の <h1> のテキストを書き替えます。

【fair.html】

```html
<!DOCTYPE html>
<html lang="ja">
<head>
<meta charset="UTF-8">
<title>ブライダルフェア - HOTEL IMPERIAL RESORT TOKYO</title>
<link rel="stylesheet" href="css/style.css">
</head>

<body id="fair">
...
<div id="breadcrumb">
  <ul>
    <li><a href="index.html">ホーム</a></li>
    <li>ブライダルフェア</li>
  </ul>
</div>
<div id="contents">
  <div id="main">
    <article>
      <h1>ブライダルフェア</h1>
    </article>
  </div>
  ...
</div>
...
</body>
</html>
```

2 <article> 内の <h1> の次の行に、<p> とテキストを追加します。

【fair.html】

```
...
<article>
  <h1>ブライダルフェア</h1>
  <p>各会場の様子やお料理、ドレスをはじめ、弊社プランナーがおふたりのウェディングをご提案させていただきます。</p>
</article>
...
```

3 fair.html をブラウザーで確認します。ブラウザーのタブまたはウィンドウのタイトル、パンくずリスト、メイン領域の見出しのテキストが変更されます。また、見出しの下にテキストが表示されます。

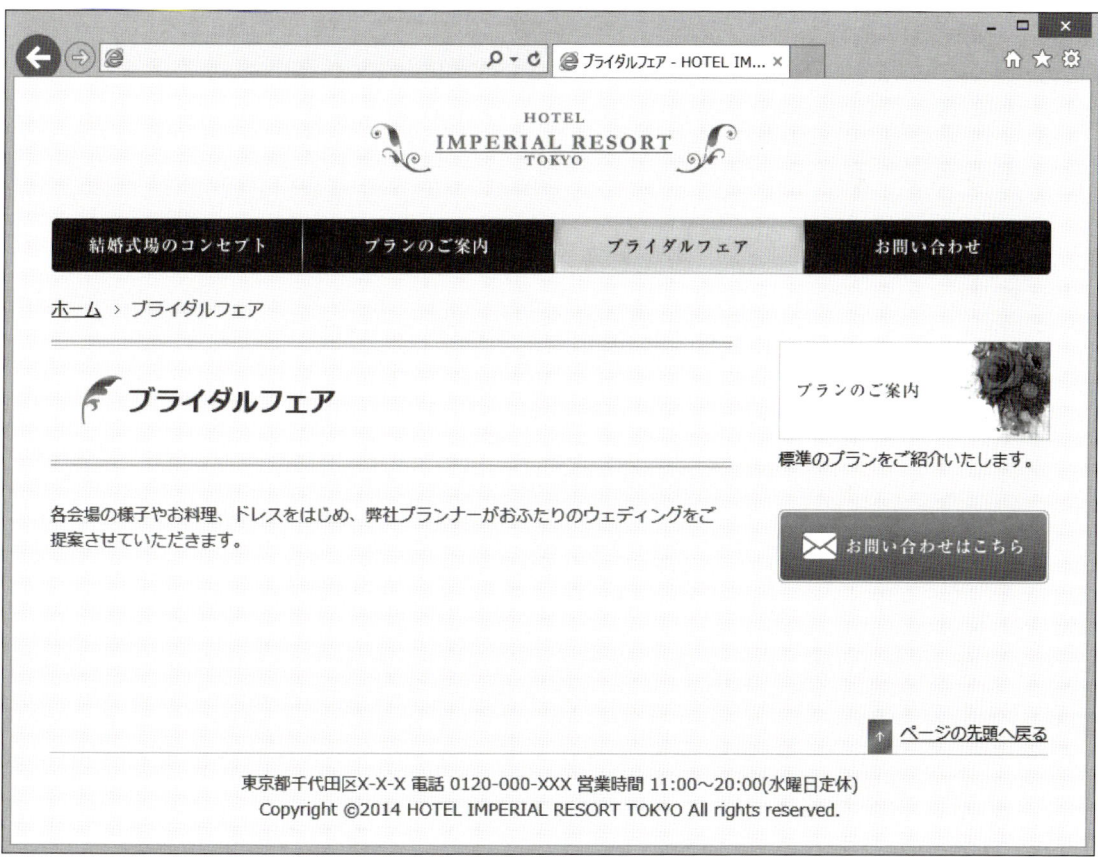

7-2 画像とキャプションのセットを追加する

第7章 ▶ ギャラリーレイアウト

fair.htmlには6点の画像とキャプションを表示させます。画像とキャプションのセットを1点追加すれば、あとはほぼ同じソースコードを使用できます。

● 画像とキャプションのセットを追加する

fair.html に画像とそれに関連するキャプションを1点追加します。HTML5 で新たに導入された <figure> タグ、<figcaption> タグを使用します。

■ <figure>、<figcaption> を使って記述する

1 メイン領域の <p> ～ </p> の下に、<div> を追加します。この <div> には class 属性を付け、名前を「gallery_box」にします。

【fair.html】

```
...
<article>
 <h1>ブライダルフェア</h1>
 <p>各会場の様子やお料理、ドレスをはじめ、弊社プランナーがおふたりのウェディングをご提案させていただきます。</p>
 <div class="gallery_box">

 </div>
</article>
...
```

2 今記述した <div class="gallery_box"> ～ </div> の間に、次の HTML ソースを記述します。

【fair.html】

```
...
<div class="gallery_box">
  <figure>
    <img src="images/gallery_photo1.jpg" alt="">
    <figcaption>思い出の曲をピアノで弾く演出が人気です。</figcaption>
  </figure>
</div>
...
```

❸ fair.html をブラウザーで開きます。写真とそのキャプションが表示されます。

解説 <figure>タグ、<figcaption>タグ

<figure> タグは「図」を意味し、その要素の内容として図やグラフ、写真、プログラムのソースコードなどを含めます。<figcaption> は <figure> 内でのみ使えるタグで、図に付けるキャプションを意味します。

なお、第6章で取り上げた <table> にキャプションを付ける <caption> は必ずテーブル本体の要素、<tr> や <thead> よりも前に記述しなければならないのに対し、<figcaption> は図の前に付けても後に付けてもかまいません。

【<figure> タグ、<figcaption> タグの使用例】

◯ キャプションが図より下にある

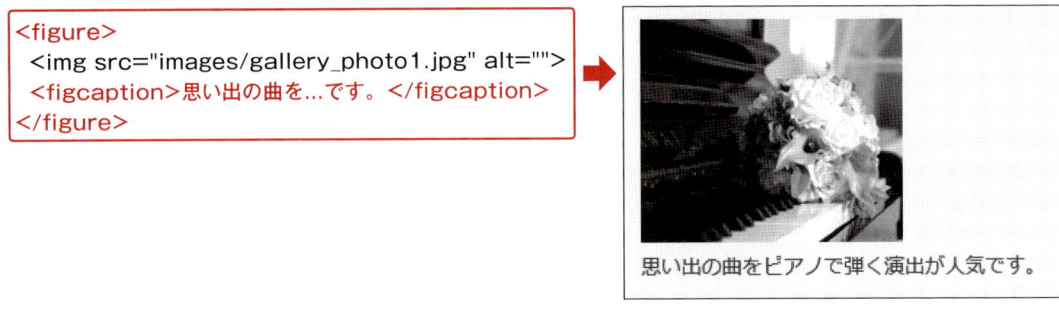

◯ キャプションが図より上にある

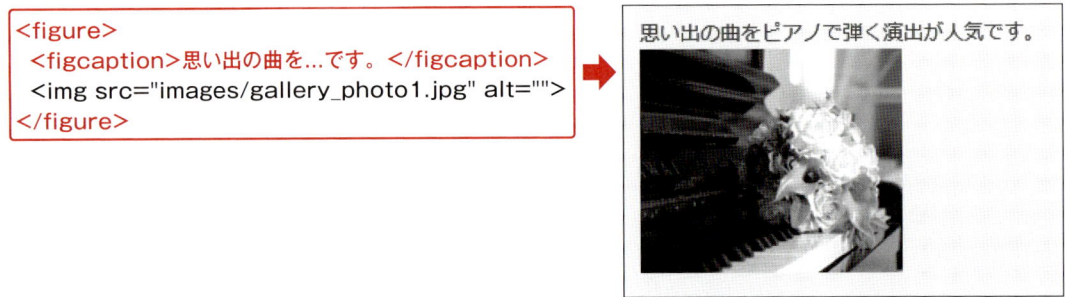

なお、デフォルト CSS の設定では、<figure> はブロックレベル要素として表示されます。つまり、幅を指定しない限り親ボックスの幅一杯にボックスを形成します。また、マージンが上下に 1em、左右に 40px 空きます。<figure> に含まれる写真がメイン領域よりも右に寄っているのはそのためです。

【<figure> に設定されているデフォルト CSS のマージン】

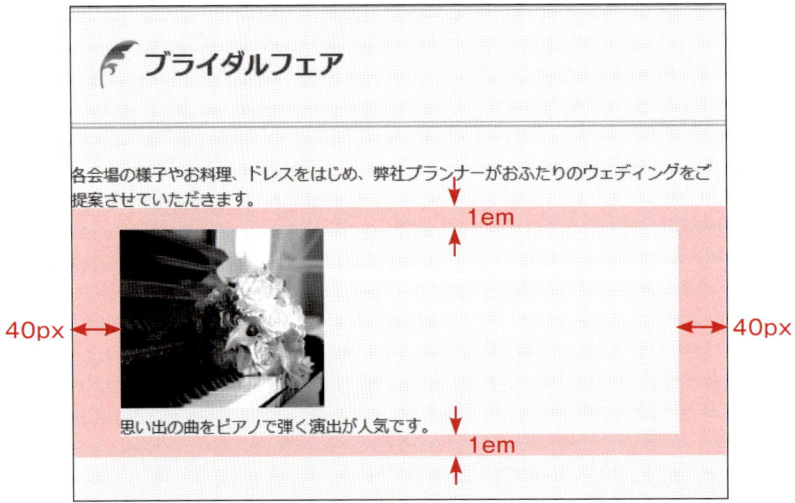

● <figure>をコピーして画像とキャプションのセットを2点追加する

前節で記述した<figure>をコピーして、あと2点画像とキャプションのセットを追加します。

■ <figure> ～ </figure> をコピー&ペーストする

1 <figure> ～ </figure> を選択して、コピーします。

2 <figure> ～ </figure> の次の行を選択して、2回ペーストします。

3 ペーストした <figure> のソースコードを一部書き替えます。

【fair.html】

```
...
<div class="gallery_box">
  <figure>
    <img src="images/gallery_photo1.jpg" alt="">
    <figcaption>思い出の曲をピアノで弾く演出が人気です。</figcaption>
  </figure>
  <figure>
    <img src="images/gallery_photo2.jpg" alt="">
    <figcaption>様々なデザインのドレスをご用意しております。</figcaption>
  </figure>
  <figure>
    <img src="images/gallery_photo3.jpg" alt="">
    <figcaption>こだわりのヒレ肉を使った和牛ローストビーフです。</figcaption>
  </figure>
</div>
...
```

4 fair.html をブラウザーで開きます。写真とキャプションのセットが2点追加されます。それぞれの写真とキャプションのテキストが変わっていることを確認してください。

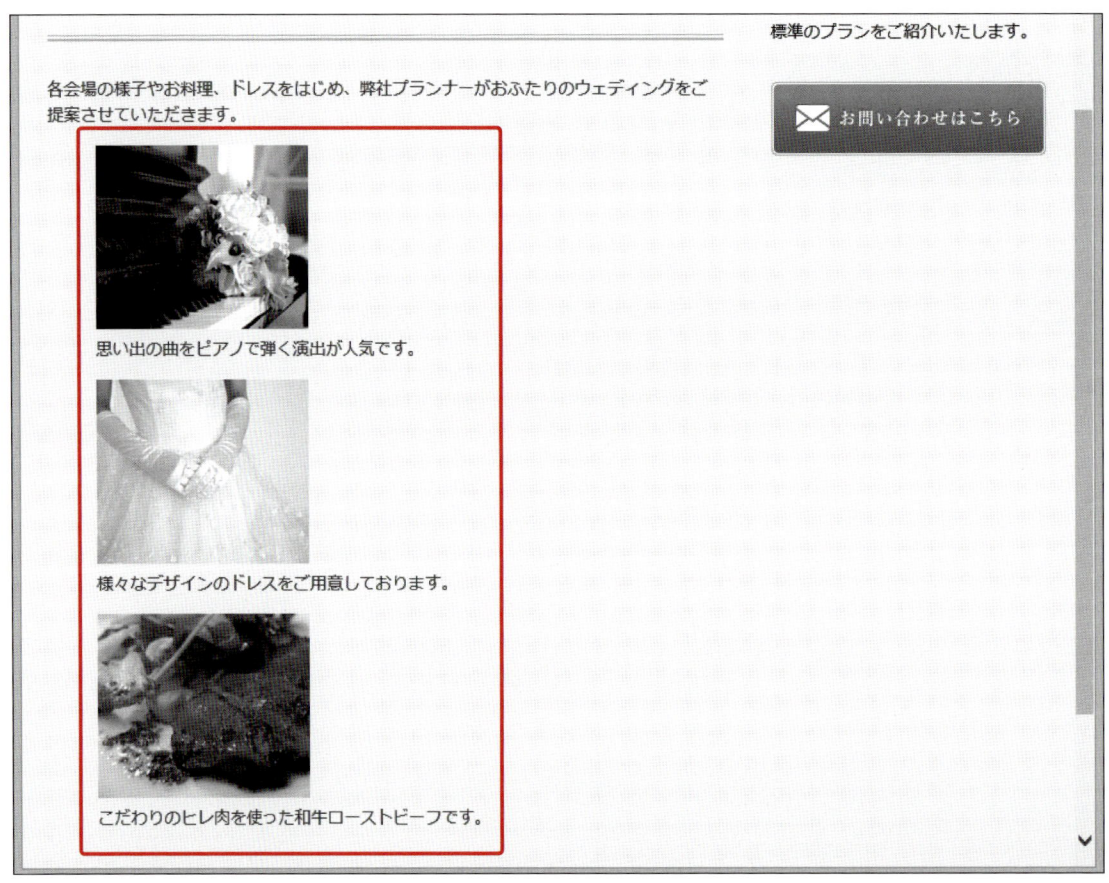

似たパターンのソースコードはコピーして使い回そう

今回の実習のように、画像のファイル名とキャプションのテキストが違うだけで、ほとんど同じようなソースコードが続く場合は、極力コピー&ペーストしましょう。作業が楽になるだけでなく、タグの書き間違いなどを防ぐことができます。

● あと3点の画像とキャプションを追加する

前節までの作業で、画像とキャプションのセットが3点表示されるようになりました。すでに記述したHTMLをコピーして、あと3点追加します。

■ <div class="gallery_box"> ～ </div> をコピー&ペーストする

1 <div class="gallery_box"> ～ </div> を選択してコピーします。

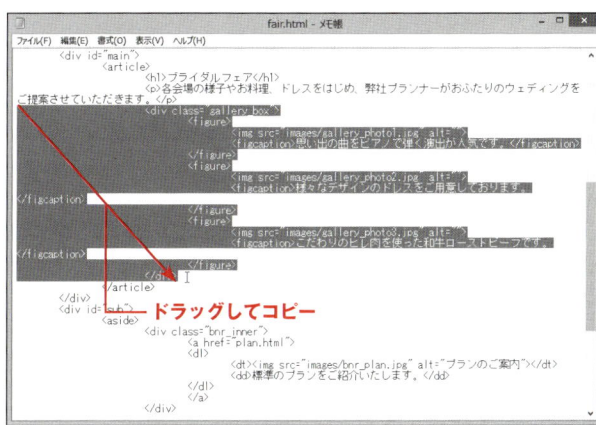

2 <div class="gallery_box"> ～ </div> の次の行を選択してペーストします。

3 ペーストしたソースコードを一部書き替えます。

【fair.html】

```
...
<div class="gallery_box">
  ...
</div>
<div class="gallery_box">
  <figure>
    <img src="images/gallery_photo4.jpg" alt="">
    <figcaption>優れた採光が人気の会場、アルカンジュです。</figcaption>
  </figure>
  <figure>
    <img src="images/gallery_photo5.jpg" alt="">
    <figcaption>深紅のカーペットには純白のドレスがよく似合います。</figcaption>
  </figure>
  <figure>
    <img src="images/gallery_photo6.jpg" alt="">
    <figcaption>真鯛を使った贅沢なカルパッチョです。</figcaption>
  </figure>
</div>
...
```

4 fair.html をブラウザーで開きます。ページが縦に長くなりますが、画像が全部で6点、それぞれにキャプションが付いて表示されます。

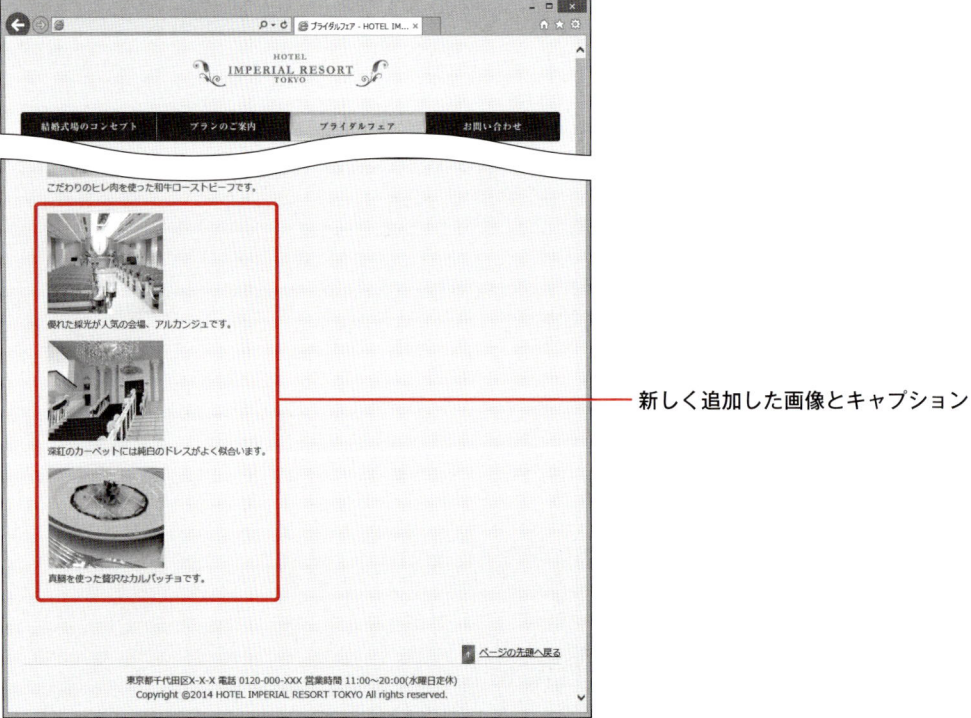

新しく追加した画像とキャプション

解説 HTMLの構造を確認する

ここまでの作業で、fair.html の HTML は完成です。これから CSS を編集してレイアウトを整えますが、その前に、HTML の構造を確認しておきましょう。

fair.html のメイン領域には、2 つの <div class="gallery_box"> があります。それぞれの <div> の中には <figure> が 3 つずつ含まれています。これから編集する CSS で、各 <div> に含まれる <figure> を横に 3 つ並べて、横 3 列、縦 2 行のギャラリーレイアウトを作成します。

【fair.html のメイン領域の HTML 構造】

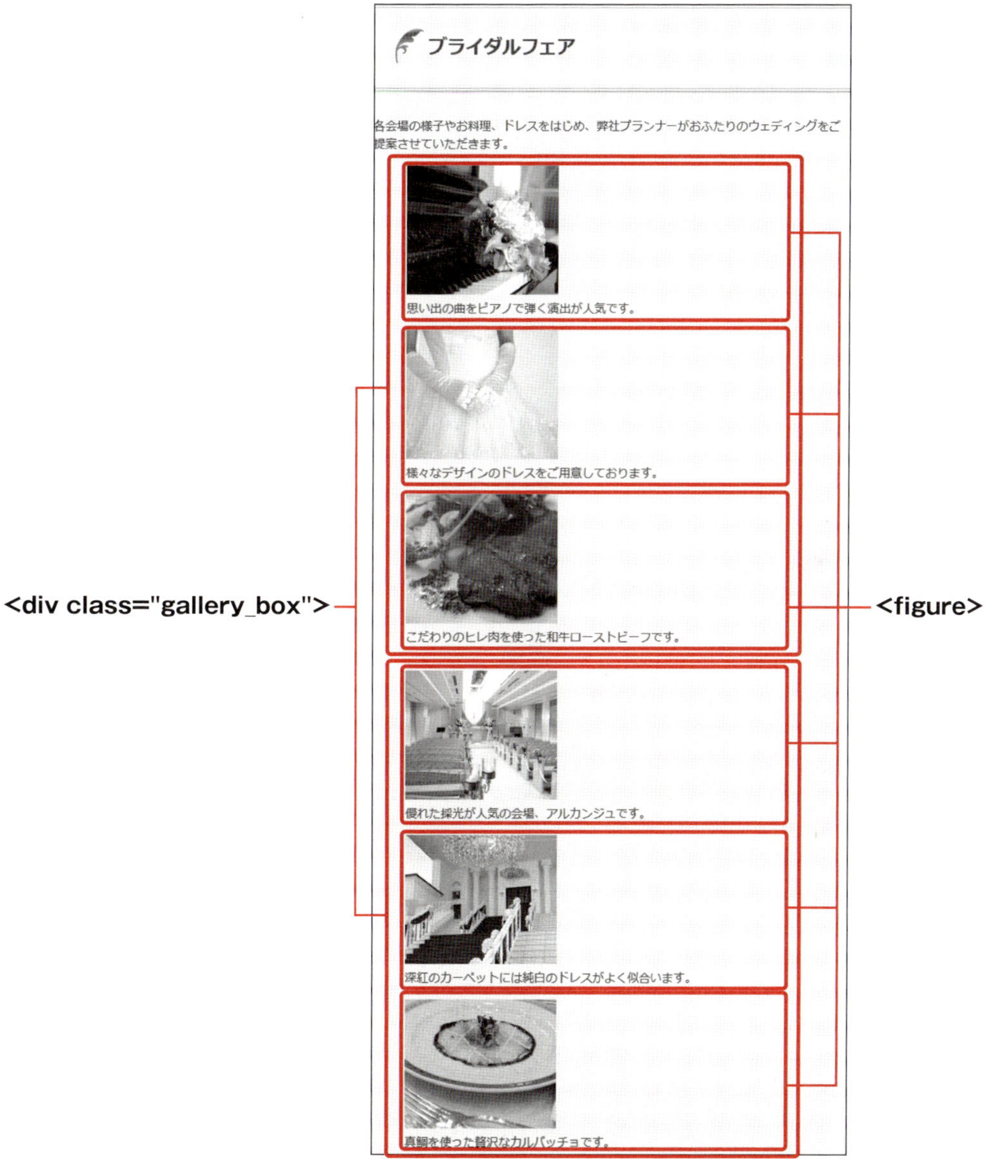

7-3 第7章 ▶ ギャラリーレイアウト

ギャラリーレイアウトを完成させる

ここからはstyle.cssを編集します。6点の写真とキャプションのセットを、2行3列で並べます。

▶ すべての<figure>にフロートを適用して横に並べる

fair.html に含まれる6点の <figure> すべてに、幅とフロートを設定して横に並べます。

▍<figure> に float プロパティ、width プロパティを指定する

1 style.css をテキストエディターで開きます。<div class="gallery_box"> に含まれる <figure> すべてに CSS を適用します。左フロートを設定し、幅を180ピクセル、上・右マージンを0、下・左マージンを15ピクセルにします。CSS はコメント文「/*「ブライダルフェア」ページ ここから↓ */」と「/*「ブライダルフェア」ページ ここまで↑ */」の間に記述します。

【style.css】

```
...
/* 「ブライダルフェア」ページ ここから↓ */
.gallery_box figure {
  margin: 0 0 15px 15px;
  width: 180px;
  float: left;
}
/* 「ブライダルフェア」ページ ここまで↑ */
...
```

2 <figure> の親要素に、フロートを解除する CSS を設定します。

【style.css】

```
...
/* 「ブライダルフェア」ページ ここから↓ */
.gallery_box {
  overflow: hidden;
}
.gallery_box figure {
  margin: 0 0 15px 15px;
  width: 180px;
  float: left;
}
/* 「ブライダルフェア」ページ ここまで↑ */
...
```

3 fair.html をブラウザーで開きます。<figure> の画像とキャプションが横に 3 つ並ばず、右端の 1 点が下に表示されてしまいます。

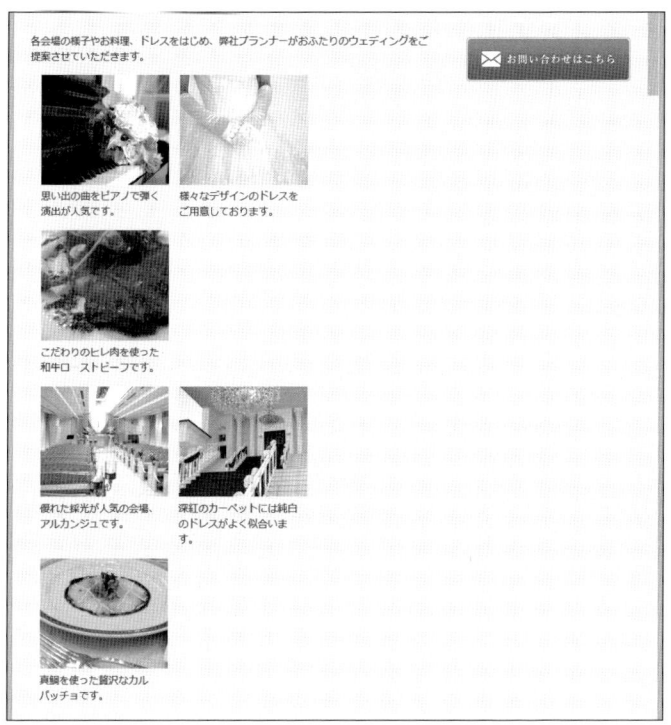

<figure>が横に3つ並ばない理由

今回の実習で <figure> に設定した幅と左マージンを足すと 195 ピクセルになります。これを 3 つ横に並べようとすると幅は合計で 585 ピクセルになり、570 ピクセルしかないメイン領域よりも横に広くなってしまいます。

たとえフロートが適用されていても、親要素のボックスの幅を超えて子要素が横に並ぶことはありません。そのため一番右に配置したい <figure> が下に表示されてしまうのです。子要素の幅が親要素のボックスに収まりきらず、レイアウトが崩れてしまう現象を「カラム落ち」と呼んだりします。

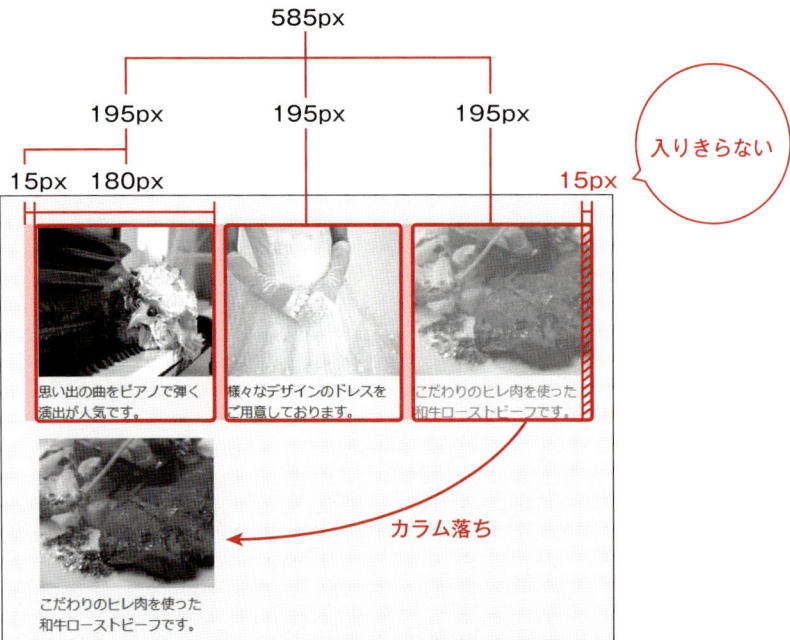

【<figure> が3つ並ぶと、メイン領域の幅より広くなってしまう】

◎ レイアウトの崩れを解消する

レイアウトの崩れを解消するために、各 <div class="gallery_box"> に含まれる、最初の <figure> の左マージンを0にします。

■ 最初の <figure> にマッチする CSS を記述する

1 「.gallery_box figure」がセレクターになっているルールの次の行に、新たなルールを追加します。

【style.css】

```
...
/* 「ブライダルフェア」ページ ここから↓ */
...
.gallery_box figure {
  margin: 0 0 15px 15px;
  width: 180px;
  float: left;
}
.gallery_box figure:first-child {
  margin-left: 0;
}
/* 「ブライダルフェア」ページ ここまで↑ */
...
```

2 fair.html をブラウザーで開きます。画像とキャプションのセットが、横に3つ並ぶようになります。

解説 最初の<figure>だけ左マージンを0にする

今回記述した CSS では、:first-child 擬似クラス[*1] を使って、<div class="gallery_box"> の子要素のうち、最初の要素（<figure>）の左マージンを0にしました。子要素の幅の合計が570ピクセルになるので、親要素のボックスにぴったり収まるようになります。

[*1] 第6章「E:first-child 擬似クラス」（P.183）

【今回のセレクターにマッチする要素】

.gallery_box figure:first-child

解説 CSSルールが適用される優先順位

同じHTML要素に適用されるCSSルールが複数ある場合、優先順位の高いルールが低いルールをプロパティ単位で上書きします。優先順位は「詳細度」と「カスケード」という2つの規則で決定されます。

▌詳細度

CSSのセレクターには「詳細度」と呼ばれる点数が付いています。詳細度の点数が高いセレクターのルールが、点数の低いセレクターのルールを上書きします。基本的には、より特定の要素をピンポイントで選ぶセレクターのほうが、どんな要素にでもマッチするセレクターよりも詳細度が高くなります。
タイプセレクター、クラスセレクターなど、セレクターの種類によってそれぞれ次のように点数が決まっています。CSSルールの詳細度は、使われているセレクターの点数を足し合わせて計算します。

- タグのstyle属性に書かれたCSSルール……1000点
- IDセレクター1個につき……100点
- クラスセレクター、属性セレクター、擬似クラスなど1個につき……10点
- タイプセレクター、擬似要素[*1] 1個につき……1点
- 全称セレクター……0点

[*1] ::after、::beforeなどコロン(:)が2つ付くセレクターのこと。clearfixテクニックなどで使用する(第3章「フロートを解除するその他の方法」P.113も参照)

【詳細度の計算例】

セレクター	個々のセレクターの種類	点数の式	詳細度
*	全称セレクター	0	0
li	タイプセレクター	1	1
ul li	タイプセレクター ＋ タイプセレクター	1+1	2
li:first-child	タイプセレクター ＋ 擬似クラス	1+10	11
ul li.red	タイプセレクター ＋ タイプセレクター ＋ クラスセレクター	1+1+10	12
h1 *[rel="up"]	タイプセレクター ＋ 全称セレクター ＋ 属性セレクター	1+0+10	11
#x34y	ID セレクター	100	100
style=""	タグのスタイル属性	1000	1000

練習のために、実習で記述した CSS の詳細度を計算してみましょう。<figure> に適用されるセレクターの詳細度は、「.gallery_box figure:first-child」のほうが高いことがわかります。

【詳細度の計算】

```
【style.css】
.gallery_box figure {            クラスセレクター ＋ タイプセレクター
  margin: 0 0 15px 15px;              10        ＋       1              =11
  width: 180px;
  float: left;
}
.gallery_box figure:first-child { クラスセレクター ＋ タイプセレクター ＋ 擬似クラス
  margin-left: 0;                     10        ＋       1        ＋    10    =21
}
```

■カスケード

CSS のルールは、先に書かれたルールから順に適用されます。

そして、HTML の同じ要素に適用され、かつ詳細度が同じセレクターのルールが出てきた場合は、後から出てきたほうが先のルールをプロパティ単位で上書きします。この上書き規則のことを「カスケード」と言います。

fair.html の <link rel="stylesheet"> で読み込まれた style.css には、上のほうに @import() ルールが書かれていて、common.css が読み込まれます。この場合、common.css に書かれたすべてのルールが先に適用されてから、style.css のその他のルール（@import ルールよりも後に書かれたルール）が適用されます。その結果、style.css のルールは common.css のルールを上書きすることになります。

【fair.html に CSS が適用される順番】

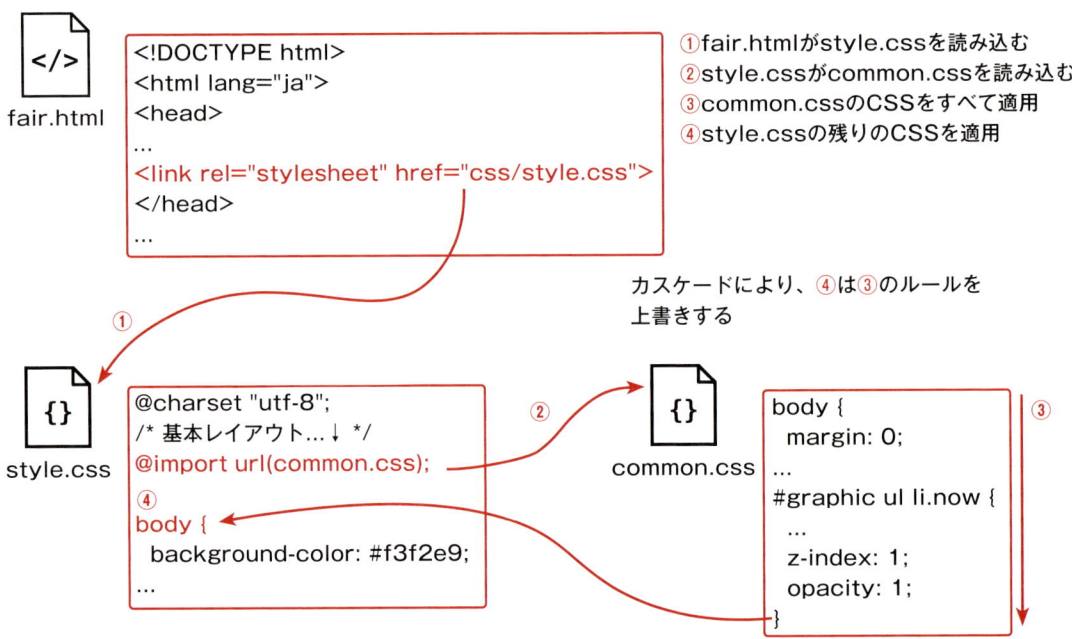

たとえば、common.css にも、style.css にも、<body> に対して font-size プロパティが設定されています。カスケードにより、後から適用される style.css のルールが、先に適用された common.css のルールを上書きするので、<body> の font-size は 87.5% になります。

【優先順位の高いプロパティが低いプロパティを上書きする】

■ !important キーワード

!important キーワードを使用すると、詳細度やカスケードに関係なく、スタイル宣言を適用することができます。!important キーワードは、強制的に適用したいスタイル宣言の一番後ろに記述します。

【!important キーワードの使用例】

```
common.css （先に適用）
body {
  margin: 0;
  padding: 0;
  font-family: "メイリオ", Meiryo, ...;
  font-size: 100% !important;
}
```

```
style.css （あとから適用）
body {
  background-color: #f3f2e9;
  color: #5f5039;
  font-size: 87.5%;
  line-height: 1.5;
}
```

上書きされない

最終的に適用されるのは
font-size: 100%;

▶ テキストと画像の間に余白を設ける

fair.html には、<div class="gallery_box"> が 2 回出てきます。このうち最初に出てくるほうにだけ上マージンを設定して、その上のテキストとの間に余白を作ります。

■ 最初の <div class="gallery_box"> に上マージンを設定する

1 「.gallery_box figure:first-child」がセレクターになっているルールの次の行に、新たなルールを追加します。最初に出てくる <div class="gallery_box"> の上マージンを 30 ピクセルにします。

【style.css】

```css
...
.gallery_box figure:first-child {
  margin-left: 0;
}
.gallery_box:first-of-type {
  margin-top: 30px;
}
/* 「ブライダルフェア」ページ ここまで↑ */
...
```

2 fair.html をブラウザーで開きます。メイン領域の最初のテキストと画像の間にマージンが空きます。

解説 E:first-of-type疑似クラス

E:first-of-type 擬似クラスは、要素 E にマッチする要素のうち、最初に出てくるものを指します。要素 E はなんらかのセレクターで、今回記述した CSS では「.gallery_box」がそれにあたります。

【.gallery_box:first-of-type にマッチする要素】

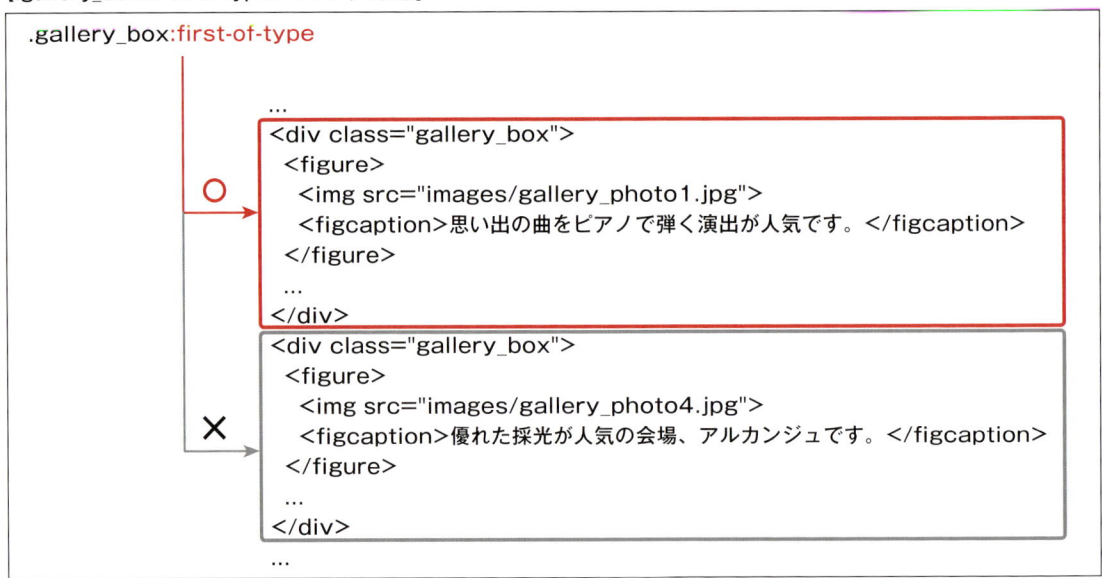

One Point ページのレイアウトに使われる float、clear 以外の方法

CSS でレイアウトの操作を行わない限り、HTML は基本的に上から順に、縦に並んで配置されます。CSS の float プロパティを使えばボックスを横に並べることができますが、それ以外にも、要素を自由に配置する方法があります。それが、位置指定による要素の配置です。

【CSS で操作しない限り、要素は縦に配置される】

```
<body>
    <h1>見出しH1要素</h1>
    <p>段落P要素</p>
    <ul>
      <li>UL要素の最初の箇条書き</li>
      <li>UL要素の2番目の箇条書き</li>
    </ul>
</body>
```

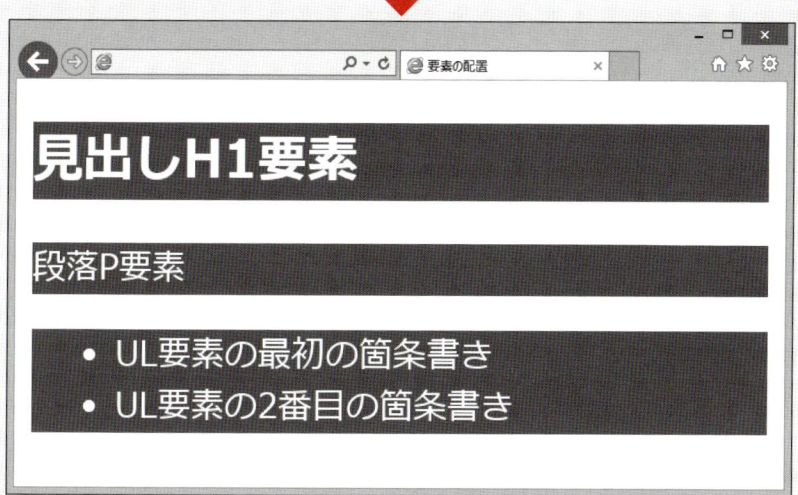

■ 位置指定とは

位置指定とは、要素の位置を座標で指定して配置する方法です。位置指定を使用すれば要素を自由な位置に配置することができて、レイアウトの幅が広がります。特に、絶対位置指定と呼ばれる配置がよく使われます。

絶対位置指定の CSS はパターン化されています。ポイントは次の 3 点です。
・位置指定をしたい要素に position:absolute を指定する
・その親要素に position:relative を指定する
・位置指定をしたい要素に座標を指定する。座標の指定には top、left、bottom、right プロパティのいずれかを使う

【絶対位置指定の基本パターン】
【HTML】

```
<section class="position">    ……親要素
  <div>位置指定されたdiv要素</div> ……子要素
</section>
```

【親要素の CSS】

```
.position {
  position: relative;
}
```

【子要素（位置指定する要素）の CSS】

```
.position div {
  position: absolute;
  top: 80px;
  left: 200px;
}
```

【position プロパティの書式】

positon: relative、absolute、fixed、static のいずれか;

【position プロパティの値】

プロパティ値	説明
relative	要素を相対的な位置指定で配置する。一般的には、絶対位置で配置したい要素の親要素に指定する
absolute	要素を絶対的な位置指定で配置する
fixed	要素をブラウザーのビューポート[1]に対して絶対的な位置で配置する
static	要素の位置指定をしない。すべてのタグのデフォルト値

[1] 本章「position:fixed; で位置を固定する」(P.214)

【top、left、bottom、right プロパティ】

プロパティ	説明	値
top	position:relative などが適用されている親ボックスの上からの距離	数値、一般的に単位は px、em、% などを使用する
left	同左からの距離	
bottom	同下からの距離	
right	同右からの距離	

■ position:absolute; で絶対的な位置指定をする

position:absolute が指定された要素は、position:static 以外の値が指定された親要素のボックスを基点として、座標を指定して配置できます。基点にしたい親要素には、通常は position:relative を指定します。

【絶対位置指定の例（サンプル：c07-absolute.html）】

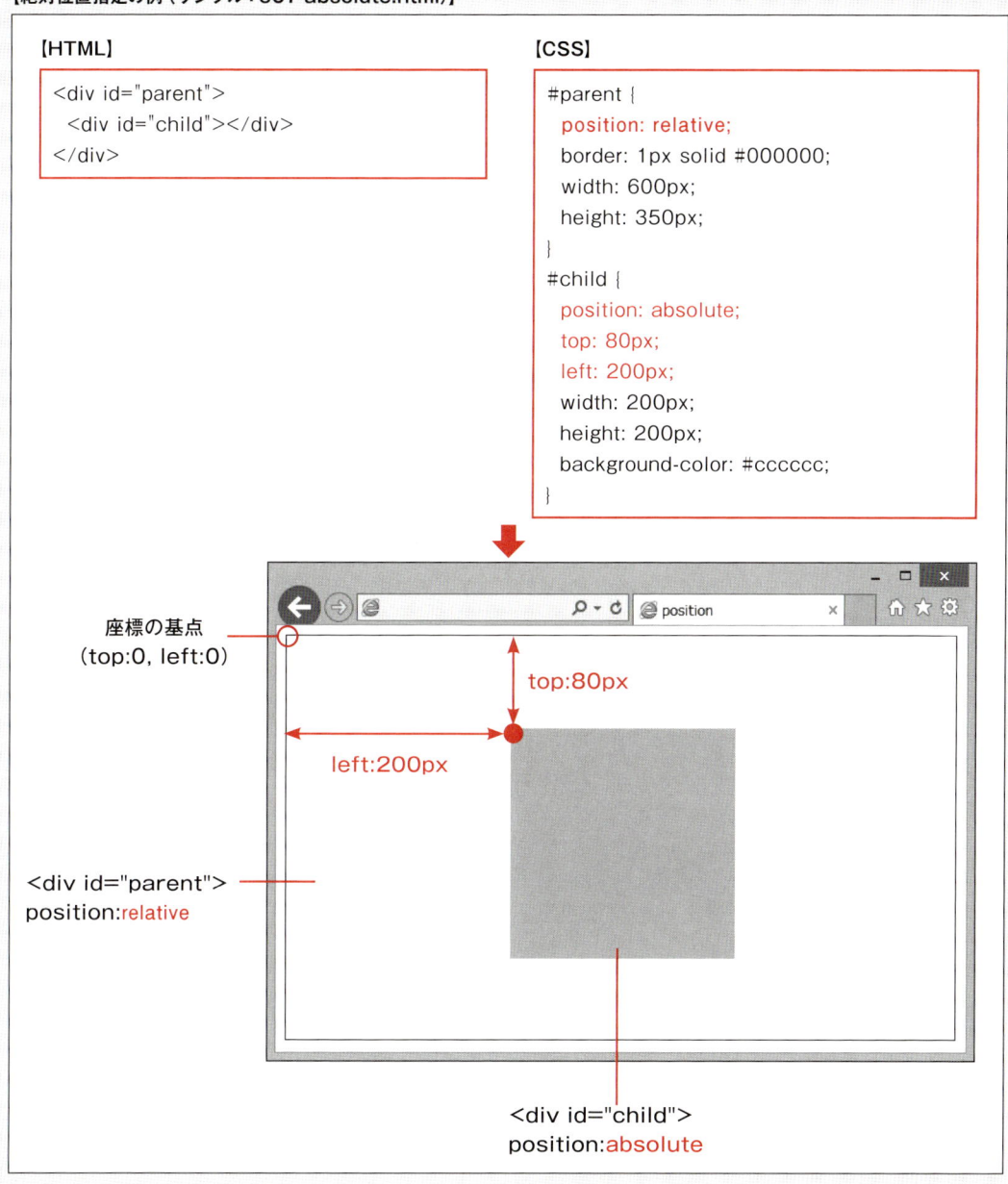

position:fixed; で位置を固定する

position:fixed が指定された要素は、ビューポートと呼ばれる、ブラウザーウィンドウの HTML 表示エリアを基点として配置されます。ビューポートが基点なので、ページをスクロールしてもその要素だけ位置が固定されているように見えます。position:relative が適用された親要素も必要ありません。

【position プロパティを fixed にしたときの例（サンプル：c07-fixed.html）】

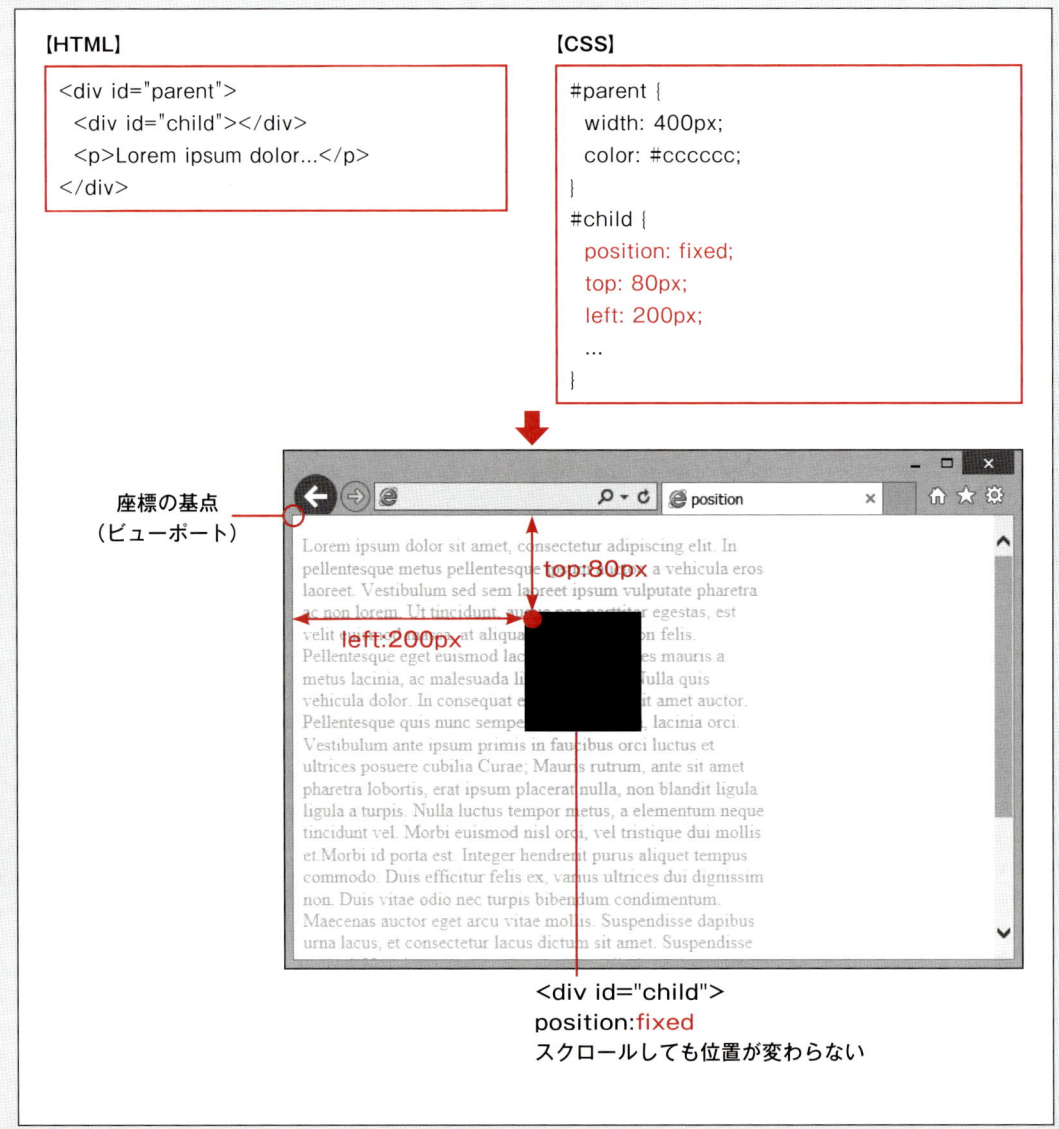

position:static;

通常配置の状態です。座標指定をする top、left、bottom、right プロパティは使用できません。

■ z-index プロパティで要素の重なり順を変える

HTMLの各要素は、後に書かれたほうが上に重なるように表示されます。z-index プロパティを使うと要素の重なり順を自由に変えることができます。z-index の値は 0 以上の整数で、大きい数字が設定されている要素ほど上に重なります。

【z-index プロパティの書式】

z-index: 重なり順を表す整数;

【z-index プロパティで重なり順を変える（サンプル：c07-zindex.html）】

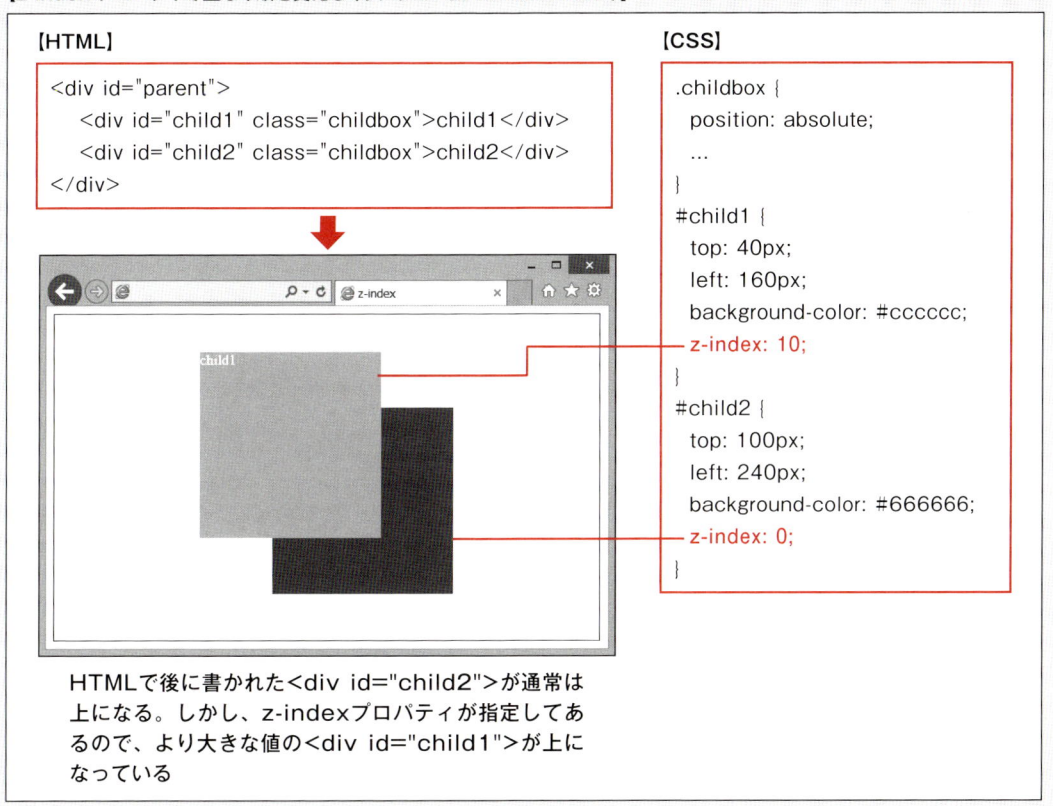

■ 練習しよう

「sample」フォルダー内の「c07-abs」フォルダーに、わざと絶対位置指定のCSSを削除して、レイアウトを崩したサンプルサイトを収録しています。次の条件を参考に、style.cssを編集して、ナビゲーションの位置を直しましょう。
・「c07-abs/css/style.css」をテキストエディターで開く
・style.css の中から、ヘッダー（<header>）に適用されるルールを探して、「position: relative;」を追加する

・ナビゲーション（<nav>）に適用されるルールを探して、「position: absolute;」を追加する
・ナビゲーションに適用されるルールをさらに編集して、上から14ピクセル、右から0ピクセルの位置に配置されるように、CSSを追加する

【CSS編集前と編集後（練習データ：c07-abs/css/style.css）】
【index.html（style.css編集前）】　　　　　　　　【index.html（style.css編集後）】

index.htmlのソースコードを見ながらCSSを記述すると、より理解が深まります。

【style.cssに追加するCSSの答え（答え：c07-answer/css/style.css）】
【style.css】

```
...
header {
  width: 800px;
  height: 70px;
  margin: 20px auto 40px auto;
  position: relative;
}
header h1 {
  margin : 0;
}
nav {
  position: absolute;
  top: 14px;
  right: 0;
}
...
```

※この練習問題は「Webクリエイター能力認定試験　スタンダード」のサンプル問題を元に作成しています

第8章 ▶

フォーム

「お問い合わせ」ページを作成する
フォーム領域を作成する
コントロールを追加する
設問ごとのマージンを調整する
コントロールのスタイルを調整する

8-1 「お問い合わせ」ページを作成する

第8章 ▶ フォーム

「お問い合わせ」ページ（contact.html）を作成します。このページではHTMLのフォーム機能を中心に使用します。

▶ フォームの基本

フォームとは、閲覧者からの入力を受け付ける画面のことを指します。閲覧者は「コントロール」と呼ばれる入力のための部品に、テキストを入力したり、ボタンをクリックしたりして必要事項を記入します。フォームは、form関連要素と呼ばれる専用のタグを使って作成します。

■フォームの基本的な仕組み

一般的なフォームは、入力された内容をWebサーバーに送信します。フォームは、おおよそ次のような順序で処理されます。

【フォームの大まかな処理順序】

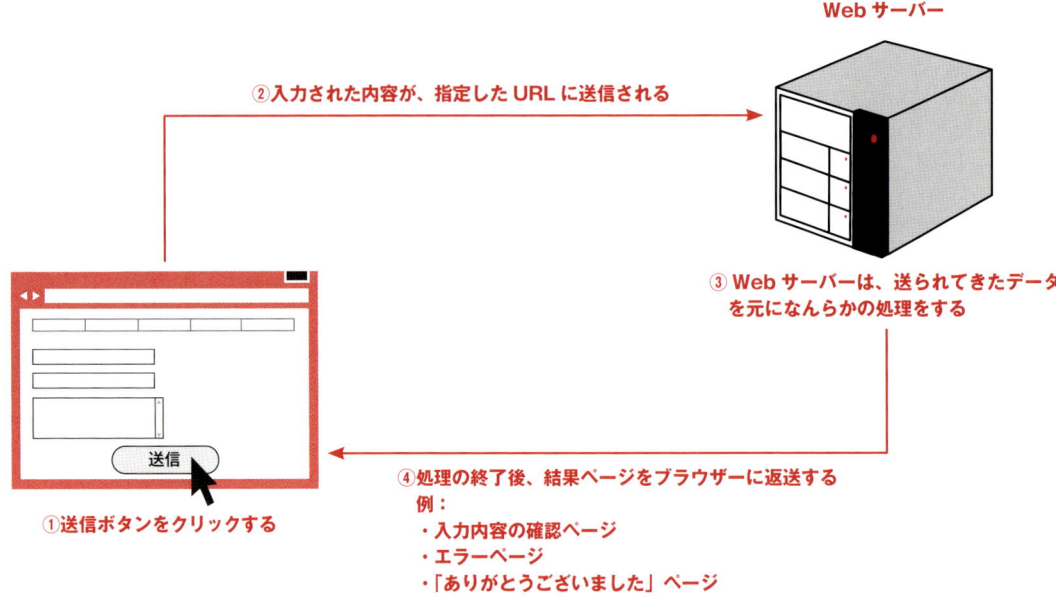

■①送信ボタンをクリックする

ブラウザーに表示されている送信ボタンをクリックするのは、もちろん閲覧者です。フォーム画面のテキストフィールドや送信ボタンは、すべてHTMLで作成します。

②入力内容が指定した URL に送信される

送信ボタンをクリックすると、フォームに入力された内容が Web サーバーに送信されます。このときの送信先 URL は、HTML で指定します。送信先 URL は、フォーム要素の 1 つである <form> タグの action 属性で指定します。

③ Web サーバーが処理をする

Web サーバーは、フォームのデータ（入力内容）を受け取ると、なんらかの処理を行います。よくある処理の例としては、お問い合わせフォームの内容をデータベースに保存する、自動返信メールの文面を生成する、などが挙げられます。こうした処理は、すべて Web サーバーのプログラムが行います。HTML を作成しているときには、ここで行われる処理を気にする必要はありません。

④ブラウザーに結果を返送する

Web サーバーは、処理が終了するとブラウザーに結果を送り返します。結果と言っても、必ずしも問い合わせを処理した集計データなどが送り返されるわけではなく、多くの場合次にブラウザーが表示すべき HTML が返送されます。入力内容を確認するページが表示されたり、不備がある場合にエラーページが表示されたりするのは、Web サーバーが HTML を返送する処理をしているからです。

form 関連要素一覧

フォームにおける HTML の主な役割は、「画面を作成すること」と「入力内容の送信先 URL を指定すること」です。

フォーム関連要素には、大きく分けて 2 種類あります。

1 つは <form> タグです。これは、画面にフォーム領域を作成するためのタグであると同時に、入力内容の送信先 URL を指定する役割を果たします。

もう 1 つは、フォームの部品を表示させるためのタグです。フォームの部品は「コントロール」と呼ばれ、<form> の要素の内容として記述します。

【フォームのごく基本的な HTML のパターン】

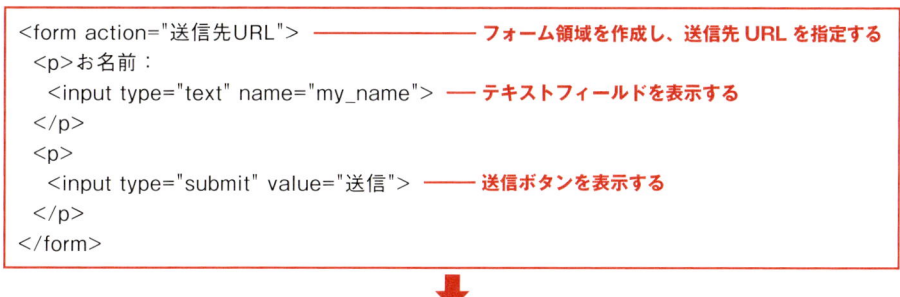

▶ タイトル、パンくずリスト、見出しを書き替える

ここからお問い合わせページ（contact.html）の作成を始めます。前章と同じく、まずはタイトル、パンくずリスト、見出しを書き替えます。

▌<title>、<li>、<h1> のテキストを編集する

1 contact.html をテキストエディターで開きます。<title>、パンくずリストの <li>、メイン領域の <h1> のテキストを書き替えます。

【contact.html】

```
<!DOCTYPE html>
<html lang="ja">
<head>
<!DOCTYPE html>
<html lang="ja">
<head>
<meta charset="UTF-8">
<title>お問い合わせ - HOTEL IMPERIAL RESORT TOKYO</title>
<link rel="stylesheet" href="css/style.css">
</head>

<body id="contact">
...
<div id="breadcrumb">
  <ul>
    <li><a href="index.html">ホーム</a></li>
    <li>お問い合わせ</li>
  </ul>
</div>
<div id="contents" class="clearfix">
  <div id="main">
    <article>
      <h1>お問い合わせ</h1>
    </article>
  </div>
  ...
</div>
...
</body>
</html>
```

❷ <article> 内の <h1> の次の行に、<p> と <ul>、<li> を追加します。

【contact.html】

```
...
<article>
  <h1>お問い合わせ</h1>
  <p>会場やプランについてのお問い合わせは、下記フォームよりお気軽にお寄せください。</p>
  <ul>
    <li>必要事項を記入し、「確認する」をクリックしてください。</li>
    <li>ご登録いただいた個人情報は、お問い合わせ内容の確認以外には使用いたしません。</li>
  </ul>
</article>
...
```

❸ contact.html をブラウザーで確認します。ブラウザーのタブまたはウィンドウのタイトル、パンくずリスト、メイン領域の見出しのテキストが変更されます。また、見出しの下にテキストと箇条書きが 2 項目表示されます。

Design Note　プライバシーポリシー

個人情報保護法により、個人情報を取り扱う企業などの組織は、個人情報の取り扱い方針を定め、公表することが求められています。この、個人情報の取り扱い方針を定めた文書のことをプライバシーポリシーと言います。プライバシーステートメント、個人情報保護方針などと呼ばれることもあります。
お問い合わせフォームなどがあり、個人情報を収集するサイトでは、プライバシーポリシーが掲載されたページを公開する必要があります。
プライバシーポリシーでは、次のような項目について分かりやすく説明することが求められています。
- 個人情報収集の目的を明確化すること
- 個人情報を目的以外に利用しないこと
- 個人情報に関係する苦情などに適切に対応すること

個人情報、個人情報保護法について、詳しくは消費者庁のサイトを確認してください。

【個人情報の保護（消費者庁）】

http://www.caa.go.jp/planning/kojin/index.html

8-2 フォーム領域を作成する

フォームの作成は、まず<form>タグを追加することから始めます。ここでは、<form>タグを追加して領域を作成すると同時に、設問項目ごとに段落を分けておきます。

▶ フォーム領域を作成する

contact.html のメイン領域に、フォーム領域を作成します。

■ <form>、</form> を記述する

1 前節で記述した </ul> の次の行に、<form>、</form> を追加します。<form> には action 属性を付けて、属性値は「#」にします。

【contact.html】

```
..
<article>
 ...
 <ul>
   <li>必要事項を記入し、「確認する」をクリックしてください。</li>
   <li>ご登録いただいた個人情報は、お問い合わせ内容の確認以外には使用いたしません。</li>
 </ul>
 <form action="#">

 </form>
</article>
...
```

URL が未定のときは「#」にする

<form> の action 属性には、入力内容を送信する先の URL を定義します。ところが、HTML を作成している最中は、送信先 URL がまだ決まっていないことがよくあります。その場合は、action 属性の値を空欄にせずに、原則としてシャープ（#）にします。action 属性に限らず、たとえば <a> の href 属性などでも、リンク先 URL が決まっていないときには「#」にします。

【action 属性は空欄にしない】

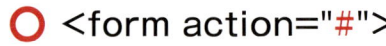

● 領域の内容を作成する

フォームのコントロールを追加する前に、設問ごとの段落を作成します。

■ <p> とテキストを追加する

1 <form> ～ </form> の間に、<p> と設問項目のテキストを追加します。

【contact.html】

```
...
<form action="#">
  <p>お名前（必須）</p>
  <p>メールアドレス（必須）</p>
  <p>お問い合わせ種類<br>
  事前のご相談　その他</p>
  <p>内容</p>
</form>
...
```

2 contact.html をブラウザーで開きます。追加した段落のテキストが表示されます。

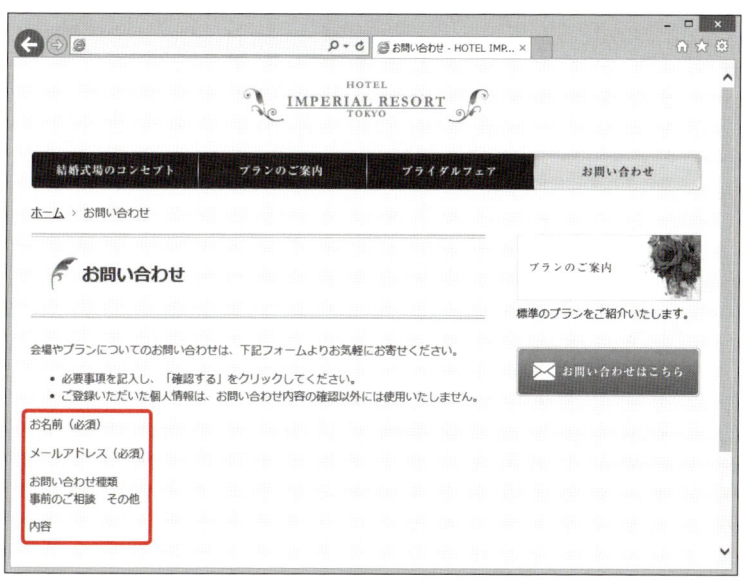

<form>内のHTMLにはどんな要素でも含めることができる

<form> の要素の内容には、フォーム関連要素だけでなく、<p> や <table> など、どんな要素も含めることができます。フォームの趣旨や後のレイアウトを考えて、より的確な意味を持つタグを使いましょう。

8-3 コントロールを追加する

フォームに設問項目の段落を作成したところで、次はコントロールを追加していきます。

▶ 名前が入力できるテキストフィールドを作成する

「お名前」欄に、一般的なテキストフィールドを作成します。

■ <input type="text"> を追加する

1 「<p>お名前（必須）</p>」のテキストの後ろに、
 と <input type="text"> を追加します。<input> の name 属性の値は「name」にします。

【contact.html】

```
...
<form action="#">
  <p>お名前（必須）<br>
  <input type="text" name="name"></p>
  <p>メールアドレス（必須）</p>
  <p>お問い合わせ種類<br>
  事前のご相談　その他</p>
  <p>内容</p>
</form>
...
```

2 contact.html をブラウザーで開きます。「お名前（必須）」の下にテキストフィールドが追加されます。

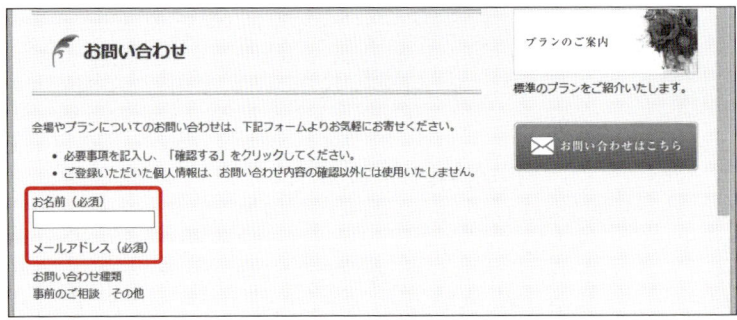

解説 <input>タグ

<input> は、テキストフィールドやラジオボタン、送信ボタンなど、多くのコントロールを表示させるためのタグです。type 属性の値を「text」にすると、一般的なテキストフィールドが表示されます。なお、<input> は終了タグのない空要素です。

name 属性

フォームに入力された内容は、送信ボタンをクリックするとWebサーバーに送信されます。送信されてきたデータをWebサーバーが処理する際に、それが何のデータであるか分かるように、コントロールには1つひとつ名前を付けておく必要があります。name属性は、コントロールに名前を付けるために使用します。

実際にフォームを作成する際は、処理プログラムを作成するプログラマーと話し合って、name属性を決めます。

【テキストフィールドの書式】

```
<input type="text" name="コントロールの名前">
```

Accessibility Note 必須項目には「必須」と書く

スクリーンリーダーが正しく読み上げられるように、入力が必須のコントロールに付けるラベルには「必須」とテキストで書きます。ほかの記号、たとえば「★」「*」などを「必須」の代わりに使う場合は、必ず注意書きを添えるようにしましょう。

また、色を識別させるような表現も避けます。詳しくは、第9章「ユーザビリティ・アクセシビリティに配慮したWebデザイン」(P.269)を参照してください。

◉ メールアドレスが入力できるテキストフィールドを作成する

「メールアドレス」欄に、メールアドレスを入力するためのテキストフィールドを作成します。

<input type="email"> を追加する

❶ 「<p> メールアドレス（必須）</p>」の要素として、
と<input type="email">を追加します。<input>のname属性の値は「mail」にします。

【contact.html】

```
...
<form action="#">
  <p>お名前（必須）<br>
  <input type="text" name="name"></p>
  <p>メールアドレス（必須）<br>
  <input type="email" name="mail"></p>
  <p>お問い合わせ種類<br>
  事前のご相談　その他</p>
  <p>内容</p>
</form>
...
```

2 contact.html をブラウザーで開きます。「メールアドレス（必須）」の下に、メールアドレス入力用のテキストフィールドが追加されます。

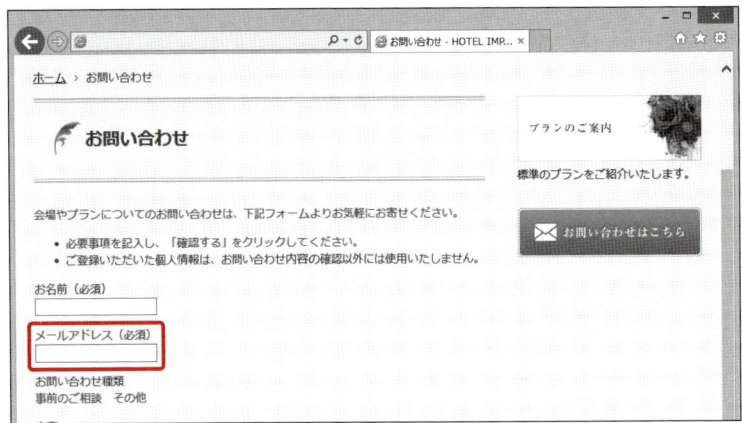

解説 `<input type="email">`

`<input>` の type 属性「email」は、HTML5 で新たに追加された属性値です。メールアドレスを入力するためのコントロールが表示されます。PC のブラウザーでは通常のテキストフィールドと見分けがつきませんが、Android、iOS 搭載のスマートフォンなどで確認すると、メールアドレス入力用のキーボードが表示されます。

【メールアドレスの入力時。Android、iOS 端末ではメールアドレス用のキーボードが表示される（サンプル：c08-email.html）】

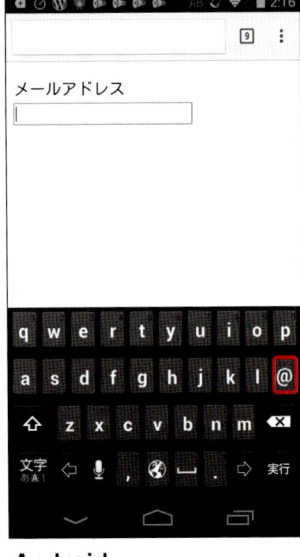
Android

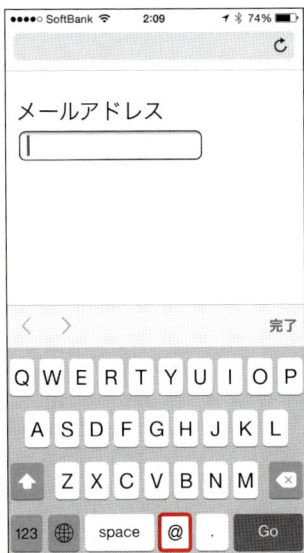
iOS

【メールアドレス用テキストフィールドの書式】

`<input type="email" name="コントロールの名前">`

電話番号を入力するためのテキストフィールド

HTML5では、メールアドレスだけでなく、電話番号のためのコントロールも新たに追加されました。<input>のtype属性を「tel」にすると、電話番号のコントロールが表示されます。メールアドレスと同様、PCのブラウザーでは通常のテキストフィールドと見分けがつきませんが、スマートフォンなどで確認すると電話番号の入力に適したキーボードが表示されます。

【電話番号の入力時。Android、iOS端末では電話番号用のキーボードが表示される（サンプル：c08-tel.html）】

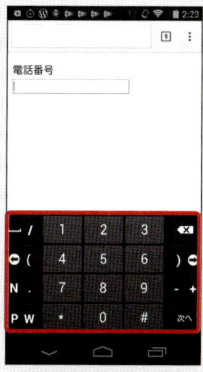

Android　　**iOS**

【電話番号用テキストフィールドの書式】

```
<input type="tel" name="コントロールの名前">
```

● ラジオボタンを作成する

「お問い合わせ種類」を「事前のご相談」と「その他」の2つの選択肢から選べるように、ラジオボタンを作成します。

■ <input type="radio"> を追加する

1 テキスト「事前のご相談」の前に<input>を追加します。type属性の値を「radio」、name属性を「kind」、value属性の値を「0」にします。

【contact.html】

```
...
<form action="#">
  ...
  <p>お問い合わせ種類<br>
  <input type="radio" name="kind" value="0">事前のご相談　その他</p>
  <p>内容</p>
</form>
...
```

2 テキスト「その他」の前に <input> を追加します。type 属性の値を「radio」、name 属性を「kind」、value 属性の値を「1」にします。

【contact.html】

```
...
<form action="#">
 ...
 <p>お問い合わせ種類<br>
 <input type="radio" name="kind" value="0">事前のご相談   <input type="radio" name="kind" value="1">
 その他</p>
 <p>内容</p>
</form>
...
```

3 contact.html をブラウザーで確認します。ラジオボタンが 2 つ追加され、クリックすると選択されるようになります。

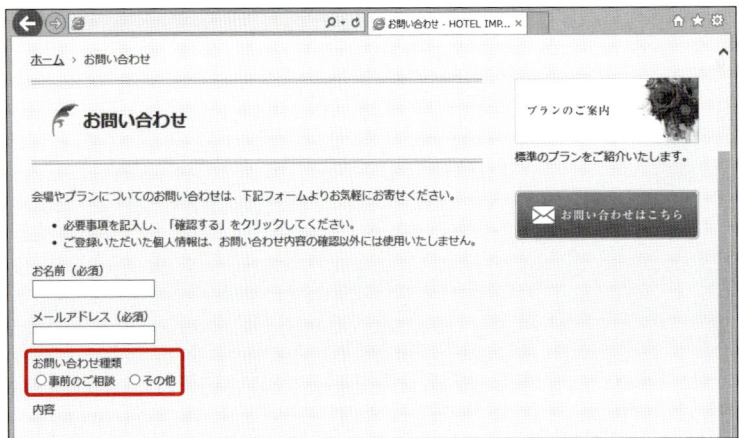

<input type="radio">

<input type="radio"> は、ラジオボタンです。ラジオボタンは、ボタングループのうち、どれか 1 つだけ選択できるコントロールです。name 属性が同じものが、1 つのボタングループになります。今回は、2 つのラジオボタンの name 属性を「kind」にしたので、これらがボタングループになります。ラジオボタンは、この kind ボタングループの中で 1 つだけ選択できるようになります。

▌value 属性

サーバーに送信されるデータを設定するのが value 属性です。今回追加したラジオボタンの場合、「事前のご相談」を選択しているときは 0 が、「その他」を選択しているときは 1 が、サーバーに送信されます。ラジオボタンや、後述するチェックボックスには、value 属性が必要です。

【ラジオボタンの書式】

<input type="radio" name="ボタングループ名" value="Webサーバーに送信される値">

チェックボックス

ラジオボタンに似たコントロールに、チェックボックスがあります。チェックボックスは、同じボタングループ内で複数選択が可能なコントロールです。
チェックボックスを作成するには、同一ボタングループの name 属性を同じにするほか、value 属性を設定しておく必要があります。type 属性の値は「checkbox」にします。

【チェックボックスの書式】

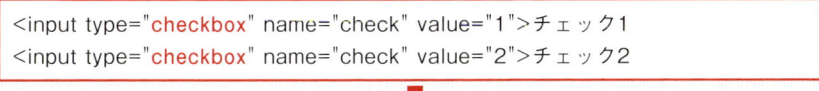

【チェックボックスの使用例（サンプル：c08-checkbox.html）】

```
<input type="checkbox" name="check" value="1">チェック1
<input type="checkbox" name="check" value="2">チェック2
```

● テキストエリアを作成する

問い合わせ内容を自由記述で入力できるテキストエリアを作成します。

■ <textarea> を追加する

❶ 「<p> 内容 </p>」の要素として、
 と <textarea> を追加します。<textarea> の name 属性の値は「comment」にします。

【contact.html】

```
...
<form action="#">
 ...
 <p>内容<br>
 <textarea name="comment"></textarea></p>
</form>
...
```

❷ contact.html をブラウザーで開きます。「内容」の下にテキストエリアが表示されます。

解説 <textarea>タグ

<textarea> は、複数行のテキスト入力コントロールを表示するタグです。ほかのコントロール同様、name 属性が必要です。また、<textarea> ～ </textarea> の間にテキストを含めると、テキストエリアにその内容が表示されるようになります。

【<textarea></textarea>】

<textarea name="テキストエリアの名前">デフォルトテキスト</textarea>

【<textarea> ～ </textarea> にテキストを含めておく例（サンプル：c08-textarea.html）】

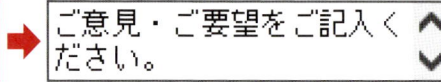

テキストフィールドとテキストエリア

<input type="text"> で作成するテキストフィールドは単一行のコントロールです。テキストフィールドは enter キーを押しても改行できません。<input type="email">、<input type="tel"> も同様です。
<textarea> で作成するテキストエリアは複数行のコントロールで、enter キーを押せば改行できます。ご意見やお問い合わせなど、ある程度の長さの文章を入力するのに適しています。

● ラベルテキストとコントロールを関連付ける

ここまで、テキストフィールドやラジオボタンなどをページに組み込んできました。これらのコントロールとラベルテキストを関連付けます。

■ <label> を記述する

■ テキストフィールド、メールアドレスフィールド、ラジオボタン、テキストエリアと、ラベルテキストを関連付けるために、<label> タグを追加します。

【contact.html】

```
...
<form action="#">
 <p><label>お名前（必須）<br>
 <input type="text" name="name"></label></p>
 <p><label>メールアドレス（必須）<br>
 <input type="email" name="mail"></label></p>
 <p>お問い合わせ種類<br>
 <label><input type="radio" name="kind" value="0">事前のご相談</label>　<label><input type="radio" name="kind" value="1">その他</label></p>
 <p><label>内容<br>
 <textarea name="comment"></textarea></label></p>
</form>
...
```

■ contact.html をブラウザーで開きます。ラベルのテキストをクリックすると、関連するコントロールが選択されるようになります。

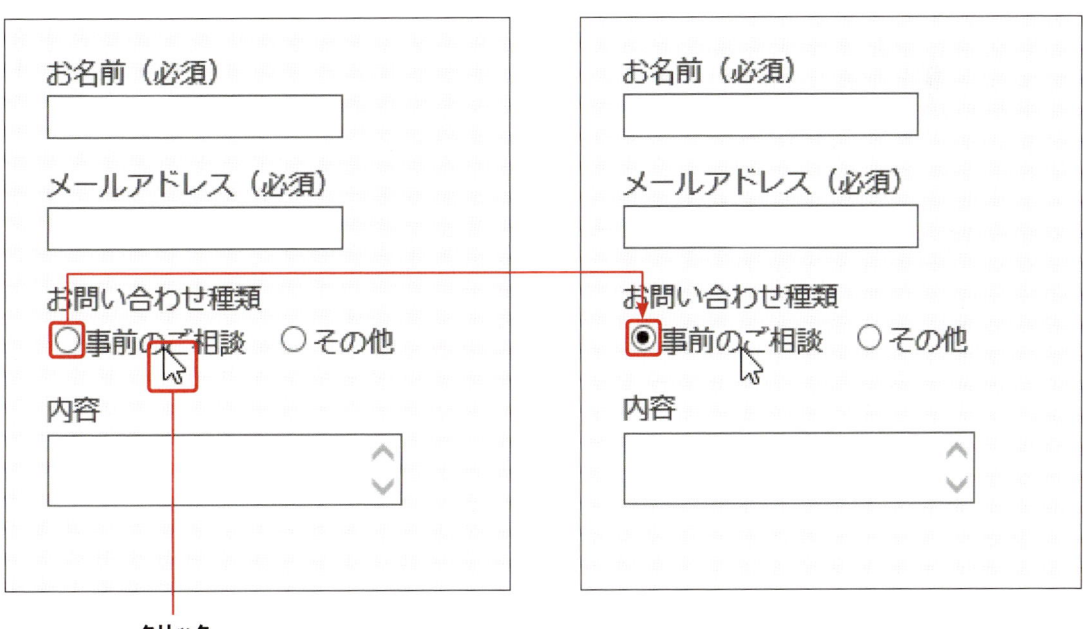

クリック

解説 <label>タグ

<label> は、ラベルのテキストとコントロールを関連付けるためのタグです。<label> タグによってラベルテキストとコントロールが関連付けられると、ラベルテキストをクリックしてコントロールを選択できるようになり、ユーザビリティが向上します。

<label> の記述方法には2種類あります。1つは今回の実習のようにラベルのテキストと関連するコントロールを <label> タグで囲む方法、もう1つは <label> の for 属性を使う方法です。

■ラベルテキストとコントロールを関連付ける方法①～ <label> タグで囲む～

ラベルテキストとコントロールを <label> で囲むシンプルな方法です。

【<label> タグで囲む書式例】

```
<label>ラベルテキスト<input type="text" name="name"></label>
```

■ラベルテキストとコントロールを関連付ける方法その②～ for 属性を使う～

<label> ～ </label> の中にはラベルテキストだけ入れておき、コントロールは囲まない方法です。この場合、<input> などコントロールのタグには id 属性を追加します。<label> には for 属性を追加し、その値を関連するコントロールの id 名にします。

【<label> の for 属性を使う書式例（サンプル：c08-label.html）】

```
<label for="control_id">ラベルテキスト</label>
<input type="text" name="name" id="control_id">
```

※ <input> の id 属性と <label> の for 属性の値を同じにする

◉ 送信ボタンを作成する

フォームの入力が終わったときにクリックする、送信ボタンを作成します。

■<input type="submit"> を追加する

① テキストエリアを含む「内容」の段落（<p> ～ </p>）の次の行に、新たに段落 <p> を追加します。

【contact.html】

```
...
<form action="#">
  ...
  <p><label>内容<br>
  <textarea name="comment"></textarea></label></p>
  <p></p>
</form>
...
```

2 追加した <p> の要素の内容として、送信ボタンの <input> を追加します。

【contact.html】

```
...
<form action="#">
  ...
  <p><label>内容<br>
  <textarea name="comment"></textarea></label></p>
  <p><input type="submit" value="確認する"></p>
</form>
...
```

3 contact.html をブラウザーで開きます。送信ボタンが追加されます。

解説 <input type="submit">

<input type="submit"> は「送信ボタン」です。送信ボタンには、name 属性は必要ありません。また、送信ボタンの場合、value 属性の値はボタンの上に表示されるテキストにします。

【送信ボタンの書式】

```
<input type="submit" value="ボタンに表示されるテキスト">
```

<input> タグの type 属性

ここまでの実習でも分かるとおり、<input> タグは、type 属性の値を変えることで、いろいろな種類のコントロールを表示させることができます。

【type 属性の代表的な値】

属性値	説明
text	単一行のテキストフィールド
email	メールアドレス入力用コントロール
tel	電話番号入力用コントロール
radio	ラジオボタン
checkbox	チェックボックス
submit	送信ボタン
image	画像を使用した送信ボタン。使用する画像のパスを src 属性で指定する

 **送信ボタンに画像を使う**

送信ボタンには、画像を使用することができます。画像を使う場合は type 属性の値を「image」にします。また、src 属性に使用する画像のパスを、alt 属性に代替テキスト[*1]を指定します。そのほか、オプションとして画像のサイズを指定する width 属性、height 属性を追加することもできます。

[*1] 第 2 章「解説 `<img>` タグ」(P.57)

【送信ボタンを画像にする場合の例】

```
<form action="#">
  <p><label>お名前<br><input type="text"></label></p>
  <p><input type="image" src="images/imgbtn.jpg" alt="送信" width="120" height="30"></p>
</form>
```

【送信ボタンに画像を使用した例（サンプル：c08-imgbtn/index.html）】

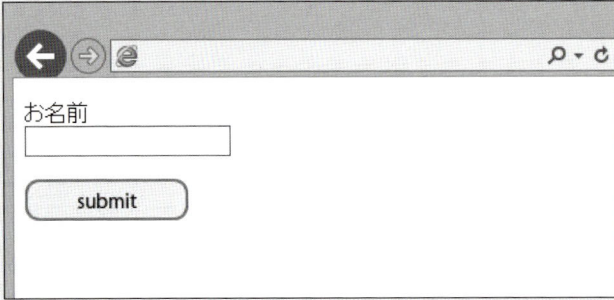

● 入力必須の項目に必須属性を追加する

お名前欄、メールアドレス欄には、「必須」と書かれています。これらのテキストフィールドが入力必須であることを示す属性を追加します。

■ required 属性を追加する

■ お名前欄、メールアドレス欄の `<input>` タグに、required 属性を追加します。

【contact.html】

```
...
<form action="#">
  <p><label>お名前（必須）<br>
  <input type="text" name="name" required></label></p>
  <p><label>メールアドレス（必須）<br>
  <input type="email" name="mail" required></label></p>
  ...
</form>
...
```

2 contact.html をブラウザーで開きます。お名前欄、メールアドレス欄になにも入力せずに送信ボタンをクリックすると、注意書きが表示されます。

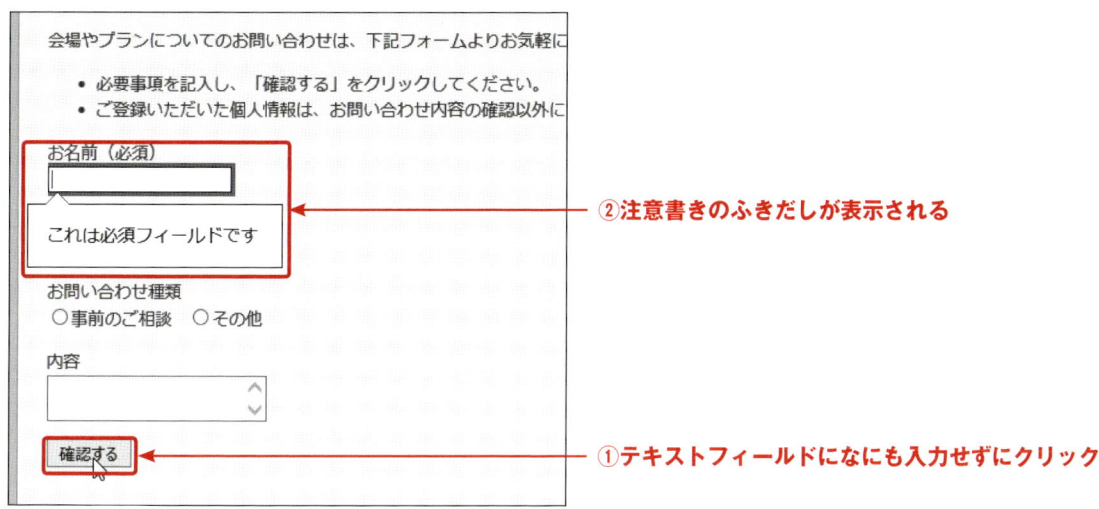

②注意書きのふきだしが表示される

①テキストフィールドになにも入力せずにクリック

解説 required属性

<input> や <textarea> などに required 属性を付けておくと、入力必須のコントロールになります。Google Chrome、Mozilla Firefox、IE10 以降では、入力必須のコントロールになにも入力せずに送信ボタンをクリックすると、注意が表示されます。HTML5 で新たに追加された属性です。

required 属性はブール属性[*1] の 1 つで、属性値を書く必要がありません。<input> タグに、required 属性が含まれていれば入力必須、含まれていなければ入力の必要がないコントロールになります。

[*1] 第 2 章「HTML の記述法」(P.50)

One Point プルダウンメニューとリストボックス

フォームにはプルダウンメニューというコントロールもあります。
プルダウンメニューを作成するには、<select> タグを使用します。<select> タグの要素の内容として、選択肢の数だけ <option> タグを追加します。フォームのコントロールとして機能させるために、<select> タグには name 属性を、<option> タグには value 属性を付けます。

【プルダウンメニューの基本的な書式】

```
<select name="プルダウンメニューの名前">
  <option value="Webサーバーに送信される値1">メニューに表示される項目テキスト1</option>
  <option value="Webサーバーに送信される値2">メニューに表示される項目テキスト2</option>
  …
</select>
```

【プルダウンメニュー（サンプル：c08-pulldown.html）】

```
<select name="single">
  <option value="">チケットを選択してください</option>
  <option value="s">S席</option>
  <option value="a">A席</option>
  <option value="c">C席</option>
</select>
```

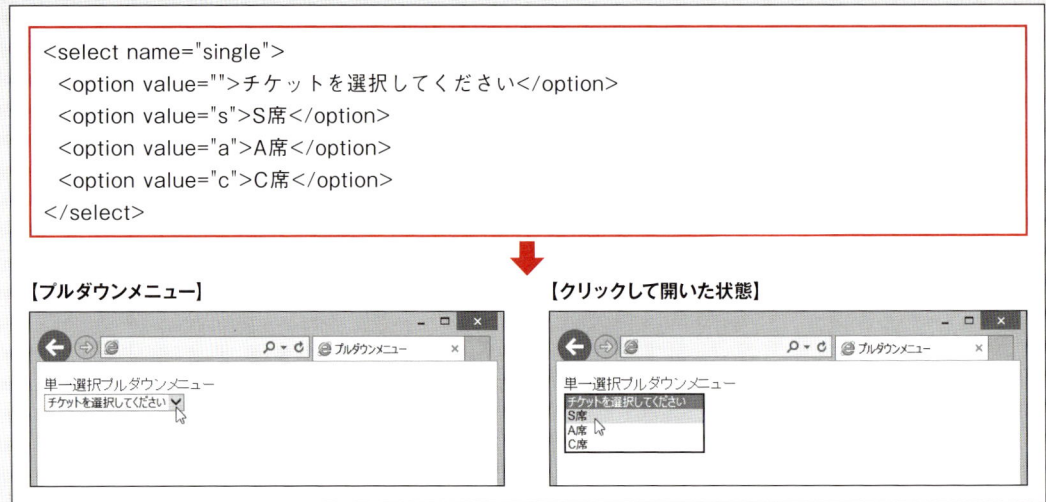

■ 複数選択が可能なリストボックス

<select> タグを使って、選択肢の複数選択が可能なリストボックスを作成することもできます。リストボックスを作るには、<select> タグに multiple 属性を追加します。multiple 属性はブール属性なので、値を必要としません。

【リストボックス（サンプル：c08-listbox.html）】

```
<select name="multi" multiple>
  <option value="">チケットを選択してください</option>
  <option value="s">S席</option>
  <option value="a">A席</option>
  <option value="c">C席</option>
</select>
```

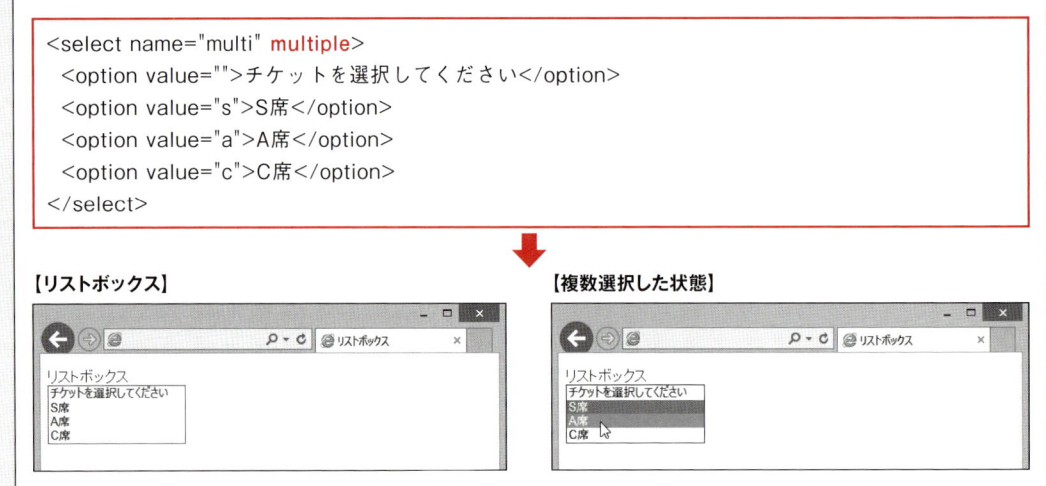

■ リストボックスを使うときはよく考えて

リストボックスで複数項目を選択するには、Ctrl キー（Windows）、command キー（Mac OS X）を押しながらクリックします。しかし、この操作方法を知らない人も多いため、リストボックスは現在あまり使われていません。

複数選択が可能なリストボックスは、機能的にはチェックボックスとほぼ同じと言えます。設問の内容と使いやすさを考えて、より適したコントロールを選ぶようにしましょう。

設問ごとのマージンを調整する

CSSを編集して、フォームのレイアウトを調整します。まずは、設問と設問の間のマージンを調整して、全体にゆとりを持たせます。

段落のマージンを調整する

設問と設問の間のマージンを 30 ピクセルにします。まずは <form> 内の <p> すべてにマージンを設定し、その結果を見ながら微調整します。

<form> 内の <p> に上下マージンを設定する

1. style.css をテキストエディターで開きます。<form> 内のすべての <p> の上マージンを 0、下マージンを 30 ピクセルにします。CSS は、コメント文「/*「お問い合わせ」ページ ここから↓ */」から「/*「お問い合わせ」ページ ここまで↑ */」までの間に記述します。

【style.css】

```
…
/*「お問い合わせ」ページ ここから↓ */
form p {
  margin-top: 0;
  margin-bottom: 30px;
}
/*「お問い合わせ」ページ ここまで↑ */
…
```

2. contact.html をブラウザーで開きます。すべての設問と設問の間のマージンが 30 ピクセルになります。

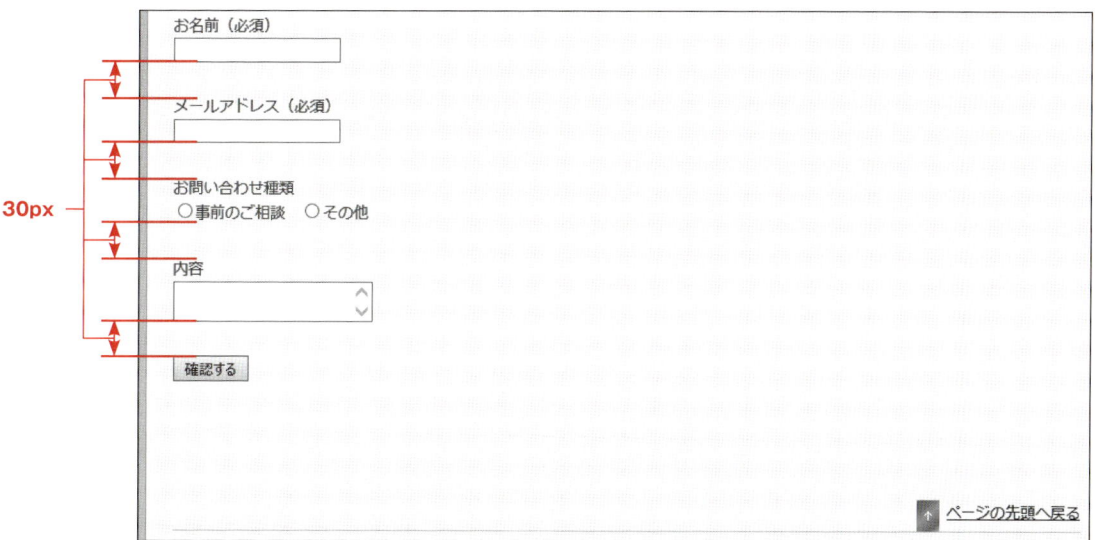

▶ 内容欄および送信ボタンの下マージンを調整する

内容欄のテキストエリアの下マージンが空きすぎて感じるので、これを少し狭めます。また、送信ボタンからフッターまでのマージンもほかのページと比べて大きすぎます。そこで、ボタンの下マージンを0にします。

■ :nth-last-child(n) 擬似クラスを使った CSS を記述する

1 内容欄のテキストエリアを囲む <p> の下マージンを 7 ピクセル、送信ボタンを囲む <p> の下マージンを 0 にします。

【style.css】

```
...
/* 「お問い合わせ」ページ ここから↓ */
form p {
  margin-top: 0;
  margin-bottom: 30px;
}
form p:nth-last-child(2) {
  margin-bottom: 7px;
}
form p:last-child {
  margin-bottom: 0;
}
/* 「お問い合わせ」ページ ここまで↑ */
...
```

2 contact.html をブラウザーで開きます。「内容」欄の下、［確認する］ボタンからフッターまでのマージンが調整されます。

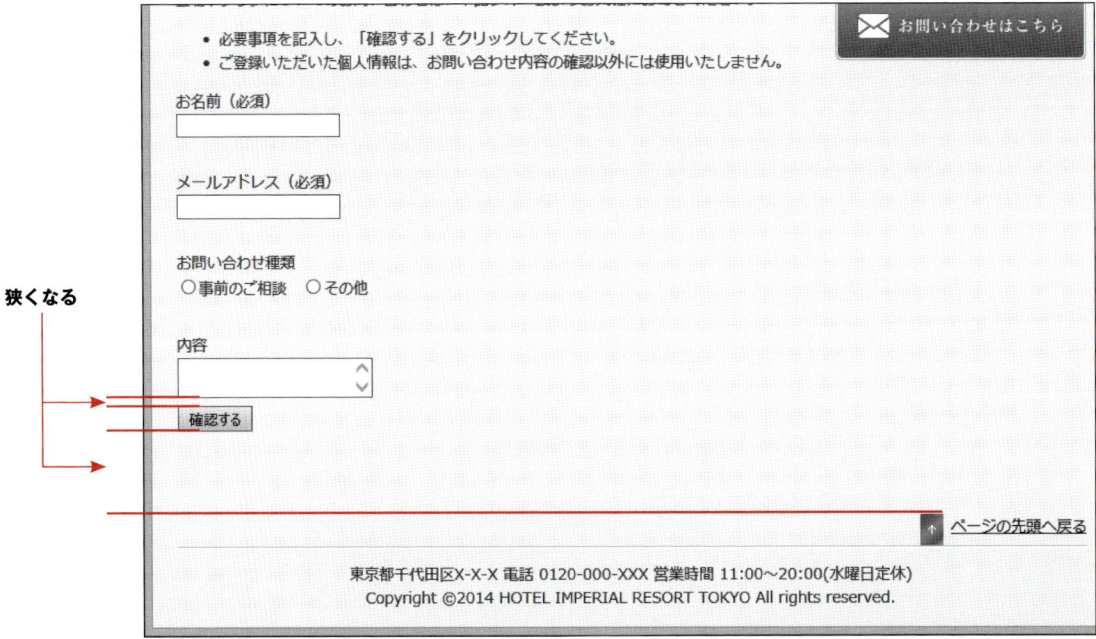

狭くなる

E:nth-last-child(n)擬似クラス

E:nth-last-child(n) 擬似クラスは、要素Eのすべての兄弟要素のうち、最後から数えてn番目のEにマッチします。:nth-child(n) 擬似クラス[*1]が最初から数えてn番目の要素を指すのに対し、:nth-last-child(n) 擬似クラスは、最後の兄弟要素から数えます。

今回記述したセレクターでは、<form>のすべての子要素のうち、最後から数えて2番目の要素が<p>であれば、それにマッチします。

[*1] 第6章「解説　E:nth-child(n) 擬似クラス」(P.188)

【form p:nth-last-child(2) にマッチする要素】

```
                        <form action="#">
:nth-last-child(5)……  <p><label>お名前（必須）<br>
                        <input type="text" name="name" required></label></p>
:nth-last-child(4)……  <p><label>メールアドレス（必須）<br>
                        <input type="email" name="mail" required></label></p>
:nth-last-child(3)……  <p>お問い合わせ種類<br>
                        <label><input type="radio" ...>事前のご相談</label>...</p>
:nth-last-child(2)……  <p><label>内容<br>
                        <textarea name="comment"></textarea></label></p>
:nth-last-child(1)……  <p><input type="submit" value="確認する"></p>
                        </form>
```

コントロールのスタイルを調整する

テキストフィールドやテキストエリアなどのコントロールは、CSSを調整しない限り小さめに表示されます。コントロールの幅や高さなどを調整して、入力しやすいように整形しましょう。

▶ テキストフィールドの幅を指定する

お名前欄のテキストフィールドの幅を 200 ピクセル、メールアドレス欄のメールアドレスフィールドの幅を 300 ピクセルにします。CSS のセレクターには、属性セレクターを使います。

■ `<input type="text">`、`<input type="email">` に適用される CSS を記述する

1 セレクターが「form p:last-child」になっているルールの次の行から、CSS を追加します。

【style.css】

```
...
/* 「お問い合わせ」ページ ここから↓ */
...
form p:last-child {
  margin-bottom: 0;
}
input[type="text"] {
  width: 200px;
}
input[type="email"] {
  width: 300px;
}
/* 「お問い合わせ」ページ ここまで↑ */
```

2 contact.html をブラウザーで開きます。お名前欄とメールアドレスの入力が横に長くなります。

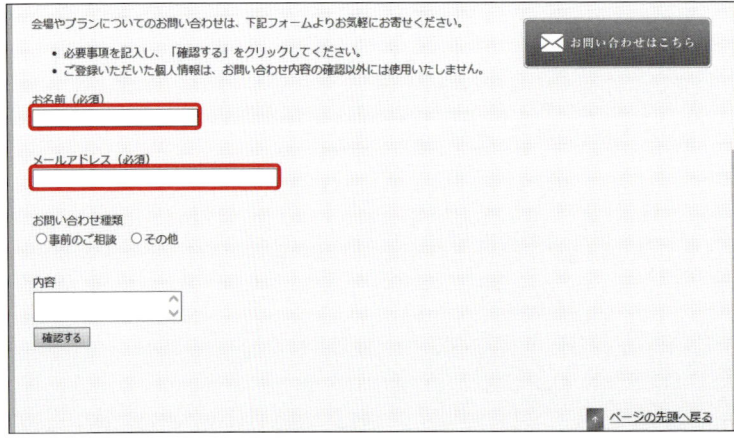

属性セレクター

今回の実習で、テキストフィールドとメールアドレスフィールドを選択するのに使用したのが「属性セレクター」です。

属性セレクターにはいくつかの書式がありますが、そのうち最も基本的なのが、今回記述した E[a="b"] という形です。このセレクターは、要素 E のうち、属性 a が付いていて、しかもその値が b のときマッチします。

【input[type="text"]、input[type="email"] にマッチする要素】

```
                    <form action="#">
                      <p><label>お名前（必須）<br>
input[type="text"] ……… <input type="text" name="name" required></label></p>
                      <p><label>メールアドレス（必須）<br>
input[type="email"] …… <input type="email" name="mail" required></label></p>
                      ...
                    </form>
```

■ 属性セレクターのバリエーション① ～ E[a] ～

その他の属性セレクターのうち、比較的使用頻度が高いバリエーションを 2 つ紹介します。

1 つめは属性セレクターの [] 内に属性名 a だけを記しておく書式で、要素 E に属性 a があればマッチします。

たとえば、required 属性が付いている <input> だけ選択して、CSS を適用するようなことができます。

【contact.html で input[required] にマッチする要素】

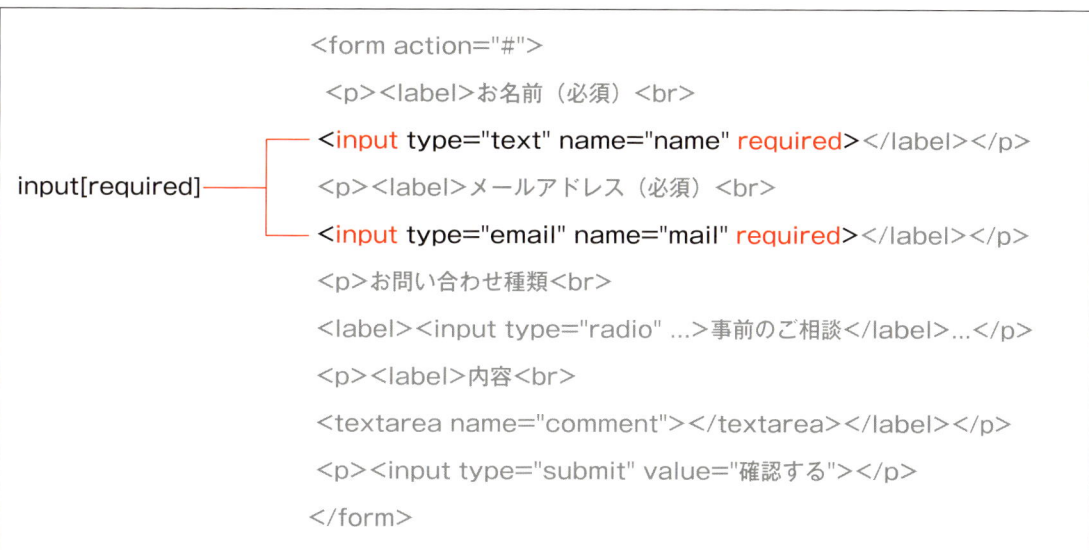

【属性セレクター E[a] の使用例（サンプル：c08-selector1/contact.html）】

たとえば、必須入力のコントロールにだけ背景色を付けることができる

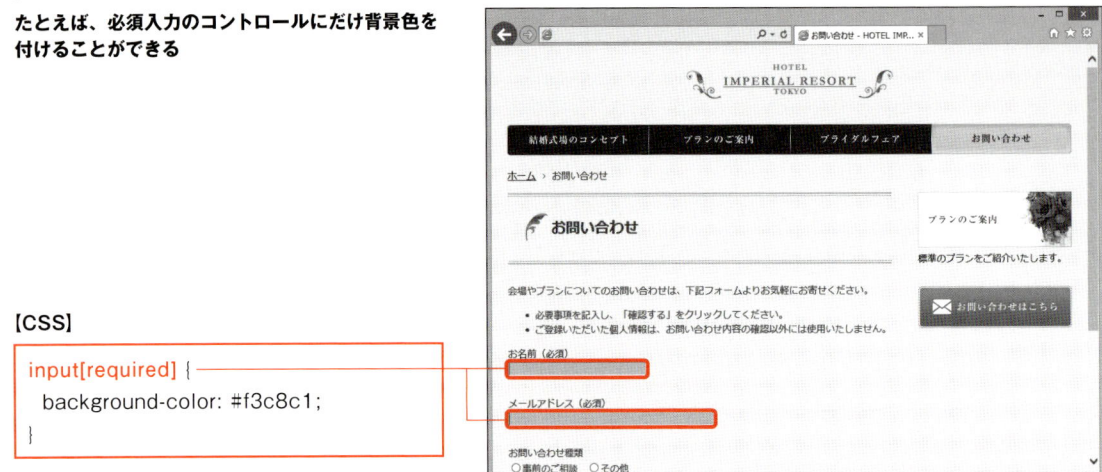

【CSS】

```
input[required] {
  background-color: #f3c8c1;
}
```

属性セレクターのバリエーション②～ E[a$="b"] ～

属性セレクターの属性名 a の後ろにダラーサイン（$）を付けると、属性値の末尾が b のときにマッチします。たとえば、ZIP ファイルや PDF ファイルなどへのリンクが指定されている <a> タグで、リンク先のファイルの種類（拡張子）をもとに CSS を適用することができます。

【属性セレクター E[a$="b"] でマッチする要素の例】

【CSS】　　　　　　　　　　【HTML】

```
a[href$=".pdf"]
a[href$=".zip"]
```

```
<a href="download.pdf">PDFファイルのダウンロード（PDF/450KB）</a>
<a href="archive.zip">ZIPファイルのダウンロード（ZIP/1.5MB）</a>
```

【属性セレクター E[a$="b"] の使用例（サンプル：c08-selector2/index.html）】
【CSS】

```
a[href$=".pdf"] {
  padding-right: 18px;
  background-image: url(icon-pdf.png);
  background-position: right center;
  background-repeat: no-repeat;
}
a[href$=".zip"] {
  padding-right: 18px;
  background-image: url(icon-zip.png);
  background-position: right center;
  background-repeat: no-repeat;
}
```

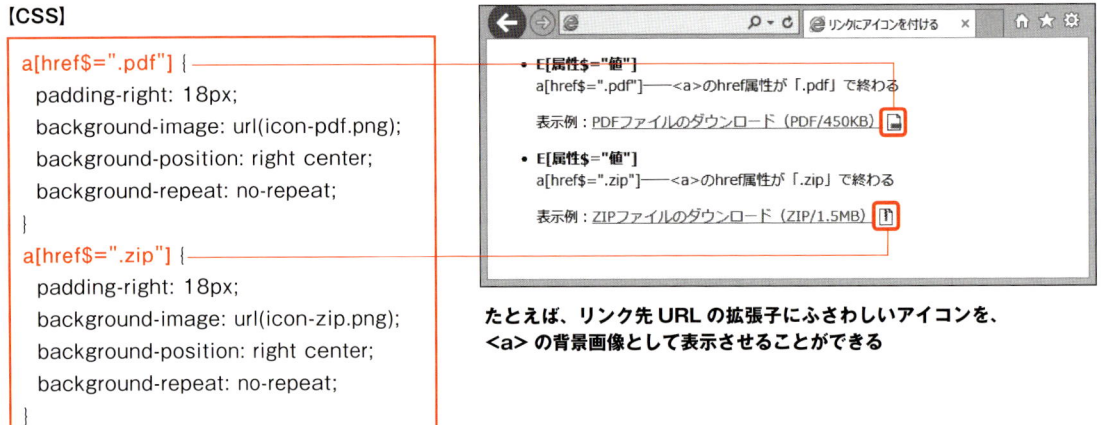

たとえば、リンク先 URL の拡張子にふさわしいアイコンを、<a> の背景画像として表示させることができる

【属性セレクターのバリエーション一覧】

属性セレクター	説明	使用例
E[a]	要素 E に属性 a が付いているときにマッチ	input[required]
E[a="b"]	要素 E の属性 a の値が b のときにマッチ	input[type="text"]
E[a~="b"]	要素 E の属性 a に半角スペースで区切られた値が複数指定されているときに、そのうちの 1 つが b であるときにマッチ	div[class="class_name"]
E[a^="b"]	要素 E の属性 a の値が b で始まるときにマッチ	a[href^="https"]
E[a$="b"]	要素 E の属性 a の値が b で終わるときにマッチ	a[href$=".zip"]
E[a*="b"]	要素 E の属性 a の値に、文字列 b が含まれているときにマッチ	img[src*="images"]
E[a|="b"]	要素 E の属性 a の値がハイフンを含む場合、その左側の文字列が b にマッチ	html[lang|="en"]

Accessibility Note　ダウンロードをうながすリンク

アクセシビリティの観点から、PDF や ZIP など、ダウンロードするファイルにリンクする場合は、ファイルの種類やサイズ、内容がわかるように記述しておきます。
また、映像や音声ファイルを再生またはダウンロードさせるリンクには、リンク先のコンテンツが映像・音声であること、サイズ、内容（映像の概要または音声の書き起こし）、時間などを記しておきます。
<a> タグに title 属性を含めておくと、リンクにロールオーバーしたときに概要を記した表示させることができます。長めの説明を書く必要があるときには便利です。

【ダウンロード可能なコンテンツへのリンク表示例（サンプル：c08-download.html）】

【HTML】

```
<ul>
  <li><a href="#" title="レッスン内容の譜面">譜面（PDF/450KB）</a></li>
  <li><a href="#" title="レッスンのデータ一式">アーカイブ（ZIP/1.5MB）</a></li>
  <li><a href="#" title="△△先生の演奏風景。15分">ビデオファイル（MPEG/15MB）</a></li>
</ul>
```

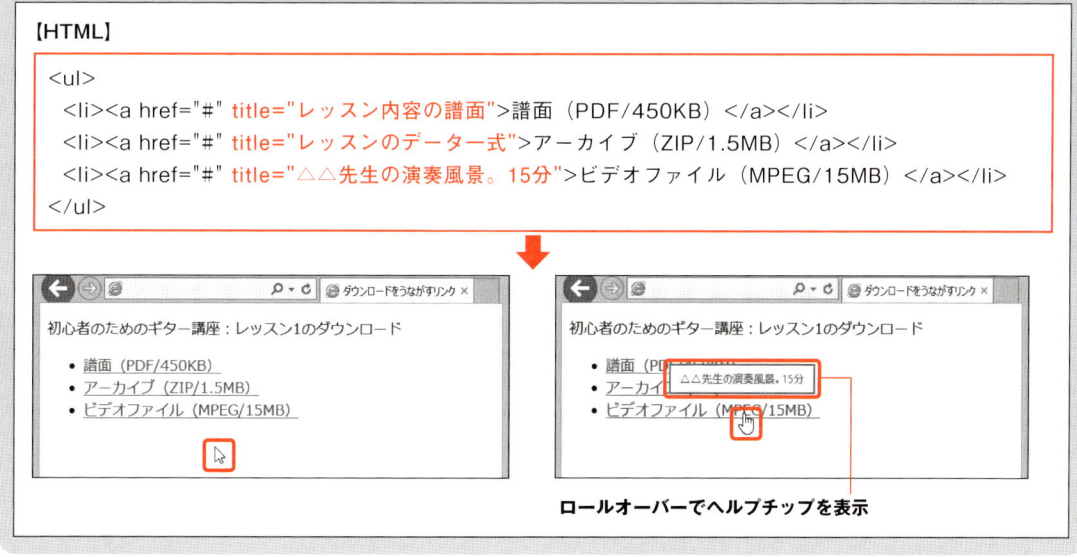

ロールオーバーでヘルプチップを表示

▶ テキストエリアの幅と高さを大きくする

テキストフィールド同様テキストエリアも小さく表示されるので、幅と高さを調整して大きくします。

■ <textarea> に適用される CSS を追加する

■1 <textarea> の幅を 420 ピクセル、高さを 115 ピクセルにします。それと同時に、主要なブラウザーで常に縦方向のスクロールバーが表示されるようにします。

【style.css】

```
...
/* 「お問い合わせ」ページ ここから↓ */
...
input[type="email"] {
  width: 300px;
}
textarea {
  width: 420px;
  height: 115px;
  overflow-y: scroll;
}
/* 「お問い合わせ」ページ ここまで↑ */
...
```

■2 contact.html をブラウザーで開きます。テキストエリアのサイズが大きくなるほか、Safari 以外のブラウザーでは縦スクロールバーが表示されます。

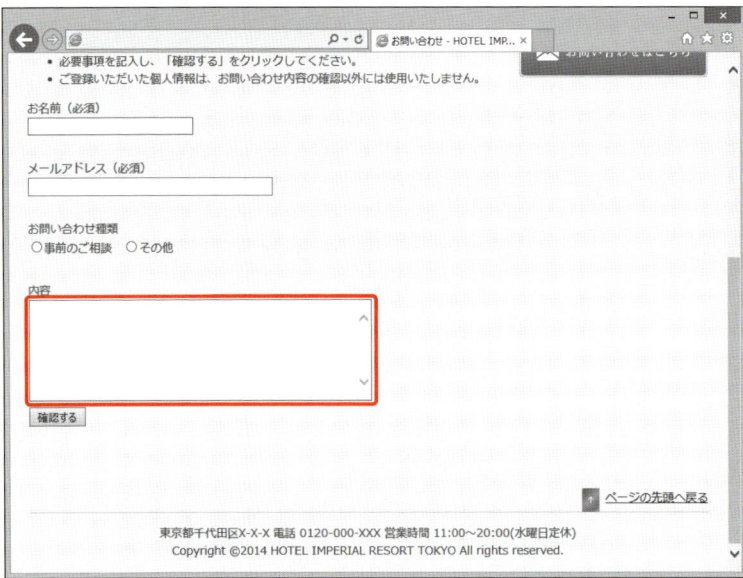

overflowプロパティ、overflow-xプロパティ、overflow-yプロパティ

overflow は、ボックスに幅と高さが指定されてサイズが固定されているときなどに、収まりきらなかったコンテンツの表示方法を決めるプロパティです。

【overflow、overflow-x、overflow-y のプロパティ値】

値	説明
visible	ボックスの外まではみ出して表示する
scroll	多くのブラウザーで縦横のスクロールバーを表示する。Mac 版 Safari のみ、必要がなければ横方向のスクロールバーを表示しない
hidden	はみ出るコンテンツは表示しない
auto	ブラウザーに処理を任せる。一般的には縦方向のスクロールバーのみ表示する

【コンテンツがボックスに収まり切らないときの表示結果の違い（サンプル：c08-overflow.html）】

なお、overflow プロパティではなく overflow-x プロパティを使用したときは、横方向にはみ出すコンテンツがある場合にのみ、横スクロールバーを表示します。

また、overflow-y プロパティを指定したときは、縦方向にはみ出すコンテンツがある場合にのみ、縦スクロールバーを表示します。

HTML・CSS バリデーション

ブラウザーで確認してみると、HTML がまったく表示されなかったり、CSS が思ったように適用されなかったりすることがあります。原因はいろいろ考えられますが、まずは HTML タグや CSS ルールに記述ミスがないかどうかを確かめます。確認にはバリデーションサービスを使います。バリデーションとは「検証」のことで、HTML や CSS が規格に準拠して正しく記述されているかチェックすることを指します。
バリデーションサービスは、HTML や CSS の規格を定めている団体、W3C が提供しています。
使い方は簡単で、検証したいファイルを選んでアップロードするか、公開されているページであれば URL を入力するだけです。

【Markup Validation Service】
http://validator.w3.org/

【CSS Validation Service】
http://jigsaw.w3.org/css-validator/

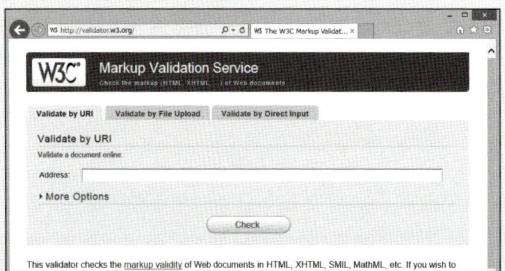

ただし、HTML バリデーションサービスは、日本語の Web ページを検証することはできるものの、サービス自体は日本語化されていません。とはいえ、HTML の間違いを探すだけなので、日本語でなくてもあまり苦労しないはずです。CSS バリデーションサービスは日本語化されています。

■日本語がよいという方は

日本製のバリデーションサービスとして、「Another HTML-LInt」があります。メニューやエラーの表示が日本語化されています。検証できるのは HTML だけです。
バリデーションをする前の設定項目が多く、利用するには多少慣れが必要かもしれません。

【Another HTML Lint5】
http://www.htmllint.net/html-lint/htmllint.html

■バリデーションをソースコードの品質維持に生かすケースも

Web 制作会社やクライアント企業によっては、ソースコードの品質を維持する目的で、Web サイト公開・データ納品前に HTML・CSS のバリデーションを義務付けているところがあります。練習の一環として、自分で作成した Web ページをバリデーションサービスにかけてみるのもよいでしょう。

第9章 ▶
Webデザインの基礎知識

ビジュアルデザインの基礎
シェイプとプロポーション
タイポグラフィ
色彩の基礎知識
配色の基礎知識
画像加工の操作
ユーザビリティ・アクセシビリティに配慮したWebデザイン

9-1 第9章 ▶ Webデザインの基礎知識

ビジュアルデザインの基礎

Webサイトの画面デザインは、デザイナーが"センス"だけで感覚的に作っているわけではありません。見やすく、美しくまとめるための、ある程度の法則性やテクニックがあります。

● レイアウトの原則

レイアウトには、整列・近接・反復・対比というデザインの4つの基本原則があります。

■ 整列

Webページには、ロゴ、ナビゲーション、写真、テキストなど、さまざまな要素が含まれます。これらの要素をバラバラに配置するのではなく、基準線（ガイド）に沿って「整列」させるようにします。そうすることで、全体に整理され、スッキリした印象を与えることができます。

【ページのデザインと基準線】

■ 近接

関連する要素を近くに配置することを「近接」と言います。近くにある要素は、ぱっと見たときにひとまとまりのグループとして認識されるため、ページの内容をより分かりやすく伝えることができます。

【近接の例】
ラベルテキストとコントロールが近接しているので、何を入力すればよいかすぐ分かる

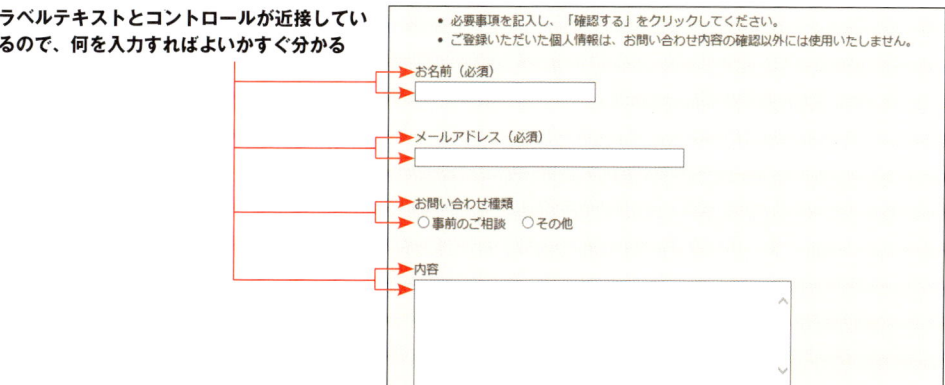

■ 反復

同じような要素や情報を、意図的に、繰り返し使用することを「反復」と言います。たとえばロゴやナビゲーションを各ページとも同じ位置に配置したり、背景色に同じ色を使い続けたりすることで、Webサイト全体に統一感を与えます。ページごとに変化するところ、しないところがはっきりするので、デザインにリズムが出る効果もあります。

Webサイトのデザインでは、反復は特に重要です。ナビゲーションやボタンなどの位置を一定に保つことで、操作しやすく、閲覧者を迷わせないデザインにすることができます。

【反復の例】

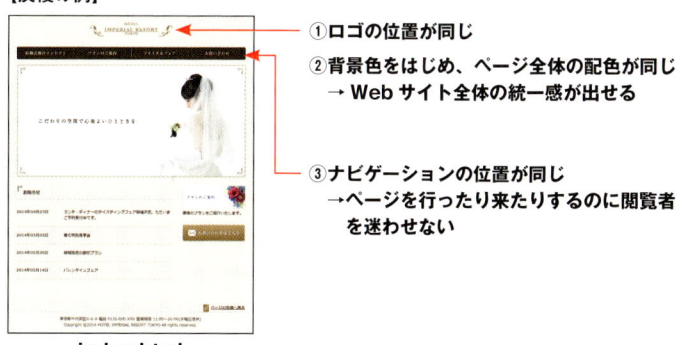

① ロゴの位置が同じ
② 背景色をはじめ、ページ全体の配色が同じ
　→ Webサイト全体の統一感が出せる
③ ナビゲーションの位置が同じ
　→ ページを行ったり来たりするのに閲覧者を迷わせない

index.html

concept.html

plan.html

fair.html

contact.html

▌対比（コントラスト）

重要なもの、注目してほしいものを目立たせ、そうでないものを控えめにすることで、視覚的なメリハリを付けることを「対比（コントラスト）」と言います。メリハリが付くと、どこが重要でどこが重要でないかが分かりやすくなります。具体的には、目立たせたいものを大きくしたり、はっきりした色を使ったりします。

対比を際立たせるポイントは、できるだけ重要なものを絞ることと、メリハリは思い切って付けることです。

【対比の例】

大見出し、中見出し、本文テキストの見た目がまったく同じだとメリハリがなく、文章も読みづらい

大見出し、中見出しのフォントサイズを大きく、背景画像を付けることで本文テキストとの対比が生まれ、メリハリが付く

● グリッドシステム（グリッドデザイン）

グリッドシステムはレイアウト手法の1つです。縦横に引かれた細かい基準線（グリッド）に沿って画面を分割し、要素を配置する方法です。もともと新聞や雑誌などでよく使われるレイアウト手法で、たくさんの写真やテキストを理路整然と配置するのに適しています。

▌Webデザインへの応用

Webデザインにグリッドシステムを応用すると、画面サイズが違っても比較的柔軟にレイアウト変更ができるという利点があります。そのため、画面サイズに合わせて最適なレイアウトに変化する、レスポンシブWebデザインに対応したサイトでよく見かけます。

一般的には、ページ全体の最大幅を960または980ピクセルとして、それを12分割したグリッドを用いてレイアウトをします。

【グリッドシステムによるレイアウトのイメージ】

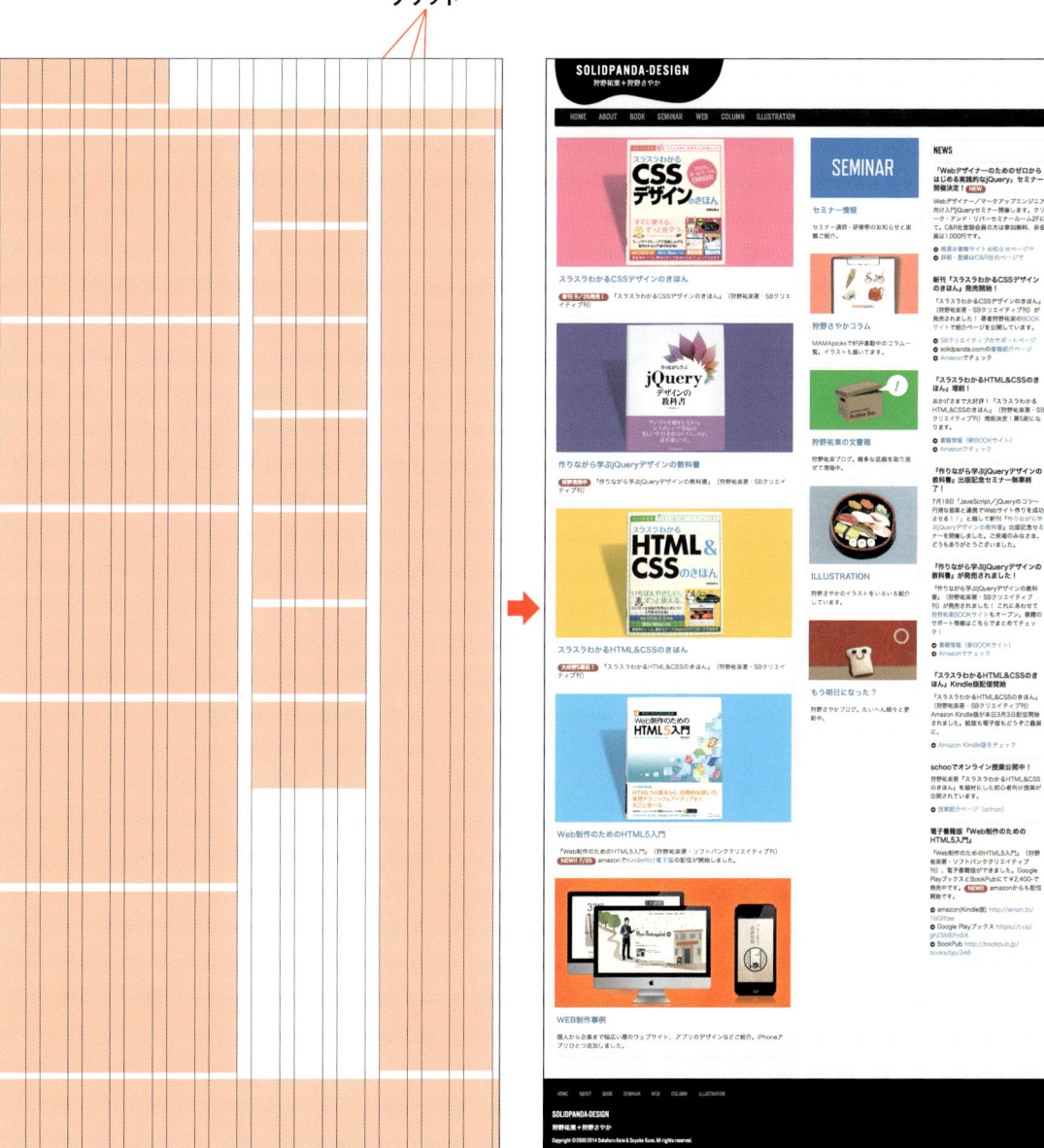

グリッド

Webデザインでは、画面を構成する要素（画像やテキスト）の高さは固定できないことが多く、基本的にグリッドは幅を分割するために使用する

9 Webデザインの基礎知識

9-2 第9章 ▶ Webデザインの基礎知識

シェイプとプロポーション

ボタンや写真など、Webページに含まれる部品が美しく見えるプロポーション（縦横比）には、ある程度のパターンがあります。

▶ 黄金比・白銀比

プロポーションとはあるものの比率のことで、長方形の縦横比、写真やグラフィックの構図、画面の分割比などを指します。
Webサイトでは、バナーのサイズや、特に目を引く画像のデザイン、メイン領域とサブ領域の幅の比率などに応用されています。

■ 黄金比

近似値 1:1.618、おおよそ 5:8 の比を「黄金比」と呼びます。古代ギリシャ時代の建築、ピラミッド、美術品などにも見いだされ、西洋美術では最も美しい比率とされてきました。黄金比の縦横比をもつ長方形は安定的で均整のとれたシェイプとされます。画像の縦横比や、レイアウトのバランスを決めるのによく使われます。

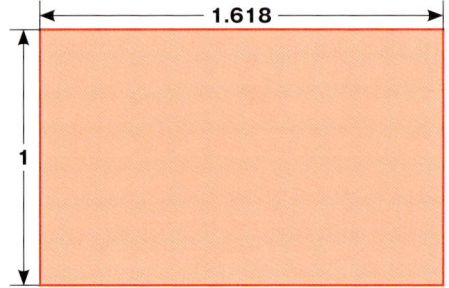
【黄金比の長方形】

■ 白銀比

比率が $1:\sqrt{2}$、約 1:1.4 の比を「白銀比」と呼びます。これも均整のとれた安定的な比率と言われています。
用紙サイズのA判は、縦横比が白銀比になっています。ちなみに、紙のサイズは、A0サイズ（84.1cm × 118.9cm）から、その紙を半分に切るとA1、さらに半分に切るとA2、というように決められているため、A判の紙はどんな大きさであっても縦横比が $1:\sqrt{2}$ になります。

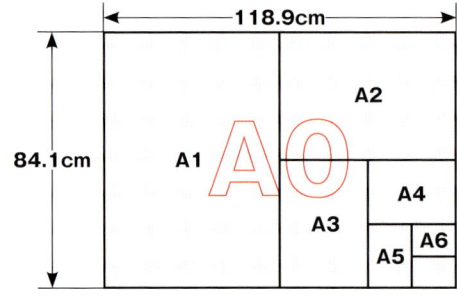
【A判の紙はすべて白銀比】

■等量分割法（和のシェイプ）

西洋の黄金比や白銀比に対して、日本では 1:1、1:2、2:3、3:5 など、画面を整数比で分割する等量分割法が昔からよく使われています。比率を変えることで、安定的でバランスのとれたプロポーションから緊張感のある構図まで、いろいろな表現を生み出すことができます。

【等量分割法の例】

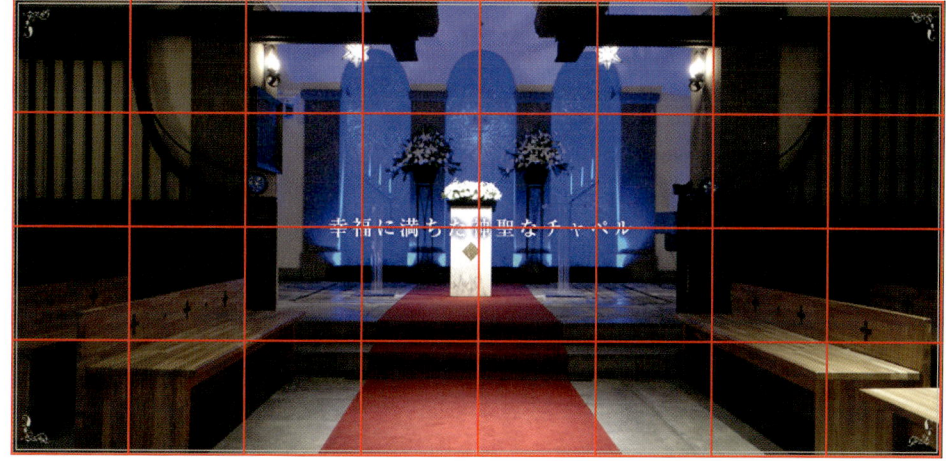

2:1 の等量分割（横 8 分割、縦 4 分割）。非常に安定感がある

■三分割法（1/3 ルール）

三分割法は、写真の構図を決めるときによく使われる手法です。
画面を縦横三分割し、その交点に被写体を写すことで、画像に躍動感が出ます。

【三分割法の例】

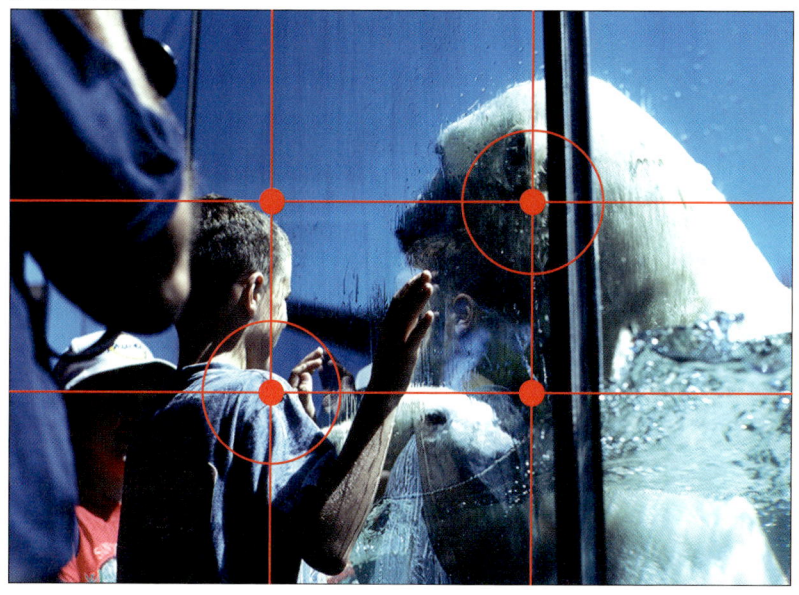

Webデザインへの応用

黄金比、白銀比などの比率は、Webページに含まれる部品のサイズや、レイアウトを決めるときの参考値として使用することができます。当然のことながら、黄金比や白銀比を導入したら自動的にページが美しくなるわけではないので、実際のデザインは確認しながら調整します。

【黄金比・白銀比を使ったプロポーションの使用例】
サムネイルや写真の縦横比

黄金比

白銀比

メイン領域とサブ領域の比率（横幅960ピクセルの場合）

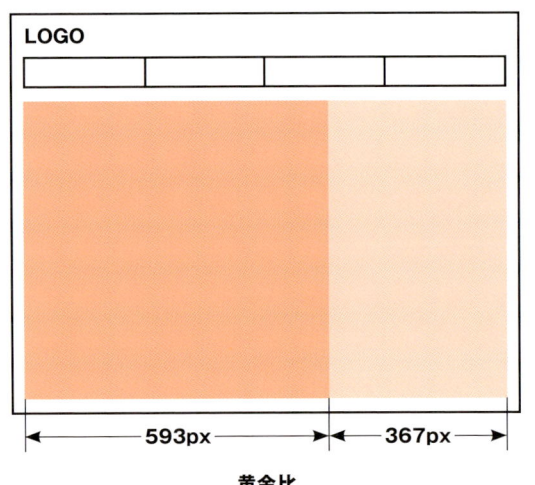
黄金比

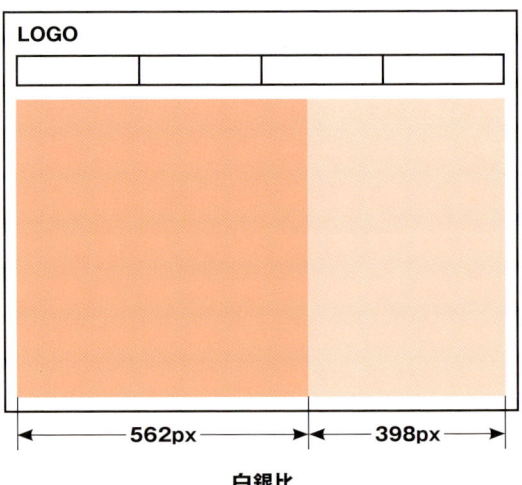
白銀比

ボタンのフォントサイズと上下パディングの比率

黄金比　　　　　　白銀比

9-3 タイポグラフィ

第9章 ▶ Webデザインの基礎知識

タイポグラフィとは、文字のデザイン上の表現、つまり見た目の操作のこと全般を指します。ここでは主に、テキストを画像化するときのさまざまなテクニックを紹介します。

▶ 画像テキスト

現在の CSS は、残念ながらテキストの並びや配置を自由自在に操作するだけの機能はありません。テキストが重要なビジュアルの一部を構成し、読ませるだけでなく視覚的にも印象的な表現をしたいときや、バナーなどの画像に含まれる場合に、テキストを画像化することがあります。
テキストを画像にする場合は、Adobe Photoshop や Illustrator などの画像処理・ドローイングソフトを使用します。

【画像テキストの例】

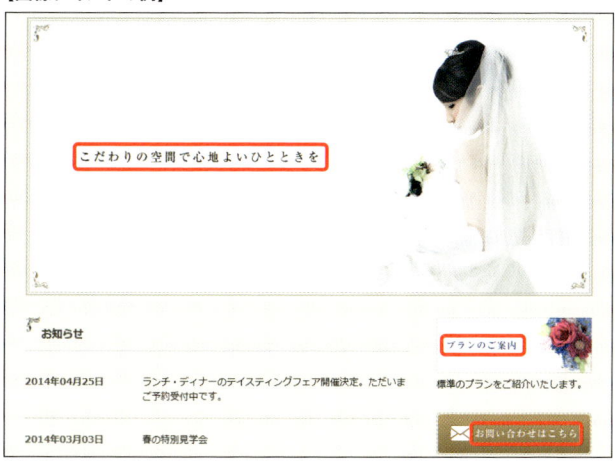

Design Note アンチエイリアス

コンピュータで斜めの線や曲線を描くと、ギザギザして見えることがあります。これは、コンピュータのディスプレイが1ピクセル以下の細かさで線を描画することができないからです。
アンチエイリアスとは、線をなめらかに見せるためにわざと輪郭をぼかして表示する技術です。

【アンチエイリアスと非アンチエイリアス】

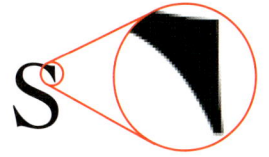  

アンチエイリアス　　　非アンチエイリアス

■ アンチエイリアスをオフにする

ディスプレイに表示されるテキストは、多くの場合アンチエイリアスがかかっています。
画像テキストも、通常はアンチエイリアスがかかった状態で作成します。
Adobe Photoshop では、意図的にアンチエイリアスをかけない画像テキストを作成することもできます。

【Adobe Photoshop でアンチエイリアスをオフにする】

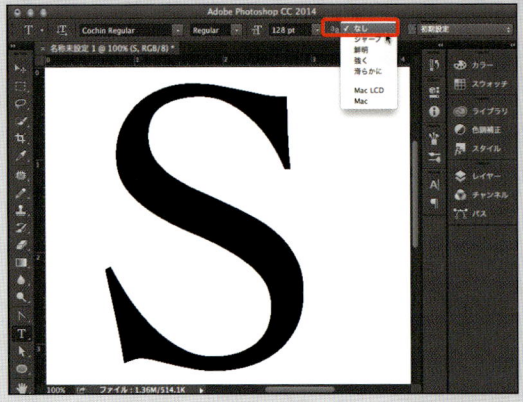

● カーニング・字送り・文字詰め

画像編集ソフトには、文字と文字の間のスペース（字間）を調整する機能があります。タイトルなど大きなフォントサイズでテキストを組むと、間が空きすぎて感じることがあります。そういうときに字間を調整します。大きく分けて３つの方法があります。

■ カーニング

カーニングは、たとえば「W」と「a」など、特定の文字と文字の間の空きを調整するテクニックです。たとえば次の図のように、大文字の「W」の次に小文字の「a」が来た場合、間が空きすぎることがあります。そのようなときに、Wとaの字間を調整します。

【カーニングで W と a の字間を詰めたところ】

カーニング前

カーニング後

■ トラッキング（字送り）

カーニングが、特定の文字と文字の間のスペースを調整するテクニックなのに対して、トラッキングは、一連のテキストに含まれる１字１字に対して、等間隔の空きを割り当てるテクニックです。文字の右側の空きを調整して、字間を広げたり狭めたりします。

【トラッキングですべての文字の字間を狭めたところ】

トラッキングはすべての文字の右側の空きを調整する

　　トラッキング前　　　　　　　トラッキング後

■ 文字詰め

和文のタイポグラフィに特有のテクニックです。文字の前後の空きを調整するテクニックです。字間が空きすぎて間延びして見えたり、読みにくかったりする場合は文字詰めをします。

【日本語のテキストを文字詰めしたところ】

文字詰めは字の前後の空きを
調整する

楽しいウィークエンド　　文字を詰めない状態
　　　　　　　　　　　　フォントサイズが大きいと字間が
　　　　　　　　　　　　空きすぎているように感じる

楽しいウィークエンド　　文字詰めた状態
　　　　　　　　　　　　間延びした感じがなくなると同時に、
　　　　　　　　　　　　単語の固まりが認識しやすく、目に
　　　　　　　　　　　　飛び込みやすくなる

▍混植

漢字と、英数字やひらがな・カタカナのフォントを変えてテキストを組むことを「混植」と言います。Webデザインでは、主に見た目の印象を変えるために混植することがあります。

【混植の例】

ボックスにbackgroundプロパティを適用する
小塚明朝 Pr6N M（混植なし）

ボックスにbackgroundプロパティを適用する
小塚明朝 Pr6N M ＋ Adobe Caslon Pro Regular

ボックスに**background**プロパティを適用する
小塚明朝 Pr6N M ＋ DIN Alternate Bold

▶ ジャンプ率

ジャンプ率とは、本文を基準にして、見出しなどの文字をどれだけ大きくするか、その割合を指します。一般的に、ジャンプ率が高い、つまり文字の大小の差が大きいと元気で活発な印象に、低めに抑えると高級感や格調高い印象になります。

【実習で作成した「施設のご案内」ページのジャンプ率を変えると…】

実習で作成したページ。ちょうどよいバランスを保ったジャンプ率

低 ←──────── ジャンプ率 ────────→ 高

ジャンプ率が低すぎると、メリハリがなく読みづらい

ジャンプ率が高いと元気な印象にはなるが、高級感はなくなる。サイトの雰囲気には合わない

色彩の基礎知識

第9章 ▶ Webデザインの基礎知識　9-4

ひとくちに「赤」といっても、どんな色を思い浮かべるかは十人十色です。そこで、色を客観的に表現する方法が考え出されました。色の三属性と色相環はその代表例です。

▶ 無彩色と有彩色

白、黒、グレーは「無彩色」と呼ばれ、色味を持たない色と考えられています。それ以外の赤や青は「有彩色」と呼ばれています。

【無彩色の例】　　　　　　　　　　　【有彩色の例】

▶ 色の三属性

すべての色は、色相（Hue）、彩度（Saturation）、明度（Brightness または Value）の3つの属性の組み合わせで表現できます。この「色の三属性」を用いて、色を数値で表現する方法を、英語の頭文字をとって「HSB（または HSV）カラーモデル」と言います。

【色の三属性（HSB カラーモデル）】

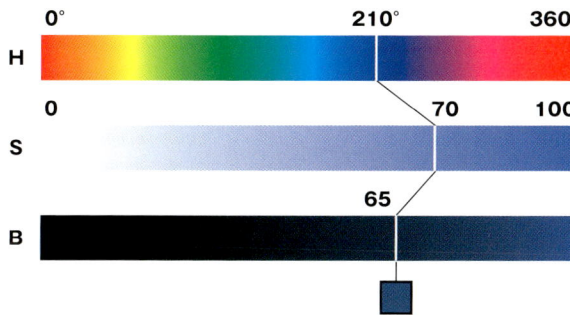

■ 色相（Hue）

色相とはその色の持つ色味のことで、赤なら赤、青なら青を指します。Adobe Photoshop などの画像編集ソフトでは、0～360°の度数で表されます。

【色相】

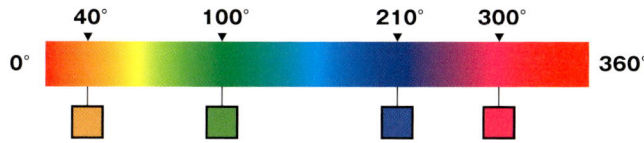

■ 彩度（Saturation）

彩度は色のあざやかさです。彩度が低くなると無彩色に近付き、落ち着いた雰囲気になります。高いほど純粋な色相の色になり、元気で明るい色になります。Adobe Photoshopなどの画像編集ソフトでは、0〜100%の数値で表されます。

【彩度】

■ 明度（Brightness）

明度は色の明暗です。明度が低くなると暗く、黒に近付きます。明度が高くなると明るい色になり、色相が表すもとの色に近くなります。Adobe Photoshopなどの画像編集ソフトでは、0〜100%の数値で表されます。

【明度】

■ 彩度と明度の関係

HSBカラーモデルで彩度、明度ともに100%の色は「純色」と呼ばれ、非常にあざやかな色になります。逆に彩度が0%の色は、どんな色相でも色味はなくなり、無彩色になります。彩度を0%にして、明度を0%〜100%まで変化させると、黒、グレー、白の無彩色を表現することができます。

【彩度と明度の関係】

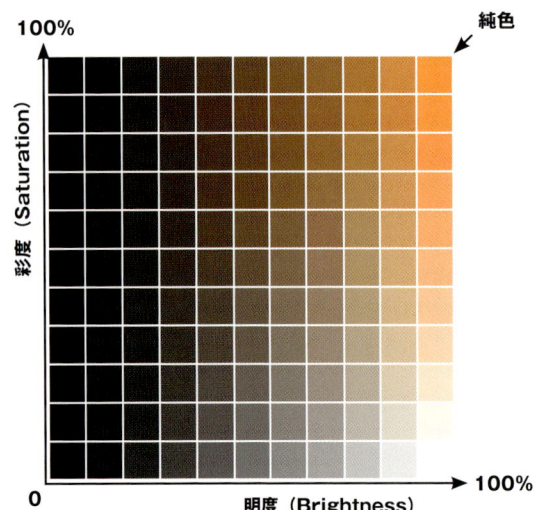

HSL カラーモデル

HSB と非常によく似たカラーモデルに HSL があります（L は Luminosity の略）。色を色相・彩度・明度で表す点は同じですが、HSL カラーモデルでは、明度（L）が 0% のとき黒、50% で最もあざやかな色になり、100% で白へと変化します。CSS の hsl()、hsla()[*1] は、この HSL カラーモデルで色を指定します。

[*1] 第 3 章「色を指定するプロパティの値」（P.88）

【HSL カラーモデル】

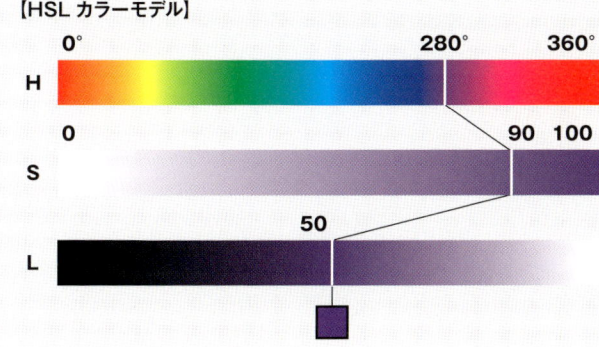

● 色相環

虹のグラデーションになるように、色を円形に並べたものを「色相環」と言います。本書では、赤を「0°」として、時計回りに 30° ずつ色相を変えた、合計 12 色を円形に並べた色相環を使用します。色と色の関係は、この色相環を基準に考えます。

【色相環】

光の三原色・色の三原色

コンピュータがディスプレイに表示する色は、赤（R）緑（G）青（B）の3色の光の強弱で表現されています。この3色は「光の三原色」と呼ばれ、光の三原色を用いて色を数値で表現する方法を「RGBカラーモデル」と言います。RGB3色の光を同じ割合で混ぜると、黒、グレー、白の無彩色になります。
JPEGなどの画像データは、RGB各色をそれぞれ256段階の強さで表現します。各色を組み合わせて、約1670万色を再現できます。10進法なら0〜255、16進法なら00〜FFの数値で表し、数値が小さいほど光の強さが弱く、大きいほど強くなります。

【光の三原色（RGBカラーモデル）】

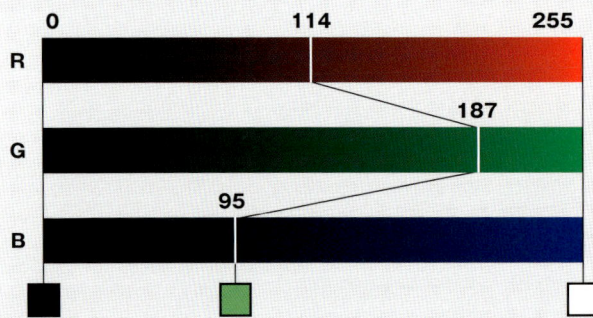

■ 色の三原色

コンピュータのディスプレイは光の三原色で表現されますが、印刷物は、シアン（C）マゼンタ（M）イエロー（Y）の3色のインクを混ぜて、すべての色を表現します。CMYを混ぜても真っ黒にならないため、多くの場合これにブラック（K）を足して、4色で印刷します。
光の三原色と色の三原色は、RとC、GとM、BとYが、互いに補色[*1]の関係にあります。
[*1] 本章「配色の基礎知識」（P.265）

【色の三原色（CMYK）】

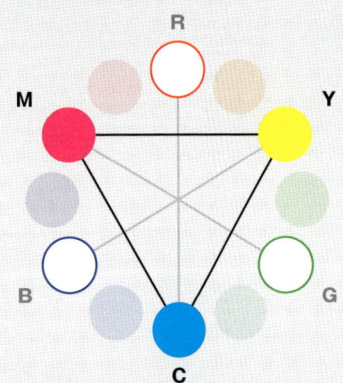

光の三原色（RGB）と色の三原色（CMY）は、
互いに補色の関係にある

■ カラーモデルの違い

色の三属性、光の三原色、色の三原色は、どれも色を客観的に、数値で表すために作られました。一般的に、色の三属性が人間には理解しやすいので、色の組み合わせや配色は、主に色の三属性で考えます。

▌Web カラー

256段階あるRGB各色の強さから6段階（16進法の00、33、66、99、CC、FF）だけを選び、組み合わせた216色を「Webカラー」と言います。Webセーフカラーと呼ばれることもあります。

昔のコンピュータには、フルカラーの1670万色を表示できない機種もありました。そこで、多くのコンピュータがほぼ同じ色で再現できる、より安全な色として作られたのがWebカラーです。現代のWebデザインではあまり気にする必要はありませんが、数値が覚えやすく、文字色や背景色などで使用することもあります。

【Webカラーの216色】

▶ トーン

同じ色相でも、彩度や明度が変われば印象がだいぶ違って見えます。暗い色、明るい色、あざやかな色、くすんだ色……　そうした、色の印象を「トーン」と言います。配色を考えるときは、各色のトーンを合わせたほうが組み合わせやすくなります。

▌純色

彩度、明度が最も高い純色は、非常にあざやかではっきりしたトーンです。

【純色の例】

▌清色

純色に白を混ぜた色、色の三属性で言えば彩度を下げた色を「明清色」と言います。明るく、やさしいトーンです。また、純色に黒を混ぜた色、色の三属性で言えば明度を下げた色を「暗清色」と言い、こちらは暗く、重厚なトーンです。明清色、暗清色を合わせて「清色」と言い、濁りがないのが特徴です。

【明清色と暗清色の例】

明清色

暗清色

▌濁色

純色にグレーを混ぜた色、色の三属性で言えば彩度、明度ともに下げた色を「濁色」と言います。落ち着いたトーンです。

【濁色の例】

暖色と寒色

赤系の色は暖かさや暑さ・熱さを感じるため「暖色」と呼ばれています。青系の色は冷たさや寒さを感じるため「寒色」と呼ばれています。

【暖色と寒色】

色の軽重

明るい色、つまり明度が高い色は軽く、柔らかい印象を受けます。いっぽう、暗い色、つまり明度が低い色は重く、重厚な印象を受けます。色の軽重は主に明度の高低で決まります。

【色の軽重】

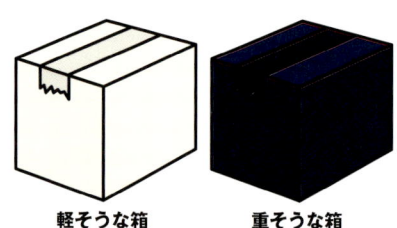
軽そうな箱　　　重そうな箱

進出色と後退色

暖色や明るい色は「進出色」と呼ばれ、ほかの色よりも近くにあるような印象を与えます。寒色や暗い色は「後退色」と呼ばれ、ほかの色よりも遠くにあるような印象を与えます。

【進出色と後退色】

 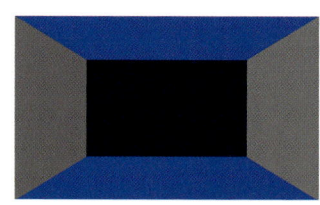

進出色の組み合わせ。中央が手前に飛び出して見える　　　後退色の組み合わせ。中央が奥に引っ込んで見える

9-5 第9章 ▶ Webデザインの基礎知識

配色の基礎知識

配色とは、複数の色を組み合わせて使用することです。色の組み合わせによって、相性の良い・悪い／きれい・汚いだけでなく、安定感や緊張感などの効果を生み出すこともできます。

▶ 色の組み合わせ

色の組み合わせには同一色、類似色、補色と、大きく分けて3通りあります。

■ 同一色

ある1色のトーン違いを「同一色」と言います。同じ色味なので合わせやすいと言えますが、単調になりやすいのが欠点です。

【同一色】

■ 類似色

色相環で見て、ある色と隣り合っている、もしくは近い色を「類似色」と言います。似た色同士で合わせやすく、落ち着いた雰囲気になる半面、同一色と同じく、単調になりやすい組み合わせです。

【類似色】

■ 補色

色相環で見て、ある色と正反対の位置にある色を「補色」と言います。非常に元気で活発な雰囲気を作れる組み合わせです。類似色2色と補色1色、または類似色2色と補色2色の計4色で配色をすることもよくあります。

【補色】

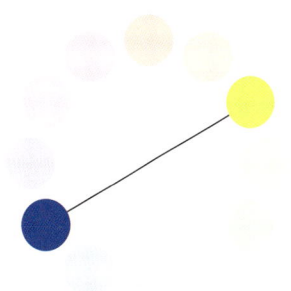

▶ Webページの配色

Webページの配色を決める手法はいくつもありますが、そのうちの1つに、メインカラー、ベースカラー、アクセントカラーの3色を選ぶ方法があります。

【実習で作成したWebサイトの配色パターン】

メインカラー
ロゴの類似色

ベースカラー
メインカラーの低彩度色

アクセントカラー
メインカラーの補色
および高彩度・明度色

■ メインカラー

主役となる色を選びます。企業サイトであれば、ロゴなどに使われるコーポレートカラーをメインカラーにするのが一般的です。ナビゲーションやフッター、通常のテキスト、ところどころに入る罫線など、あまり面積が大きくなりすぎないところに繰り返し使用します。

■ ベースカラー

主に背景色として使用する色です。白またはグレーの無彩色にするか、またはメインカラーの低彩度・高明度色（つまり白っぽい色）を用意するのがお決まりの手法です。

■ アクセントカラー

メインカラーとベースカラーだけでは単調になりがちなので、変化を持たせるためにもう1色、アクセントカラーを用意します。アクセントカラーにはあざやかな色を選びます。通常はメインカラーの補色か、彩度、明度が際立って高い類似色などにします。
アクセントカラーは、重要なボタン、バナー、リンクテキストなどに使用します。

■ 70:25:5の法則

メインカラー、ベースカラー、アクセントカラーを用いたWebページのデザインでは、全体の面積に占める割合をおおむね右図のようにすると、バランスのよい配色ができます。ポイントは、アクセントカラーを小さめに、ここぞというところで使うことです。

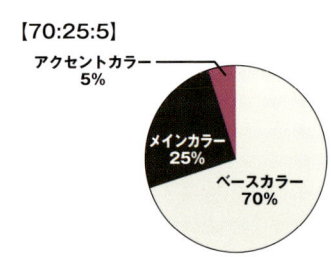

【70:25:5】
アクセントカラー 5%
メインカラー 25%
ベースカラー 70%

9-6 画像加工の操作

撮影したり、購入したりした写真を、そのままWebサイトで使うことはまずありません。ほぼ必ず加工をします。ここでは代表的な画像加工の操作について説明します。

▶ トリミング

写真や画像の四隅を切り落としてサイズを調整するのが「トリミング」です。使う場所に合わせるため、あるいは使いたいところだけを残して、より印象的な画像にするためにトリミングをします。

【トリミングの例】

写真の中心部分だけを残す

▶ リサイズ

大きすぎる画像を、トリミングせずに小さくするのが「リサイズ」です。デジタルカメラの写真や印刷用に作成した画像はWebサイトに掲載するには大きすぎるため、リサイズします。

【リサイズの例】

デジタルカメラで撮影したデータ　　Webサイトに掲載するため、横幅600ピクセルにリサイズ

カラー補正

写真の色調を調整したり、より劇的な効果を出したりするために行うのが「カラー補正」です。カラー補正はある程度の慣れと経験が必要で、習得には時間がかかるかもしれませんが、Webデザイナーに関わらず、クリエイターには必須のテクニックです。写真のカラー補正は、「レベル補正」や「トーンカーブ」といった機能を中心に使用します。

【カラー補正の例】

カラー補正前　　　カラー補正後

【Adobe Photoshopのレベル補正とトーンカーブ】

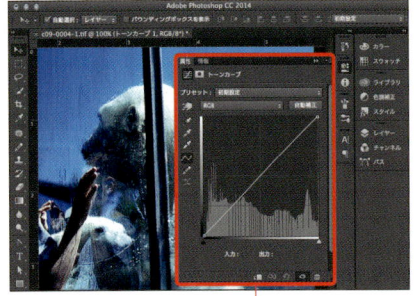
トーンカーブ

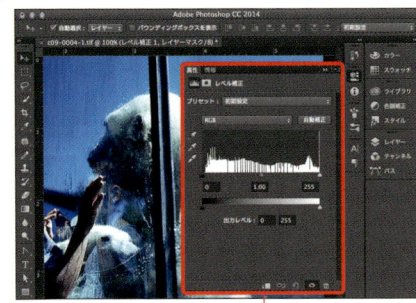
レベル補正

各種エフェクト

写真や画像に影を付けて浮いているように見せたり、一部をぼかしたりするのが「エフェクト」です。Adobe Photoshopでは「フィルター」と呼ばれています。エフェクトは操作が簡単で効果もはっきりしているのでついつい使ってしまいがちですが、隠し味程度に、控えめにするのがポイントです。

【写真に各種エフェクトをかけたところ】

オリジナル

ドロップシャドウ

ぼかし

輪郭検出

9-7 第9章 ▶ Webデザインの基礎知識

ユーザビリティ・アクセシビリティに配慮したWebデザイン

使いやすさを考えるユーザビリティ、より多くの人に情報を提供するためのアクセシビリティ、これらに配慮したWebデザインをするための基礎知識を紹介します。

▶ メタファーとアフォーダンス

Webサイトは、閲覧者が得たい情報をすぐ探せることや、簡単に操作できることが非常に重要です。いかに直感的で簡単な操作を実現するか、さまざまな方法・手法が試されてきました。メタファーとアフォーダンスはそうした手法の1つです。

■ メタファー

メタファーとは隠喩のことです。Webデザインでのメタファーとは、世の中に実在するものをたとえにして、操作や、操作の結果どういうことが起こるのかを、絵や図で分かりやすく説明することです。メタファーの代表的な例がアイコンです。アイコンをデザインするときは、それクリックするとどういうことが起こるのか、正しく伝えられる的確な絵柄にすることが重要です。

【代表的なアイコンの例とその意味】

ホーム（トップページ）　検索　拡大／縮小　追加・拡大　削除・縮小　メール問い合わせ　閉じる　削除・禁止　ヘルプ

■ アフォーダンス

アフォーダンスとは、あるものから受ける印象によって、特に意識しなくても使い方が分かるような特徴を指します。たとえば、マグカップの取っ手が、意識しなくても「持つところ」と認識できるようなことです。

Webデザインでアフォーダンスと言うときは、「教えられなくても使い方が分かるような見た目や設計」のことを指します。クリックできるところをボタンのように見せるといったビジュアル面の配慮や、できるだけ簡単に操作できて入力を間違えないフォームなど、より全体的な設計面の配慮も、アフォーダンスの一種です。

【このような2つのボタンがある場合、どちらをクリックする？】

登録する　　　[登録する]

▶ 文字色と背景色のコントラスト

背景色とテキスト色は、十分なコントラストが付く組み合わせにします。コントラストが低すぎると、非常に読みづらくなってしまいます。通常の視力の人向けのサイトでコントラスト比を 3:1 以上、高齢者などを含む、視力が弱い人向けにはコントラスト比を 4.5:1 以上にします。

【確保するべきコントラスト比 (サンプル：c09-contrast.html)】

	コントラスト比	
テキストカラー #000000	21:1	
テキストカラー #333333	12.6:1	
テキストカラー #595959	7:1	視力が特に弱い人向け
テキストカラー #666666	5.74:1	
テキストカラー #767676	4.5:1	視力が弱い人向け
テキストカラー #949494	3:1	通常の視力の人向け
テキストカラー #999999	5.74:1	
テキストカラー #cccccc	2.85:1	
テキストカラー #dddddd	1.36:1	

「ウェブ・コンテンツ・アクセシビリティ・ガイドライン (WCAG) 2.0」
http://waic.jp/docs/WCAG20/Overview.html#visual-audio-contrast

■コントラスト比を調べるには

コントラスト比は次の Web サイトで調べることができます。

【Luminosity Colour Contrast Ratio Analyser】
http://juicystudio.com/services/luminositycontrastratio.php#specify

リンクと通常のテキスト

デフォルトCSSでは、リンクに次の図のようなスタイルが割り当てられています。Webデザインをするにあたり、リンクのテキスト色などを変えること自体はかまいませんが、そのテキストがリンクであることを、閲覧者が認識しやすいように配慮しましょう。

【リンクのデフォルトCSS】

リンクの状態	テキスト色	下線
通常（リンク先が未訪問）	青	あり
リンク先が訪問済み	紫	あり
ロールオーバー	変化なし	変化なし
クリック時	赤	あり

■ リンクのデザインを決めるときの注意点

リンクと通常のテキストを区別できるように、テキスト色や下線の有無、フォントの太さなどに注意してデザインします。

リンクテキストのデザインを決めるときの注意点は次のとおりです。

- 通常のテキストとは違う色にする
- 未訪問リンク、訪問済みリンクの下線はできるだけ付けておく。下線を消すなら、太字にしたり、通常のテキストとははっきり違う色にしたり、ほかの方法でリンクであることがわかるようにする
- リンク先のページをすでに見たかどうかがわかるように、未訪問リンクと訪問済みリンクの色を変えたほうがよい
- ロールオーバー時、クリック時に下線の状態やテキスト色を変化させるのは、してもしなくてもよい

また、通常のテキストは、リンクテキストと混同されないように、次の点に配慮します。

- 青いテキストはリンクと認識されやすいので、通常のテキストは青くしない
- 同様の理由で、強調箇所などに下線を付けない

【リンクテキストと通常テキストのデザイン（サンプル：c09-link.html）】

```
HTML
<a href="#">リンクテキスト</a>
<strong>見分けが付くデザイン</strong>
```

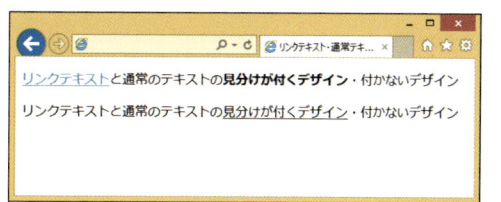

上の行はリンクが青い字で、重要な部分が太字なので見やすい。
下の行はリンクでないところに下線が引かれているため、誤解を招く

▶ 色に左右されないデザイン

色弱[*1]や視力の弱い閲覧者、およびスクリーンリーダーの読み上げへの対応から、色や形状を識別できないと正しく情報が得られないデザインは避けます。次の2例に注意しましょう。

[*1] 本書では W3C での呼び方に合わせている

■「青が太郎、赤が花子」

次の図の「正しくない例」では、色を識別できないとどちらが太郎でどちらが花子かわかりません。色を使って区別すること自体は問題ではありませんが、太郎と花子を区別できるほかの手段を必ず用意します。

【色だけでなく形状も使用する（サンプル：c09-shape/index.html）】

○ 正しい例

今日の当番
1. 掃除（太郎）
2. 洗濯（花子）
3. 食事（太郎）

太郎と花子を区別するのに、色も形状も使っていない

○ 正しい例

今日の当番
1. 掃除 ■
2. 洗濯 ●
3. 食事 ■

■ 四角は太郎
● 丸は花子

色だけでなく形状（四角と丸）も区別し、適切な凡例を用意している

✗ 正しくない例

今日の当番
1. 掃除 ■
2. 洗濯 ■
3. 食事 ■

■ 青は太郎
■ 赤は花子

色を認識できなければ、太郎と花子を区別できない

■ マークや色の違いだけで必須項目を知らせる

フォームの必須入力項目には「必須」と書くのが一番よいでしょう。必須をマークで表す場合は、必ず凡例を付けます。色を識別できないと必須かどうかが判断できない表現は避けます。

【フォームの入力必須項目には「必須」と書く】

○ 正しい例

お名前（必須）
[　　　　　　　　　　　]

入力必須項目に「必須」とテキストで書かれている。テキストに色を付けること自体に問題はない

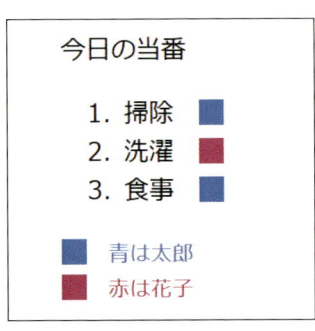

✗ 正しくない例

お名前
[　　　　　　　　　　　]

※赤字は必須項目

たとえ凡例があったとしても、色が識別できなければ入力必須項目なのかどうか分からない

第10章
サンプル問題

知識問題　確認事項

知識問題

知識問題　正答

実技問題　確認事項

実技問題

実技問題　採点基準

実技問題　正答例と解説

知識問題　確認事項

知識問題を解答するにあたり、以下の確認事項をお読みください。

最新のサンプル問題は、サーティファイホームページからダウンロードすることができます。
http://www.sikaku.gr.jp/web/wc/exam/sample/

● 注意事項

知識問題を解答するにあたり、以下の注意事項に留意してください。

1. 知識問題の制限時間は 20 分です。
2. 「知識用」フォルダーには解答するために必要なファイルが格納されています。
3. 知識問題は、「問題 1-1」から「問題 1-15」と「問題 2-1」から「問題 2-5」の全 20 問で出題されています。
4. 「問題 1」のデザインカンプは、画像編集ソフトで作成されており、特定の Web ブラウザーのスクリーンショットを表すものではありません。
5. 知識問題は、HTML5 および CSS 2.1、CSS3 に対応しています。ただし、HTML5 の比較の説明として、HTML 4.01 および XHTML 1.0 の説明が使用されることがあります。

※ 試験問題に記載されている会社名又は製品名は、それぞれ各社の商標又は登録商標です。
　なお、試験問題では、® 及び ™ を明記していません。

推奨画面レイアウト

各ウィンドウの配置は、以下の推奨画面レイアウトを参考に配置してください。

1. 知識問題では、知識解答ウィンドウ（Windowsの場合）、解答用テキストファイル（Mac OSの場合）、Webブラウザー（Internet Explorer、Safari、Chrome、Firefoxのいずれか）の二つのウィンドウを同時に表示させておきます。
2. 推奨する画面のレイアウトは下図の通りです。

【Windowsの場合】

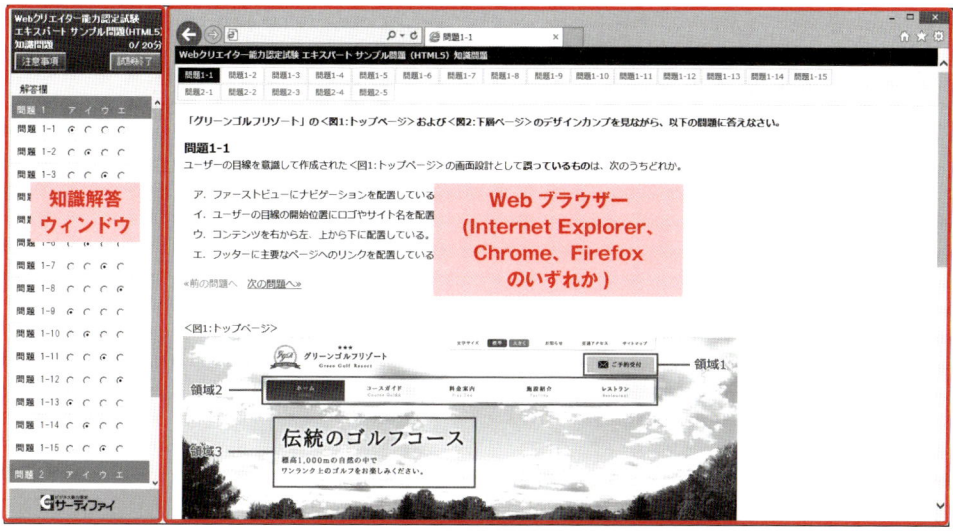

【Mac OSの場合】

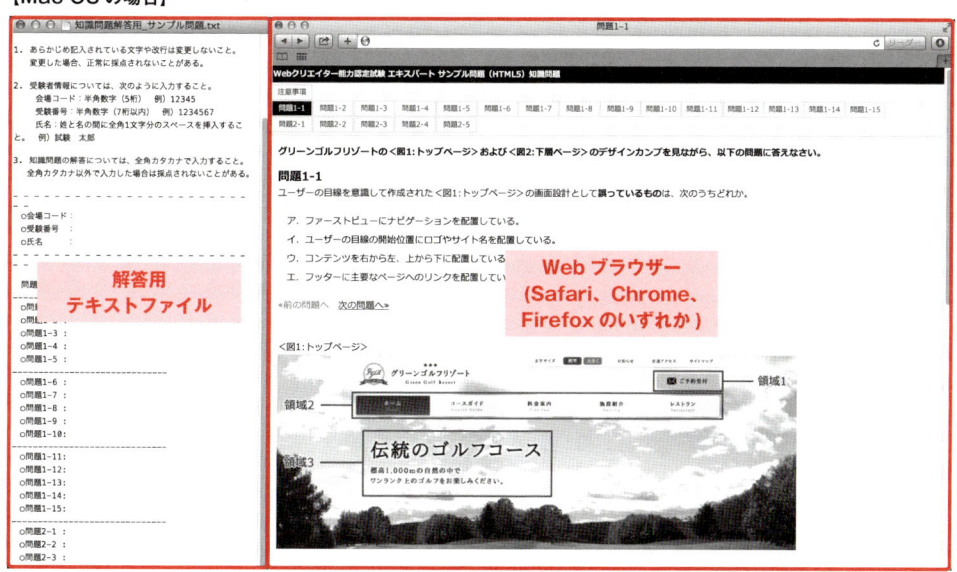

● 画面操作説明

各ウィンドウ内のリンクに関する操作は下図の通りです。

【Windowsの場合】

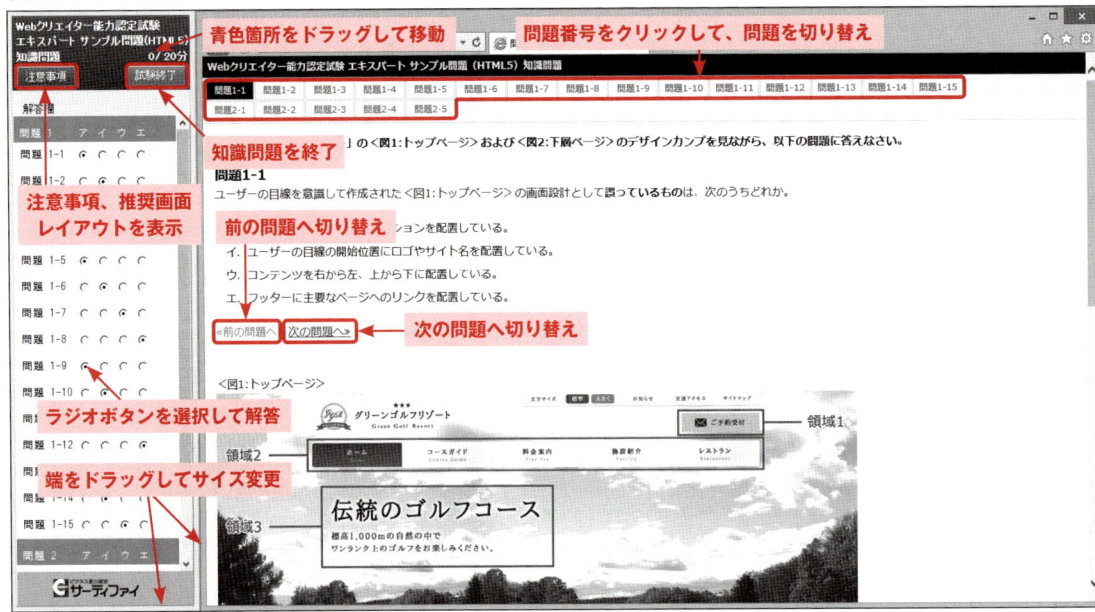

【Mac OSの場合】

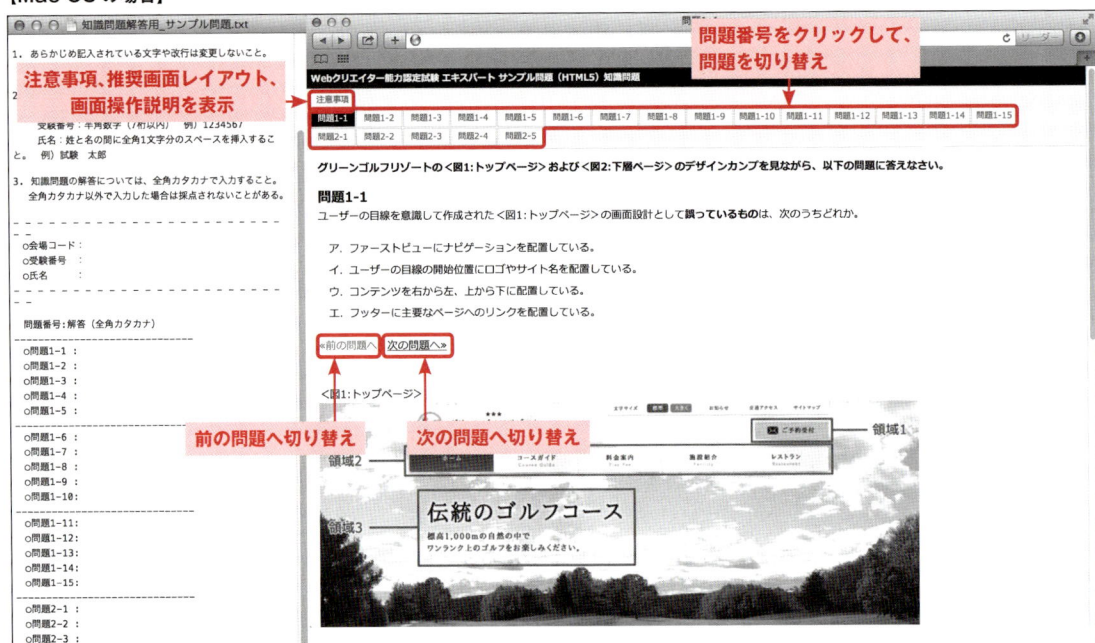

10-2 第10章 ▶ サンプル問題

知識問題

問題1はデザインカンプを見ながら、問題2はWebページ制作の知識について、以下の問題に答えなさい

▶ デザインカンプ

■ 図1：トップページ

■ 図２：下層ページ

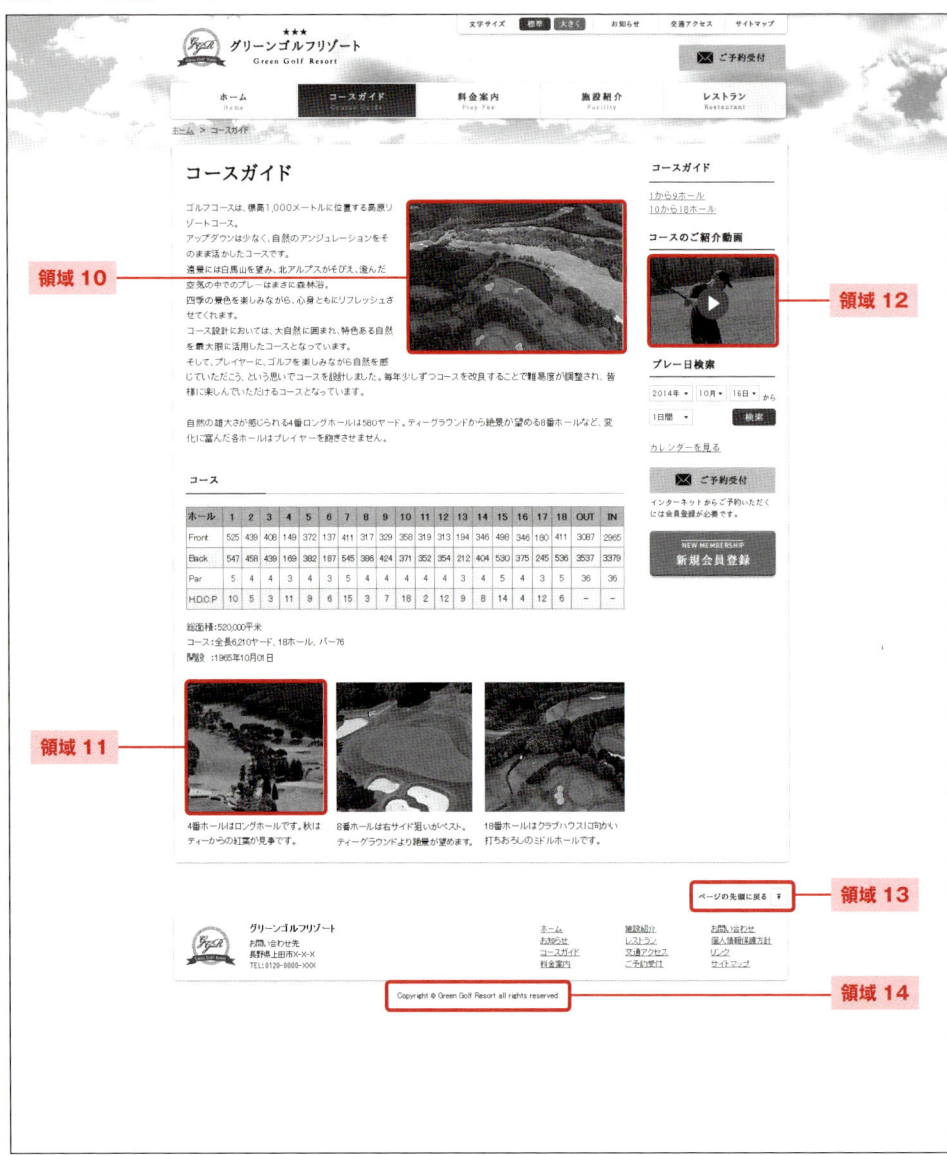

問題1

「グリーンゴルフリゾート」の＜図1: トップページ＞または＜図2: 下層ページ＞のデザインカンプを見ながら、以下の問題に答えなさい。

■問題1-1
ユーザーの目線を意識して作成された＜図1: トップページ＞の画面設計として**誤っているもの**は、次のうちどれか。
　　ア．ファーストビューにナビゲーションを配置している。
　　イ．ユーザーの目線の開始位置にロゴやサイト名を配置している。
　　ウ．コンテンツを右から左、上から下に配置している。
　　エ．フッターに主要なページへのリンクを配置している。

■問題1-2
＜図1: トップページ＞の配色は、「70:25:5の法則」の割合で作成されている。＜領域1＞に使用している配色は、次のうちどれか。
　　ア．ベースカラー
　　イ．メインカラー
　　ウ．アクセントカラー
　　エ．ホワイトカラー

■問題1-3
＜領域2＞のナビゲーションのユーザビリティを更に高める方法として適切なものは、次のうちどれか。
　　ア．下層ページが表示されるドロップダウンメニューを追加する。
　　イ．ナビゲーションのラベルを英語表記に統一する。
　　ウ．ナビゲーションの数を5個から10個前後に増やす。
　　エ．『ホーム』の配色を他のナビゲーションと統一する。

■問題1-4
＜領域3＞はキャッチコピーとして目立たせるために、文字の大きさを変えて表現している。文字の大きさの違いの度合いを表す名称として正しいものは、次のうちどれか。
　　ア．メインビジュアル
　　イ．アイキャッチ
　　ウ．センタリング
　　エ．ジャンプ率

■問題 1-5
＜領域 4 ＞の日付は音声ブラウザーで適切に読まれない可能性がある。アクセシビリティに配慮した表記方法として最も適切なものは、次のうちどれか。
　　ア．2014/10/11
　　イ．2014.10.11
　　ウ．2014 年 10/11
　　エ．2014 年 10 月 11 日

■問題 1-6
＜領域 5 ＞は PDF ファイルにリンクしているため、よりユーザビリティを考慮した表示に変更したい。リンクの表示方法として最も適切なものは、次のうちどれか。
　　ア．10 月のイベント情報をご案内いたします。(ファイル)
　　イ．10 月のイベント情報をご案内いたします。(200KB)
　　ウ．10 月のイベント情報をご案内いたします。🅿 (PDF:200KB)
　　エ．10 月のイベント情報をご案内いたします。🗔

■問題 1-7
＜領域 6 ＞の画像は、デジタルカメラで撮影した＜図 3 ＞の写真を加工して作成されている。＜図 3 ＞に行なった画像加工は、次のうちどれか。
＜図 3 ＞

　　ア．レベル補正、リサイズ、トリミング
　　イ．レベル補正、リサイズ、カーニング
　　ウ．レベル補正、トリミング、カーニング
　　エ．リサイズ、トリミング、カーニング

■問題 1-8
<領域 7 >のバナー群にはデザインの 4 つの基本原則が使用されている。デザインの基本原則として正しいものは、次のうちどれか。
　ア．近接、透過、反復、コントラスト（対比）
　イ．近接、整列、反復、コントラスト（対比）
　ウ．近接、整列、混植、コントラスト（対比）
　エ．近接、整列、反復、大和比

■問題 1-9
<領域 8 >のバナーは、中央を仮想のラインとして左右対称にデザインされている。このようなデザインの手法として正しいものは、次のうちどれか。
　ア．シンメトリー
　イ．アシンメトリー
　ウ．黄金比
　エ．白銀比

■問題 1-10
<領域 9 >のアイコンの配色を変更したい。温泉の暖かさを伝える配色として最も適切なものは、次のうちどれか。

ア． イ． ウ． エ．

■問題 1-11
<領域 10 >の画像は、画質を保ちながらも可能な限り小さいファイルサイズで掲載している。この画像のファイル形式として最も適切なものは、次のうちどれか。
　ア．GIF 形式
　イ．JPEG 形式
　ウ．BMP 形式
　エ．SVG 形式

■問題 1-12

＜領域 11 ＞をクリックすると＜図 4 ＞のように拡大画像が表示される。よりユーザビリティを考慮した表示に変更するために、＜領域 11 ＞に追加するアイコンとして最も適切なものは、次のうちどれか。

＜図 4 ＞

ア. 　イ. 　ウ. 　エ.

■問題 1-13

＜領域 12 ＞の動画は、動画再生プラグインを使用していない。このような動画を埋め込む要素として正しいものは、次のうちどれか。

　　ア．img 要素
　　イ．video 要素
　　ウ．canvas 要素
　　エ．area 要素

■問題 1-14

＜領域 13 ＞のリンクをクリックしたときの移動先として正しいものは、次のうちどれか。

　　ア．「ホーム」ページの先頭
　　イ．現在表示されている（「コースガイド」）ページの先頭
　　ウ．一つ前に表示したページの先頭
　　エ．次に表示されるページの先頭

■問題 1-15

＜領域 14 ＞はコピーライト表記である。HTML ソースの記述として正しいものは、次のうちどれか。

　　ア．Copyright (C) Green Golf Resort all rights reserved.
　　イ．Copyright & Green Golf Resort all rights reserved.
　　ウ．Copyright © Green Golf Resort all rights reserved.
　　エ．Copyright " Green Golf Resort all rights reserved.

問題2

Web制作の知識について、以下の問題に答えなさい。

■問題2-1

HTML5では、いくつかの要素においてHTML4.01から定義が変更されている。HTML5のstrong要素の定義として正しいものは、次のうちどれか。

　ア．強調
　イ．強い重要性
　ウ．強勢（アクセント）
　エ．太字

■問題2-2

Webフォントを使用すると、＜図5＞のようなアイコンを表示することができる。このようなWebフォントの特徴として**誤っているもの**は、次のうちどれか。

＜図5＞

　ア．ビットマップ形式のファイルと比べると、データ転送量が少なくなる。
　イ．CSSで色や大きさなどを変更できる。
　ウ．ベクトル形式のため、表示端末の解像度によらず鮮明に表示される。
　エ．HTML5でマークアップする必要がある。

■問題2-3

個人情報保護方針とも呼ばれ、Webサイトにおける個人情報の取り扱いについて明記したものは、次のうちどれか。

　ア．サイトマップ
　イ．アクセシビリティ
　ウ．セキュリティポリシー
　エ．プライバシーポリシー

■問題 2-4
通信プロトコルの一つである「HTTPS」の説明として正しいものは、次のうちどれか。
　ア．ショッピングカートやお問い合わせフォームなど、通信を暗号化したいときに用いられるプロトコル
　イ．HTML、CSS、JavaScript、画像などのファイルを Web サーバーに転送するときに用いられるプロトコル
　ウ．Web ブラウザーと Web サーバーの間で、HTML などのコンテンツを送受信するときに用いられるプロトコル
　エ．メールアドレスのリンクなどから、メールを送信するときに用いられるプロトコル

■問題 2-5
PC、タブレット、スマートフォンなどの閲覧環境に適した Web サイトを、単一の HTML で実現する手法は、次のうちどれか。
　ア．CSS Sprite
　イ．ユニバーサルセレクター
　ウ．レスポンシブ Web デザイン
　エ．プログレッシブ・エンハンスメント

知識問題　正答

「Webクリエイター能力認定試験　エキスパート　サンプル問題　知識問題　正答」です。

問題番号	正答
問題 1-1	ウ
問題 1-2	ウ
問題 1-3	ア
問題 1-4	エ
問題 1-5	エ
問題 1-6	ウ
問題 1-7	ア
問題 1-8	イ
問題 1-9	ア
問題 1-10	イ
問題 1-11	イ
問題 1-12	ア
問題 1-13	イ
問題 1-14	イ
問題 1-15	ウ

問題番号	正答
問題 2-1	イ
問題 2-2	エ
問題 2-3	エ
問題 2-4	ア
問題 2-5	ウ

配点　各3点

10-4 第10章 ▶ サンプル問題

実技問題　確認事項

実技問題を解答するにあたり、以下の確認事項をお読みください。

● 注意事項

実技問題を解答するにあたり、以下の注意事項に留意してください。

1. 実技問題の制限時間は以下の通りです。
   - テキストエディター使用の場合：110分
   - Webページ作成ソフト使用の場合：90分
2. 「実技用」フォルダーには解答するために必要なファイルが格納されています。問題の指示に従って使用してください。
3. 各ファイルにあらかじめ記述してある内容について、問題文に指示がない場合は、追記や削除・修正を行わないでください。
4. 記述を行う場合、英字・数字・記号は半角、カタカナは全角で記述してください。ただし、指示がある場合は、その指示に従ってください。
5. URLは、すべて相対パスで記述してください。
6. テキストおよびソースのコピー＆ペーストについては、問題文からコピー＆ペーストしてください。
7. 受験者用リファレンスのHTMLやCSSなどの記述は、コピー＆ペーストすることができます。必要に応じて利用してください。
8. 仕上り見本は、デスクトップ用Internet Explorer 11、Windows 8.1の環境で作成されています。環境の違い（OSやWebブラウザーの種類・バージョン、フォントのインストール状況など）により、仕上り見本の表示と異なる場合がありますが、そのまま続行してください。

※ 試験問題に記載されている会社名又は製品名は、それぞれ各社の商標又は登録商標です。
　 なお、試験問題では、®及び™を明記していません。

推奨画面レイアウト

各ウィンドウの配置は、以下の推奨画面レイアウトを参考に配置してください。

1. 実技問題では、Web ブラウザー（Internet Explorer、Safari、Chrome、Firefox のいずれか）、テキストエディターまたは Web ページ作成ソフト、Windows のみ実技受験プログラムウィンドウを同時に表示させておきます。
2. 推奨する画面のレイアウトは下図の通りです。

【Windows の場合】

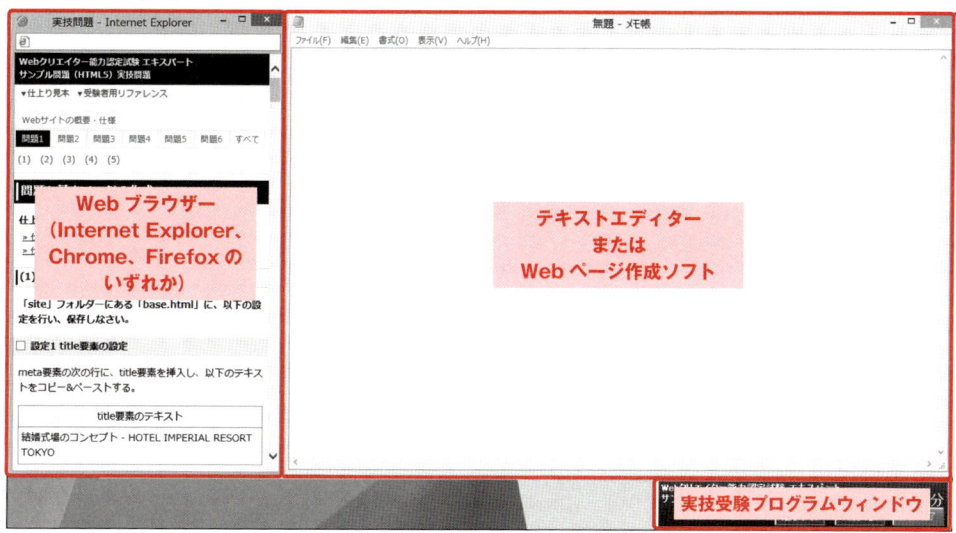

【Mac OS の場合】

● 画面操作説明

各ウィンドウ内のリンクやチェックボックスに関する操作は下図の通りです。

【Windowsの場合】

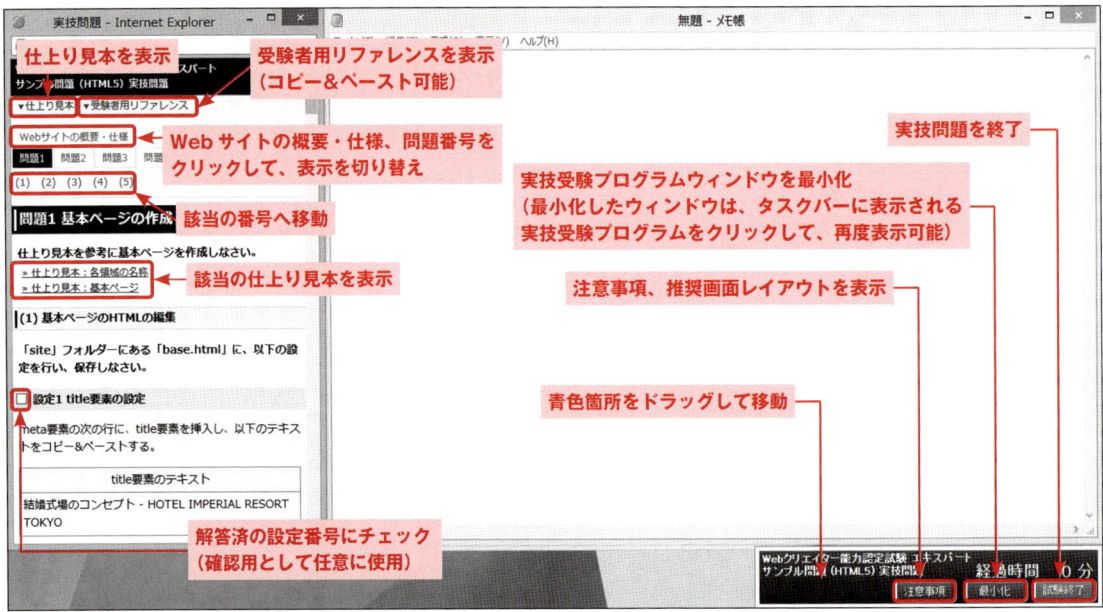

【Mac OSの場合】

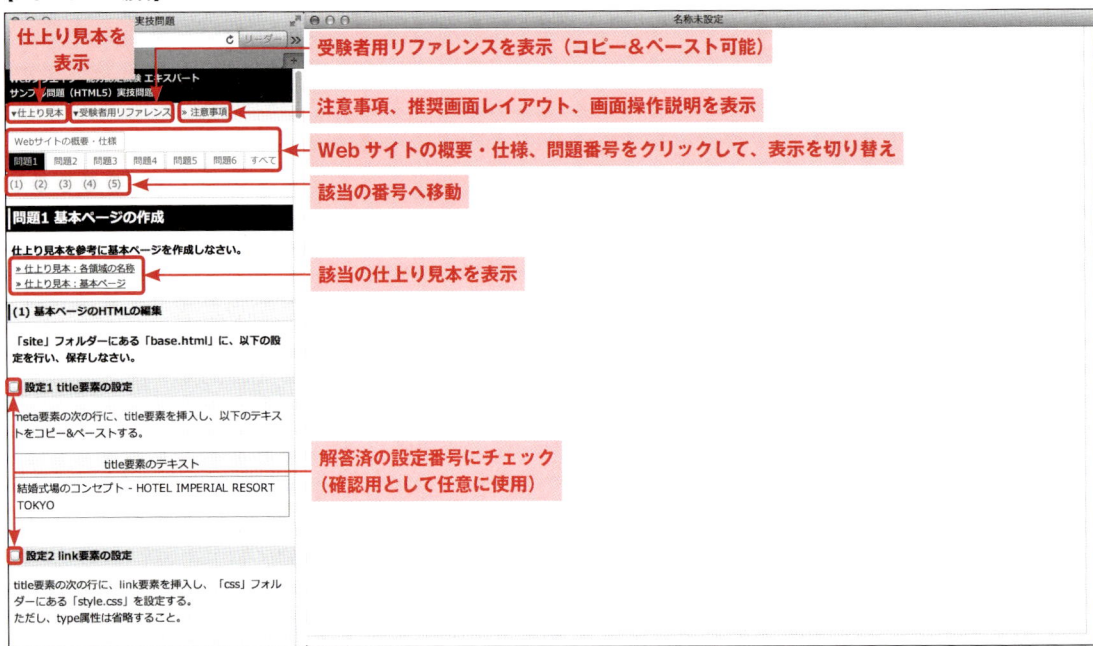

10-5 第10章 ▶ サンプル問題

実技問題

以下の「テーマ」「ページ構成」「フォルダーおよびファイル構成」「仕様」に従い、Webサイトを完成させなさい。

● Webサイトの概要・仕様

■ テーマ

- 結婚式場「HOTEL IMPERIAL RESORT TOKYO」のWebサイトである。
- トップページには、スライドショーとお知らせを掲載する。
- 「結婚式場のコンセプト」ページでは、2つのコンセプトの紹介文を掲載する。
- 「プランのご案内」ページでは、標準的なプランを一覧表で掲載する。
- 「ブライダルフェア」ページでは、結婚式場の様子をサムネイルと紹介文とのセットで掲載する。
- 「お問い合わせ」ページでは、結婚式場に関するお問い合わせフォームを設置する。

■ ページ構成

下図の通りのページ構成とし、トップページと各ページは相互にリンクさせること。

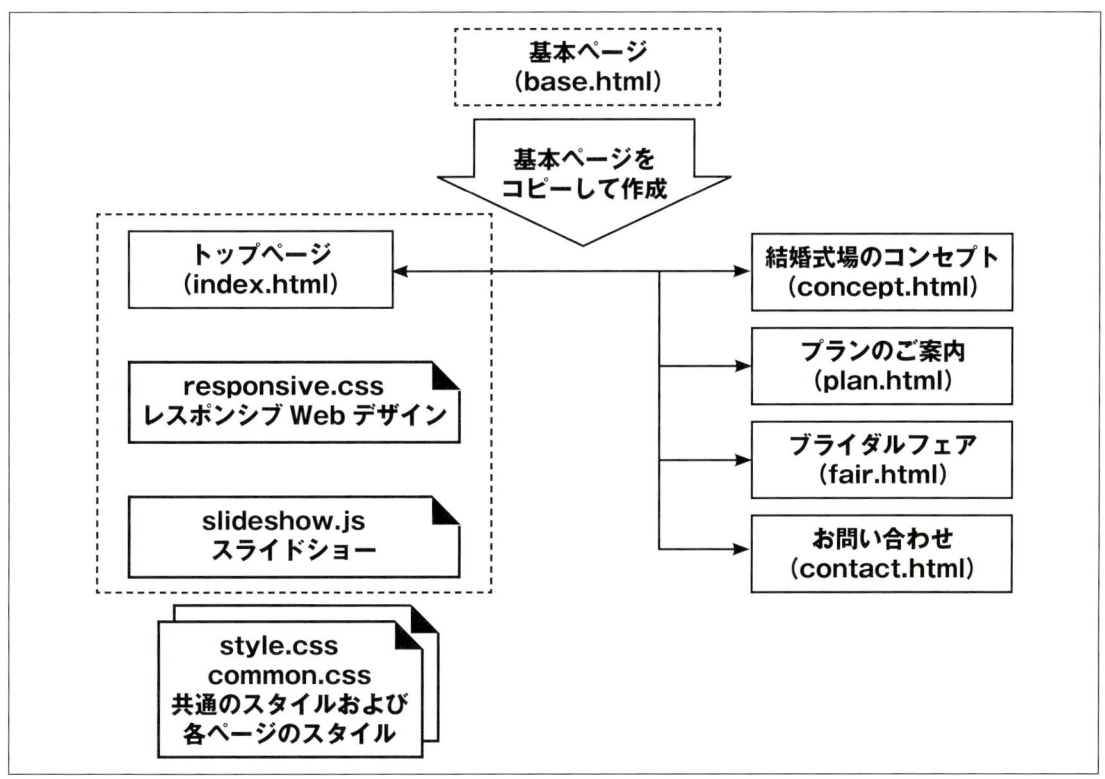

■フォルダーおよびファイル構成

・「site」フォルダー内に必要なファイルを作成・修正し、Web サイトを完成させること。
・問題で使用する画像ファイルは、「images」フォルダー内のファイルを使用すること。
・問題で使用する CSS ファイルは、「css」フォルダー内のファイルを使用すること。
・問題で使用する JavaScript ファイルは、「js」フォルダー内のファイルを使用すること。
・「material」フォルダーには、「start.html」に関連するファイルが格納されている。関連するファイルの閲覧は「start.html」から Web ブラウザーで開き、確認すること。

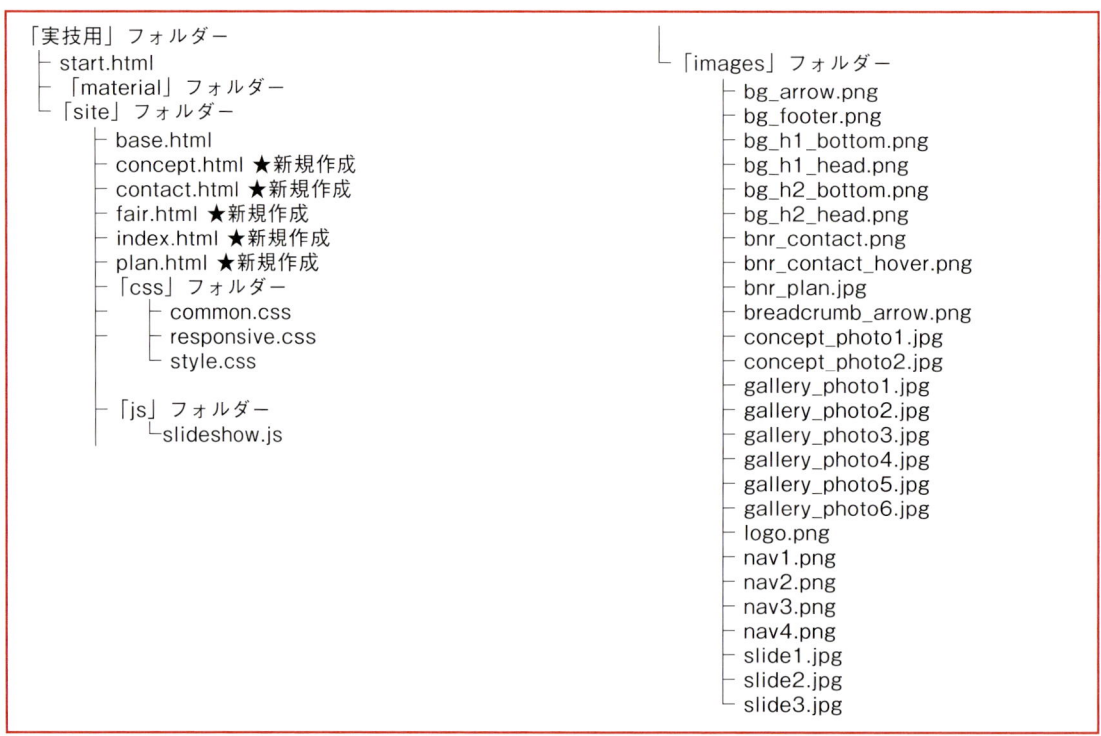

```
「実技用」フォルダー
├ start.html
├ 「material」フォルダー
└ 「site」フォルダー
        ├ base.html
        ├ concept.html ★新規作成
        ├ contact.html ★新規作成
        ├ fair.html ★新規作成
        ├ index.html ★新規作成
        ├ plan.html ★新規作成
        ├ 「css」フォルダー
        │   ├ common.css
        │   ├ responsive.css
        │   └ style.css
        │
        └ 「js」フォルダー
                └ slideshow.js

                              └ 「images」フォルダー
                                      ├ bg_arrow.png
                                      ├ bg_footer.png
                                      ├ bg_h1_bottom.png
                                      ├ bg_h1_head.png
                                      ├ bg_h2_bottom.png
                                      ├ bg_h2_head.png
                                      ├ bnr_contact.png
                                      ├ bnr_contact_hover.png
                                      ├ bnr_plan.jpg
                                      ├ breadcrumb_arrow.png
                                      ├ concept_photo1.jpg
                                      ├ concept_photo2.jpg
                                      ├ gallery_photo1.jpg
                                      ├ gallery_photo2.jpg
                                      ├ gallery_photo3.jpg
                                      ├ gallery_photo4.jpg
                                      ├ gallery_photo5.jpg
                                      ├ gallery_photo6.jpg
                                      ├ logo.png
                                      ├ nav1.png
                                      ├ nav2.png
                                      ├ nav3.png
                                      ├ nav4.png
                                      ├ slide1.jpg
                                      ├ slide2.jpg
                                      └ slide3.jpg
```

■仕様

以下の仕様で記述すること。

・マークアップ言語：HTML5
・スタイルシート：CSS 2.1 および CSS3
・スクリプト：JavaScript
・文字コード：UTF-8（BOM 付推奨）
・改行コード：CR+LF

▶ 作成するページの仕上り見本

作成するページの仕上り見本です。

■各領域の名称

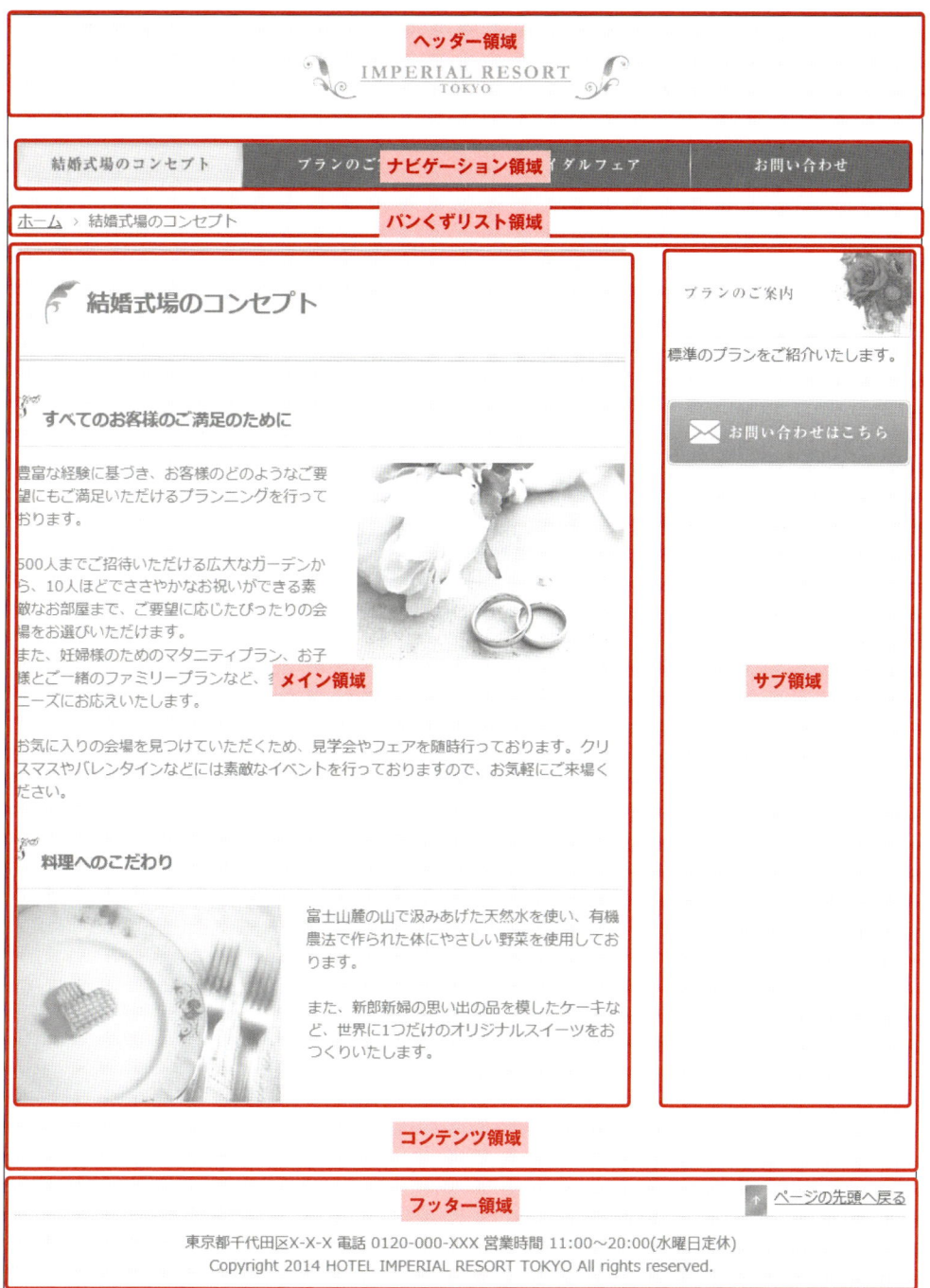

■ 基本ページ／ base.html

■ トップページ／index.html

■ トップページ（レスポンシブ Web デザイン）／ index.html

■ 結婚式場のコンセプトページ／concept.html

| 結婚式場のコンセプト | プランのご案内 | ブライダルフェア | お問い合わせ |

ホーム ＞ 結婚式場のコンセプト

結婚式場のコンセプト

プランのご案内

標準のプランをご紹介いたします。

✉ お問い合わせはこちら

すべてのお客様のご満足のために

豊富な経験に基づき、お客様のどのようなご要望にもご満足いただけるプランニングを行っております。

500人までご招待いただける広大なガーデンから、10人ほどでささやかなお祝いができる素敵なお部屋まで、ご要望に応じたぴったりの会場をお選びいただけます。
また、妊婦様のためのマタニティプラン、お子様とご一緒のファミリープランなど、多様なニーズにお応えいたします。

お気に入りの会場を見つけていただくため、見学会やフェアを随時行っております。クリスマスやバレンタインなどには素敵なイベントを行っておりますので、お気軽にご来場ください。

料理へのこだわり

富士山麓の山で汲みあげた天然水を使い、有機農法で作られた体にやさしい野菜を使用しております。

また、新郎新婦の思い出の品を模したケーキなど、世界に1つだけのオリジナルスイーツをおつくりいたします。

↑ ページの先頭へ戻る

東京都千代田区X-X-X 電話 0120-000-XXX 営業時間 11:00〜20:00(水曜日定休)
Copyright 2014 HOTEL IMPERIAL RESORT TOKYO All rights reserved.

■「プランのご案内」ページ／ plan.html

| 結婚式場のコンセプト | プランのご案内 | ブライダルフェア | お問い合わせ |

ホーム ＞ プランのご案内

プランのご案内
標準のプランをご紹介いたします。

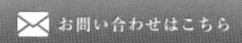

標準的なプラン例
標準的な内容のプランをご紹介いたします。実際のプランはお客様に合わせてご提案いたしますので、お気軽にお問い合わせください。

項目	説明
挙式会場	アルカンジュ（チャペル）
披露宴	お料理、お飲み物、花嫁衣裳（2種類）、花婿衣裳（2種類）、招待状、ブーケ、引き出物、写真撮影など
オプション	オリジナルスイーツ、お子様用お料理、キャンドルサービス
費用	計40名様…1,852,381円 計60名様…2,743,290円

↑ ページの先頭へ戻る

東京都千代田区X-X-X 電話 0120-000-XXX 営業時間 11:00〜20:00(水曜日定休)
Copyright 2014 HOTEL IMPERIAL RESORT TOKYO All rights reserved.

■「ブライダルフェア」ページ／ fair.html

| 結婚式場のコンセプト | プランのご案内 | ブライダルフェア | お問い合わせ |

ホーム ＞ ブライダルフェア

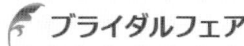

プランのご案内

標準のプランをご紹介いたします。

各会場の様子やお料理、ドレスをはじめ、弊社プランナーがおふたりのウェディングをご提案させていただきます。

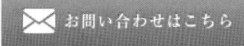
お問い合わせはこちら

思い出の曲をピアノで弾く
演出が人気です。

様々なデザインのドレスを
ご用意しております。

こだわりのヒレ肉を使った
和牛ローストビーフです。

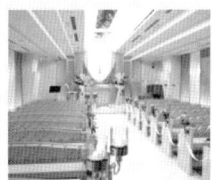
優れた採光が人気の会場、
アルカンジュです。

深紅のカーペットには純白
のドレスがよく似合いま
す。

真鯛を使った贅沢なカル
パッチョです。

↑ ページの先頭へ戻る

東京都千代田区X-X-X 電話 0120-000-XXX 営業時間 11:00～20:00(水曜日定休)
Copyright 2014 HOTEL IMPERIAL RESORT TOKYO All rights reserved.

■「お問い合わせ」ページ／ contact.html

◉ 問題1 基本ページの作成

■ (1) 基本ページの HTML の編集
「site」フォルダーにある「base.html」に、以下の設定を行い、保存しなさい。

■設定 1 title 要素の設定
meta 要素の次の行に、title 要素を挿入し、以下のテキストをコピー＆ペーストする。

title 要素のテキスト
結婚式場のコンセプト - HOTEL IMPERIAL RESORT TOKYO

■設定 2 link 要素の設定
title 要素の次の行に、link 要素を挿入し、「css」フォルダーにある「style.css」を設定する。
ただし、type 属性は省略すること。

■設定 3 ヘッダー領域の設定（仕上り見本「各領域の名称」を参照）
• 設定 3-1
body 要素の中に、header 要素を挿入し、ページの先頭に戻るための id 属性「top」を設定する。

• 設定 3-2
header 要素の中に、画像「logo.png」を挿入し、以下の代替テキストをコピー＆ペーストする。

代替テキスト	HOTEL IMPERIAL RESORT TOKYO
幅	(属性は省略)
高さ	(属性は省略)

• 設定 3-3
画像「logo.png」に、h1 要素をマークアップし、「index.html」へのリンクを設定する。
なお、リンクは h1 要素の中に設定すること。

■設定 4 ナビゲーション領域の設定（仕上り見本「各領域の名称」を参照）
• 設定 4-1
header 要素の次の行に、nav 要素を挿入する。

- 設定4-2

    nav要素の中に、以下のテキストをコピー&ペーストし、箇条書きリストをul要素、li要素でマークアップする。
    なお、これらのテキストに、リンクと、それを内包するli要素のid属性を設定すること。

テキスト	結婚式場のコンセプト
リンク先	concept.html
li要素のid名	nav_concept

テキスト	プランのご案内
リンク先	plan.html
li要素のid名	nav_plan

テキスト	ブライダルフェア
リンク先	fair.html
li要素のid名	nav_fair

テキスト	お問い合わせ
リンク先	contact.html
li要素のid名	nav_contact

■設定5 パンくずリスト領域の設定（仕上り見本「各領域の名称」を参照）

nav要素の次の行に、div要素を挿入し、id属性「breadcrumb」を設定するとともに、以下のソースをコピー&ペーストする。

ソース

`<ul>`
`<li><a href="index.html">` ホーム `</a></li>`
`<li>` 結婚式場のコンセプト `</li>`
`</ul>`

■設定6 コンテンツ領域の設定（仕上り見本「各領域の名称」を参照）

div要素（id属性「breadcrumb」）の次の行に、div要素を挿入し、id属性「contents」を設定する。

■設定7 メイン領域の設定（仕上り見本「各領域の名称」を参照）

div要素（id属性「contents」）の中に、div要素を挿入し、id属性「main」を設定するとともに、以下のソースをコピー&ペーストする。

ソース

`<article>`
`<h1>` 結婚式場のコンセプト `</h1>`
`</article>`

■設定 8 サブ領域の設定（仕上り見本「各領域の名称」を参照）

- 設定 8-1

    div 要素（id 属性「main」）の次の行に、div 要素を挿入し、id 属性「sub」を設定する。

- 設定 8-2

    div 要素（id 属性「sub」）の中に、aside 要素を挿入し、以下のソースをコピー＆ペーストする。

ソース

`<div class="bnr_inner">`
`<dl>`
`<dt><img src="images/bnr_plan.jpg" alt=" プランのご案内 "></dt>`
`<dd> 標準のプランをご紹介いたします。</dd>`
`</dl>`
`</div>`
`<div class="bnr_inner">`
`<a href="contact.html">`
`<p><img src="images/bnr_contact.png" alt=" お問い合わせ "></p>`
`</a>`
`</div>`

- 設定 8-3

    ソースの中にある dl 要素に、「plan.html」へのリンクを設定する。

    なお、リンクは dl 要素の外に設定すること。

■設定 9 フッター領域の設定（仕上り見本「各領域の名称」を参照）

　div 要素（id 属性「contents」）の次の行に、footer 要素を挿入し、以下のソースをコピー＆ペーストする。

ソース

`<p id="pagetop"><a href="#top"> ページの先頭へ戻る </a></p>`
`<address> 東京都千代田区 X-X-X 電話 0120-000-XXX 営業時間 11:00 ～ 20:00( 水曜日定休 )</address>`
`<p id="copyright"><small>Copyright 2014 HOTEL IMPERIAL RESORT TOKYO All rights reserved.</small></p>`

■ (2) 基本レイアウトの CSS の編集

「css」フォルダーにある「style.css」の「/* 基本レイアウト ここから↓ */」と「/* 基本レイアウト ここまで↑ */」の中に、以下の設定を行い、保存しなさい。

■設定 1 外部スタイルシートの設定
　外部スタイルシート「common.css」を設定する。

■設定 2 ページ全体の設定
　ページ全体のスタイルを設定する。

セレクター	body
背景色	#f3f2e9
文字色	#5f5039

■設定 3 各領域の設定
　ヘッダー領域、ナビゲーション領域、パンくずリスト領域、コンテンツ領域、フッター領域が左右中央揃えに配置されるようにマージンを設定する。

セレクター	header, nav, #breadcrumb, #contents, footer
幅	840 ピクセル
左マージン	(各自考える)
右マージン	(各自考える)

■設定 4 ヘッダー領域の設定
　ヘッダー領域の h1 要素にスタイルを設定する。

セレクター	header h1
マージン	上：0、下：26 ピクセル、左：0、右：0
上パディング	28 ピクセル
行揃え	中央

■設定5 ナビゲーション領域の設定

・設定5-1

ナビゲーション領域のリストのマーカーの表示を消し、位置を設定する。

セレクター	nav ul
リストマーカーの種類	なし
マージン	上：0、下：20ピクセル、左：0、右：0
左パディング	0
オーバーフロー	hidden

・設定5-2

ナビゲーション領域にある、リストを横並びに設定する。

セレクター	nav ul li
幅	210ピクセル
フロート	左

・設定5-3

ナビゲーション領域にある、リンクのスタイルを設定する。

高さを0にし、パディングとオーバーフロー時の処理を設定することで画像置換を行う。

セレクター	nav ul li a
表示形式	ブロックレベル
高さ	0
上パディング	44ピクセル
オーバーフロー	hidden

・設定5-4

画像置換によって表示するリンクの画像を設定する。

セレクター	nav ul li#nav_concept a
背景画像	nav1.png

セレクター	nav ul li#nav_plan a
背景画像	nav2.png

セレクター	nav ul li#nav_fair a
背景画像	nav3.png

セレクター	nav ul li#nav_contact a
背景画像	nav4.png

■設定 6 メイン領域の設定

メイン領域のスタイルを設定する。

セレクター	#main
幅	570 ピクセル
フロート	左

■設定 7 サブ領域の設定

サブ領域のスタイルを設定する。

セレクター	#sub
幅	230 ピクセル
フロート	右

■設定 8 フッター領域の設定

フッター領域の余白を設定する。

セレクター	footer
上パディング	70 ピクセル

■設定 9 メイン領域の h1 要素の設定

メイン領域の h1 要素にスタイルを設定する。

セレクター	#main h1
マージン	上：0、下：30 ピクセル、左：0、右：0
パディング	上：35 ピクセル、下：35 ピクセル、左：65 ピクセル、右：0
背景画像 (複数指定)	1 枚目：bg_h1_head.png、2 枚目：bg_h1_bottom.png
背景画像の繰り返し (複数指定)	1 枚目：なし、2 枚目：なし
背景画像の位置 (複数指定)	1 枚目の水平方向：左、1 枚目の垂直方向：上、2 枚目の水平方向：左、2 枚目の垂直方向：下
文字のサイズ	156.25%

▍(3) 基本ページを使用した各ページの複製

問題 1(1) で保存した「base.html」を複製し、保存しなさい。

■設定 1 ファイルの保存

「base.html」を複製し、「index.html」、「concept.html」、「plan.html」、「fair.html」、「contact.html」として保存する。

■(4) 各ページの CSS スプライトに関連する HTML の編集

各 HTML ファイルに、以下の設定を行い、保存しなさい。

■設定 1 body 要素の設定

以下のファイルの body 要素に id 属性を設定する。

ファイル名	body 要素の id 名
concept.html	concept
plan.html	plan
fair.html	fair
contact.html	contact

■(5) 各ページの CSS スプライトに関連する CSS の編集

「css」フォルダーにある「style.css」の「/* 基本レイアウト ここから↓ */」と「/* 基本レイアウト ここまで↑ */」の中に、以下の設定を行い、保存しなさい。

■設定 1 ナビゲーション領域の設定

CSS スプライトを用いて、「concept.html」、「plan.html」、「fair.html」、「contact.html」のナビゲーション領域で、現在表示されているページのリンクの背景画像が変わるようにし、各リンクにロールオーバーを設定する。

セレクター	#concept #nav_concept a, #plan #nav_plan a, #fair #nav_fair a, #contact #nav_contact a, nav ul li a:hover
背景画像の位置	水平方向：0、垂直方向：-45 ピクセル

● 問題2 トップページの作成

■(1) トップページのタイトルに関連するHTMLの編集

問題1(3)で保存した「index.html」に、以下の設定を行い、保存しなさい。

■設定1 title要素の変更

title要素を以下のテキストに変更する。

なお、テキストはコピー&ペーストすること。

title要素のテキスト
HOTEL IMPERIAL RESORT TOKYO

■(2) トップページのJavaScriptに関連するHTMLの編集

「index.html」に、JavaScriptによるスライドの設定を行い、保存しなさい。
なお、スライドの表示はブラウザーで確認すること。

■設定1 パンくずリスト領域の変更

パンくずリスト領域のid属性「breadcrumb」をid属性「graphic」に変更する。
また、箇条書きリスト（ul要素、li要素）を削除し、以下のソースをコピー&ペーストすること。

ソース

`<ul>`
`<li class="now"><img src="images/slide1.jpg" alt="こだわりの空間で心地よいひとときを" class="image1"></li>`
`<li><img src="images/slide2.jpg" alt="幸福に満ちた神聖なチャペル" class="image2"></li>`
`<li><img src="images/slide3.jpg" alt="「ありがとう」の気持ちが伝わるウェディング" class="image3"></li>`
`</ul>`

■設定2 スクリプト要素の設定

フッター領域の次の行に、スクリプト要素を挿入し、「js」フォルダーの中の「slideshow.js」を設定する。

ただし、type属性は省略すること。

■(3) トップページのメイン領域の HTML の編集

「index.html」のメイン領域に、以下の設定を行い、保存しなさい。

■設定 1 article 要素の変更
article 要素を section 要素に変更し、id 属性「news」を設定する。

■設定 2 h1 要素の変更
h1 要素を h2 要素に変更し、テキスト「結婚式場のコンセプト」を以下のテキストに変更する。
なお、テキストはコピー&ペーストすること。

h2 要素のテキスト
お知らせ

■設定 3 ソースのコピー&ペースト
h2 要素の次の行に、以下のソースをコピー&ペーストする。

ソース
<ul> <li>2014 年 04 月 25 日ランチ・ディナーのテイスティングフェア </li> <li>2014 年 03 月 03 日春の特別見学会 </li> <li>2014 年 02 月 20 日期間限定の割引プラン </li> <li>2014 年 02 月 14 日バレンタインフェア </li> </ul>

■設定 4 time 要素の設定
ソースの中にある日付を time 要素でマークアップし、以下の属性を設定する。

datetime(※ 1)	(YYYY-MM-DD 形式)

(※ 1) 例:2014 年 01 月 01 日は、「2014-01-01」。

■(4) トップページの CSS の編集

「css」フォルダーにある「style.css」の「/* トップページ ここから↓ */」と「/* トップページ ここまで↑ */」の中に、以下の設定を行い、保存しなさい。

■設定 1「お知らせ」のリストの設定

トップページの「お知らせ」のリストにスタイルを設定する。

セレクター	#news ul
リストマーカーの種類	なし
左パディング	0

セレクター	#news ul li
パディング	上：20 ピクセル、下：20 ピクセル、左：175 ピクセル、右：0
下ボーダー	太さ：1 ピクセル、スタイル：点線、色：#6c5f45
文字色	#342300
インデント	-175 ピクセル

■(5) トップページのレスポンシブ Web デザインに関連する HTML の編集

問題 2(3) で保存した「index.html」に、レスポンシブ Web デザインの設定を行い、保存しなさい。なお、レスポンシブ Web デザインの表示はブラウザーの幅を縮めて確認すること。

■設定 1 link 要素の設定

link 要素の次の行に、続けて link 要素を挿入し、「css」フォルダーの「responsive.css」を設定するとともに、以下の属性を設定する。

ただし、type 属性は省略すること。

メディアクエリー	screen and (max-width: 480px)

● 問題3 「結婚式場のコンセプト」ページの作成

■(1)「結婚式場のコンセプト」ページのメイン領域の HTML の編集

問題 1(4) で保存した「concept.html」のメイン領域に、以下の設定を行い、保存しなさい。

■設定 1 section 要素の設定

h1 要素の次の行に、section 要素を挿入し、クラス「concept_box」を設定するとともに、以下のソースをコピー＆ペーストする。

ソース
\<h2\> すべてのお客様のご満足のために \</h2\> \<p\>\<img src="images/concept_photo1.jpg" alt="" class="image_right"\> 豊富な経験に基づき、お客様のどのようなご要望にもご満足いただけるプランニングを行っております。\</p\> \<p\>500 人までご招待いただける広大なガーデンから、10 人ほどでささやかなお祝いができる素敵なお部屋まで、ご要望に応じたぴったりの会場をお選びいただけます。\<br\> また、妊婦様のためのマタニティプラン、お子様とご一緒のファミリープランなど、多様なニーズにお応えいたします。\</p\> \<p\> お気に入りの会場を見つけていただくため、見学会やフェアを随時行っております。クリスマスやバレンタインなどには素敵なイベントを行っておりますので、お気軽にご来場ください。\</p\>

■設定 2 section 要素の設定

section 要素の次の行に、続けて section 要素を挿入し、クラス「concept_box」を設定するとともに、以下のソースをコピー＆ペーストする。

ソース
\<h2\> 料理へのこだわり \</h2\> \<p\>\<img src="images/concept_photo2.jpg" alt="" class="image_left"\> 富士山麓の山で汲みあげた天然水を使い、有機農法で作られた体にやさしい野菜を使用しております。\</p\> \<p\> また、新郎新婦の思い出の品を模したケーキなど、世界に 1 つだけのオリジナルスイーツをおつくりいたします。\</p\>

■(2)「結婚式場のコンセプト」ページの CSS の編集

「css」フォルダーにある「style.css」の「/*「結婚式場のコンセプト」ページ ここから↓ */」と「/*「結婚式場のコンセプト」ページ ここまで↑ */」の中に、以下の設定を行い、保存しなさい。

■設定 1 クラス「concept_box」の設定

section 要素の余白を空けるためにクラス「concept_box」のスタイルを設定する。

セレクター	.concept_box
下マージン	30 ピクセル
オーバーフロー	hidden

■設定2 クラス「concept_box」の設定

メイン領域をトップページの余白と合わせるためにクラス「concept_box」のスタイルを設定する。

セレクター	.concept_box:last-child
下マージン	0

● 問題4 「プランのご案内」ページの作成

■(1)「プランのご案内」ページのタイトルに関連するHTMLの編集
問題1(4)で保存した「plan.html」に、以下の設定を行い、保存しなさい。

■設定1 各テキストの変更

各要素内のテキストを以下のテキストに変更する。

なお、テキストはコピー＆ペーストすること。

title 要素のテキスト
プランのご案内 - HOTEL IMPERIAL RESORT TOKYO

パンくずリスト領域のli要素のテキスト「結婚式場のコンセプト」
プランのご案内

メイン領域のh1要素のテキスト
プランのご案内

■(2)「プランのご案内」ページのメイン領域のHTMLの編集
「plan.html」のメイン領域に、以下の設定を行い、保存しなさい。

■設定1 ソースのコピー＆ペースト

h1要素の次の行に、以下のソースをコピー＆ペーストする。

ソース
`<table>` `<tr><th scope="col"> 項目 </th><th scope="col"> 説明 </th></tr>` `<tr><th scope="row"> 挙式会場 </th><td> アルカンジュ（チャペル）</td></tr>` `<tr><th scope="row"> 披露宴 </th><td> お料理、お飲み物、花嫁衣裳（2種類）、花婿衣裳（2種類）、招待状、ブーケ、引き出物、写真撮影など </td></tr>` `<tr><th scope="row"> オプション </th><td> オリジナルスイーツ、お子様用お料理、キャンドルサービス </td></tr>` `<tr><th scope="row"> 費用 </th><td> 計40名様…1,852,381円   計60名様…2,743,290円 </td></tr>` `</table>`

■設定2 caption要素の設定

table要素の中にcaption要素を挿入し、以下のソースをコピー＆ペーストする。

ソース
`<strong> 標準的なプラン例 </strong><p> 標準的な内容のプランをご紹介いたします。実際のプランはお客様に合わせてご提案いたしますので、お気軽にお問い合わせください。</p>`

■設定 3　thead 要素の設定
テーブルの一行目を thead 要素でマークアップする。

■設定 4　tbody 要素の設定
テーブルの二行目〜五行目を一つの括りとして、tbody 要素でマークアップする。

(3)「プランのご案内」ページの CSS の編集

「css」フォルダーにある「style.css」の「/*「プランのご案内」ページ ここから↓ */」と「/*「プランのご案内」ページ ここまで↑ */」の中に、以下の設定を行い、保存しなさい。

■設定 1　テーブルの設定
テーブルに交互の背景色を設定する。

セレクター	table thead tr th
背景色	#eee8cc

セレクター	table tbody tr:nth-child(奇数のアルファベット値を設定)
背景色	#ffffff

● 問題5 「ブライダルフェア」ページの作成

■(1)「ブライダルフェア」ページのタイトルに関連するHTMLの編集

問題1(4)で保存した「fair.html」に、以下の設定を行い、保存しなさい。

■設定1 各テキストの変更

各要素内のテキストを以下のテキストに変更する。

なお、テキストはコピー&ペーストすること。

title要素のテキスト
ブライダルフェア - HOTEL IMPERIAL RESORT TOKYO

パンくずリスト領域のli要素のテキスト「結婚式場のコンセプト」
ブライダルフェア

メイン領域のh1要素のテキスト
ブライダルフェア

■(2)「ブライダルフェア」ページのメイン領域のHTMLの編集

「fair.html」のメイン領域に、以下の設定を行い、保存しなさい。

■設定1 ソースのコピー&ペースト

h1要素の次の行に、以下のソースをコピー&ペーストする。

ソース

`<p>` 各会場の様子やお料理、ドレスをはじめ、弊社プランナーがおふたりのウェディングをご提案させていただきます。`</p>`
`<div class="gallery_box">`
`<img src="images/gallery_photo1.jpg">`
思い出の曲をピアノで弾く演出が人気です。
`<img src="images/gallery_photo2.jpg">`
様々なデザインのドレスをご用意しております。
`<img src="images/gallery_photo3.jpg">`
こだわりのヒレ肉を使った和牛ローストビーフです。
`</div>`
`<div class="gallery_box">`
`<img src="images/gallery_photo4.jpg">`
優れた採光が人気の会場、アルカンジュです。
`<img src="images/gallery_photo5.jpg">`
深紅のカーペットには純白のドレスがよく似合います。
`<img src="images/gallery_photo6.jpg">`
真鯛を使った贅沢なカルパッチョです。
`</div>`

■設定 2 figure 要素の設定
　img 要素と img 要素の直下にあるテキストを figure 要素で 6 箇所にマークアップする。

■設定 3 figcaption 要素の設定
　figure 要素の中にあるテキストを figcaption 要素で 6 箇所にマークアップする。

(3)「ブライダルフェア」ページの CSS の編集

「css」フォルダーにある「style.css」の「/*「ブライダルフェア」ページ ここから↓ */」と「/*「ブライダルフェア」ページ ここまで↑ */」の中に、以下の設定を行い、保存しなさい。

■設定 1 サムネイルの設定
　サムネイルを横並びにし、スタイルを設定する。

セレクター	.gallery_box figure
幅	180 ピクセル
マージン	上：0、下：15 ピクセル、左：15 ピクセル、右：0
フロート	左

■設定 2 サムネイルの設定
　サムネイルの三列目がカラム落ちしないように、マージンを設定する。

セレクター	.gallery_box figure:first-child
左マージン	0

● 問題6 「お問い合わせ」ページの作成

■(1)「お問い合わせ」ページのタイトルに関連するHTMLの編集

問題1(4)で保存した「contact.html」に、以下の設定を行い、保存しなさい。

■設定1 各テキストの設定

各要素内のテキストを以下のテキストに変更する。
なお、テキストはコピー＆ペーストすること。

title要素のテキスト
お問い合わせ - HOTEL IMPERIAL RESORT TOKYO

パンくずリスト領域のli要素のテキスト「結婚式場のコンセプト」
お問い合わせ

メイン領域のh1要素のテキスト
お問い合わせ

■(2)「お問い合わせ」ページのメイン領域のHTMLの編集

「contact.html」のメイン領域に、以下の設定を行い、保存しなさい。

■設定1 ソースのコピー＆ペースト

h1要素の次の行に、以下のソースをコピー＆ペーストする。

ソース
`<p>` 会場やプランについてのお問い合わせは、下記フォームよりお気軽にお寄せください。`</p>` `<ul>` `<li>` 必要事項を記入し、「確認する」をクリックしてください。`</li>` `<li>` ご登録いただいた個人情報は、お問い合わせ内容の確認以外には使用いたしません。`</li>` `</ul>` `<form action="#">` `<p>` お名前（必須） `</p>` `<p>` メールアドレス（必須） `</p>` `<p>` お問い合わせ種類 ` ` 事前のご相談　その他 `</p>` `<p>` 内容 `</p>` `</form>`

■設定 2「お名前」欄の設定
• 設定 2-1
テキスト「お名前（必須）」の後に、段落内改行を挿入し、続けて名前を入力するためのテキストフィールドを挿入するとともに、以下の属性を設定する。

type	(テキスト形式を設定)
name	name
必須	(属性名のみ設定)

• 設定 2-2
テキスト「お名前（必須）」からテキストフィールドまでを label 要素でマークアップする。
なお、label 要素は p 要素の中に設定すること。

■設定 3「メールアドレス」欄の設定
• 設定 3-1
テキスト「メールアドレス（必須）」の後に、段落内改行を挿入し、続けてメールアドレスを入力するためのテキストフィールドを挿入するとともに、以下の属性を設定する。

type	(メールアドレス形式を設定)
name	mail
必須	(属性名のみ設定)

• 設定 3-2
テキスト「メールアドレス（必須）」からテキストフィールドまでを label 要素でマークアップする。
なお、label 要素は p 要素の中に設定すること。

■設定 4「お問い合わせ種類」欄の設定
• 設定 4-1
テキスト「事前のご相談」の前に、一つ目のラジオボタンを挿入し、以下の属性を設定する。

type	(ラジオボタンを設定)
name	kind
value	0

• 設定 4-2
一つ目のラジオボタンからテキスト「事前のご相談」までを label 要素でマークアップする。

- 設定4-3

  テキスト「その他」の前に、二つ目のラジオボタンを挿入し、以下の属性を設定する。

type	(ラジオボタンを設定)
name	kind
value	1

- 設定4-4

  二つ目のラジオボタンからテキスト「その他」までをlabel要素でマークアップする。

■設定5「内容」欄の設定

- 設定5-1

  テキスト「内容」の後に、段落内改行を挿入し、続けて内容を入力するためのテキストエリアを挿入するとともに、以下の属性を設定する。

name	comment

- 設定5-2

  テキスト「内容」からテキストエリアまでをlabel要素でマークアップする。
  なお、label要素はp要素の中に設定すること。

- 設定6 送信ボタンの設定

  テキストエリアを内包しているp要素の次の行に、送信ボタンを挿入し、p要素でマークアップする。
  なお、送信ボタンには、以下の属性を設定すること。

type	submit
value	確認する

(3)「お問い合わせ」ページの CSS の編集

「css」フォルダーにある「style.css」の「/*「お問い合わせ」ページ ここから↓ */」と「/*「お問い合わせ」ページ ここまで↑ */」の中に、以下の設定を行い、保存しなさい。

■設定 1「お名前」欄の設定

「お名前」のテキストフィールドの幅を設定する。

セレクター	input[(type 属性を設定)]
幅	200 ピクセル

■設定 2「メールアドレス」欄の設定

「メールアドレス」のテキストフィールドの幅を設定する。

セレクター	input[(type 属性を設定)]
幅	300 ピクセル

実技問題　採点基準

「Webクリエイター能力認定試験　エキスパート　サンプル問題　実技問題　採点基準」です。

- HTML の編集　HTML の採点箇所は、開始タグと終了タグで 1 箇所、属性ごとにそれぞれ 1 箇所、要素の位置が異なるごとに 1 箇所とする。
  また、不要な属性 1 箇所につき、1 点減点とする。
- CSS の編集　（style.css）　CSS の採点箇所は、セレクター名 {} で 1 箇所、プロパティごとに 1 箇所とする。
  また、不要なプロパティ 1 箇所につき、1 点減点とする。（プロパティ値がカンマの場合は、「プロパティ値 ,」ごとに各 1 箇所、「最後のプロパティ値 ;」で 1 箇所とする。）
- 複製したファイル名が誤っている場合でも採点を行い、★部分で減点する。

採点対象	詳細	問題	チェック項目	配点
全体	詳細 1	フォルダーおよびファイル構成	下記のファイルおよびフォルダーが指示通りの場所に存在する。ただし、base.html 以外の html ファイルが作成されていない場合は 0 点。 site フォルダー：base.html、images フォルダー、css フォルダー、js フォルダー images フォルダー：（正答例ファイルを参照。） css フォルダー：（正答例ファイルを参照。） js フォルダー：（正答例ファイルを参照。）	1
			小計	1
base.html	詳細 1	仕様	正答例と比較し、下記のソースと位置が変更なく記述されている。ただし、title 要素の記述がない場合は 0 点。 \<!DOCTYPE html> \<html lang="ja"> \<head> \<meta charset="UTF-8"> （採点対象外） \</html>	1
	詳細 2	1(1) 設定 1	meta 要素の次の行に下記のソースが指示通り記述されている。 \<title> 結婚式場のコンセプト - HOTEL IMPERIAL RESORT TOKYO\</title>	1
	詳細 3	1(1) 設定 2	title 要素の次の行に下記のソースが指示通り記述され、type 属性が省略されている。 \<link rel="stylesheet" href="css/style.css">	1
	詳細 4	1(1) 設定 3	body 要素内に下記のソースが指示通り記述され、幅と高さが省略されている。（1 箇所異なるごとに 1 点減点。配点分までの減点。） \<header id="top"> 　\<h1>\<a href="index.html">\<img src="images/logo.png" alt="HOTEL IMPERIAL RESORT TOKYO">\</a>\</h1> \</header>	4
	詳細 5	1(1) 設定 4	header 要素の次の行に下記のソースが指示通り記述されている。（1 箇所異なるごとに 1 点減点。配点分までの減点。） \<nav> 　\<ul> 　　\<li id="nav_concept">\<a href="concept.html"> 結婚式場のコンセプト \</a>\</li> 　　\<li id="nav_plan">\<a href="plan.html"> プランのご案内 \</a>\</li> 　　\<li id="nav_fair">\<a href="fair.html"> ブライダルフェア \</a>\</li> 　　\<li id="nav_contact">\<a href="contact.html"> お問い合わせ \</a>\</li> 　\</ul> \</nav>	9

採点対象	詳細	問題	チェック項目	配点

base.html	詳細6	1(1) 設定5	nav 要素の次の行に下記のソースが指示通り記述されている。
			`<div id="breadcrumb">`
			`<ul>`
			`<li><a href="index.html">`ホーム`</a></li>`
			`<li>`結婚式場のコンセプト`</li>`
			`</ul>`
			`</div>`
				1

	詳細7	1(1) 設定6	`<div id="breadcrumb"></div>` の次の行に下記のソースが指示通り記述されている。 `<div id="contents">`（採点対象外）`</div>`	1

	詳細8	1(1) 設定7	`<div id="contents"></div>` 内に下記のソースが指示通り記述されている。
			`<div id="main">`
			`<article>`
			`<h1>`結婚式場のコンセプト`</h1>`
			`</article>`
			`</div>`
				1

	詳細9	1(1) 設定8	`<div id="main"></div>` の次の行に下記のソースが指示通り記述されている。（1 箇所異なるごとに 1 点減点。配点分までの減点。）
			`<div id="sub">`
			`<aside>`
			`<div class="bnr_inner">`
			`<a href="plan.html">`
			`<dl>`
			`<dt><img src="images/bnr_plan.jpg" alt="`プランのご案内`"></dt>`
			`<dd>`標準のプランをご紹介いたします。`</dd>`
			`</dl>`
			`</a>`
			`</div>`
			`<div class="bnr_inner">`
			`<a href="contact.html">`
			`<p><img src="images/bnr_contact.png" alt="`お問い合わせ`"></p>`
			`</a>`
			`</div>`
			`</aside>`
			`</div>`
				2

	詳細10	1(1) 設定9	`<div id="contents"></div>` の次の行に下記のソースが指示通り記述されている。
			`<footer>`
			`<p id="pagetop"><a href="#top">`ページの先頭へ戻る`</a></p>`
			`<address>`東京都千代田区 X-X-X 電話 0120-000-XXX 営業時間 11:00 ～ 20:00(水曜日定休)`</address>`
			`<p id="copyright"><small>`Copyright 2014 HOTEL IMPERIAL RESORT TOKYO All rights reserved.`</small></p>`
			`</footer>`
				1

			小計	22
index.html	詳細1	1(3) 設定1	正答例と比較し、各要素（base.html の詳細 1,3,4,5,9,10,`<div id="contents"></div>` と body 要素）の位置と順番が指示通り記述されている。	1
	詳細2	2(1) 設定1	title 要素が指示通り変更されている。 `<title>HOTEL IMPERIAL RESORT TOKYO</title>`	1
	詳細3	2(5) 設定1	link 要素の次の行に下記のソースが指示通り記述され、type 属性が省略されている。また、responsive.css 内のソースが正答例と同じである。（1 箇所異なるごとに 1 点減点。配点分までの減点。） `<link rel="stylesheet" href="css/responsive.css" media="screen and (max-width: 480px)">`	2

採点対象	詳細	問題	チェック項目	配点

index.html	詳細4	2(2) 設定1	nav 要素の次の行で下記のソースが指示通り変更されている。
			`<div id="graphic">`
			　`<ul>`
			　　`<li class="now"><img src="images/slide1.jpg" alt=" こだわりの空間で心地よいひとときを " class="image1"></li>`
			　　`<li><img src="images/slide2.jpg" alt=" 幸福に満ちた神聖なチャペル " class="image2"></li>`
			　　`<li><img src="images/slide3.jpg" alt="「ありがとう」の気持ちが伝わるウェディング " class="image3"></li>`
			　`</ul>`
			`</div>`
				1

	詳細5	2(3) 設定1	`<div id="main"></div>` 内で下記のソースが指示通り変更されている。 `<section id="news">`（採点対象外）`</section>`	1
	詳細6	2(3) 設定2	`<section id="news"></section>` 内で下記のソースが指示通り変更されている。 `<h2> お知らせ </h2>`	1

	詳細7	2(3) 設定3
		2(3) 設定4
			h2 要素の次の行に下記のソースが指示通り記述されている。(1箇所異なるごとに1点減点。配点分までの減点。)
			`<ul>`
			　`<li><time datetime="2014-04-25">2014 年 04 月 25 日 </time> ランチ・ディナーのテイスティングフェア </li>`
			　`<li><time datetime="2014-03-03">2014 年 03 月 03 日 </time> 春の特別見学会 </li>`
			　`<li><time datetime="2014-02-20">2014 年 02 月 20 日 </time> 期間限定の割引プラン </li>`
			　`<li><time datetime="2014-02-14">2014 年 02 月 14 日 </time> バレンタインフェア </li>`
			`</ul>`
				5

	詳細8	2(2) 設定2	footer 要素の次の行に下記のソースが指示通り記述され、type 属性が省略されている。また、slideshow.js 内のソースが正答例と同じである。 `<script src="js/slideshow.js"></script>`	1
	詳細9	1(3) 設定1	★ファイルが site フォルダーにない。または、正しいファイル名でない場合は最大5点減点する。ただし、得点小計が5点未満の場合は、得点小計点数までの減点とする。（大文字や全角文字も減点する。）	
			小計	13
concept.html	詳細1	1(3) 設定1	正答例と比較し、各要素（base.html の詳細1～10）の位置と順番が指示通り記述されている。	1
	詳細2	1(4) 設定1	body 要素が指示通り変更されている。 `<body id="concept">`（採点対象外）`</body>`	1
	詳細3	3(1) 設定1 3(1) 設定2	article 要素内の h1 要素の次の行に下記のソースが指示通り記述されている。(1箇所異なるごとに1点減点。配点分までの減点。) `<section class="concept_box">` 　`<h2> すべてのお客様のご満足のために </h2>` 　`<p><img src="images/concept_photo1.jpg" alt="" class="image_right"> 豊富な経験に基づき、お客様のどのようなご要望にもご満足いただけるプランニングを行っております。</p>` 　`<p>500 人までご招待いただける広大なガーデンから、10 人ほどでささやかなお祝いができる素敵なお部屋まで、ご要望に応じたぴったりの会場をお選びいただけます。  また、妊婦様のためのマタニティプラン、お子様とご一緒のファミリープランなど、多様なニーズにお応えいたします。</p>` 　`<p> お気に入りの会場を見つけていただくため、見学会やフェアを随時行っております。クリスマスやバレンタインなどには素敵なイベントを行っておりますので、お気軽にご来場ください。</p>` `</section>` `<section class="concept_box">` 　`<h2> 料理へのこだわり </h2>` 　`<p><img src="images/concept_photo2.jpg" alt="" class="image_left"> 富士山麓の山で汲みあげた天然水を使い、有機農法で作られた体にやさしい野菜を使用しております。</p>` 　`<p> また、新郎新婦の思い出の品を模したケーキなど、世界に1つだけのオリジナルスイーツをおつくりいたします。</p>` `</section>`	3

採点対象	詳細	問題	チェック項目	配点
concept.html	詳細4	1(3) 設定1	★ファイルが site フォルダーにない。または、正しいファイル名でない場合は最大5点減点する。ただし、得点小計が5点未満の場合は、得点小計点数までの減点とする。（大文字や全角文字も減点する。）	
			小計	5
plan.html	詳細1	1(3) 設定1	正答例と比較し、各要素（base.html の詳細 1,3,4,5,7,9,10）の位置と順番が指示通り記述されている。	1
	詳細2	4(1) 設定1	title 要素が指示通り変更されている。 <title> プランのご案内 - HOTEL IMPERIAL RESORT TOKYO</title>	1
	詳細3	1(4) 設定1	body 要素が指示通り変更されている。 <body id="plan">（採点対象外）</body>	1
	詳細4	4(1) 設定1	<div id="breadcrumb"></div> 内に下記のソースが指示通り記述されている。 <ul> 　<li><a href="index.html"> ホーム </a></li> 　<li> プランのご案内 </li> </ul>	1
	詳細5	4(1) 設定1	<div id="main"></div> 内に下記のソースが指示通り記述されている。 <article> 　<h1> プランのご案内 </h1> 　（採点対象外） </article>	1
	詳細6	4(2) 設定1 4(2) 設定2 4(2) 設定3 4(2) 設定4	article 要素内の h1 要素の次の行に下記のソースが指示通り記述されている。（1箇所異なるごとに1点減点。配点分までの減点。） <table> 　<caption> 　　<strong> 標準的なプラン例 </strong><p> 標準的な内容のプランをご紹介いたします。実際のプランはお客様に合わせてご提案いたしますので、お気軽にお問い合わせください。</p> 　</caption> 　<thead> 　　<tr><th scope="col"> 項目 </th><th scope="col"> 説明 </th></tr> 　</thead> 　<tbody> 　　<tr><th scope="row"> 挙式会場 </th><td> アルカンジュ（チャペル）</td></tr> 　　<tr><th scope="row"> 披露宴 </th><td> お料理、お飲み物、花嫁衣裳（2種類）、花婿衣裳（2種類）、招待状、ブーケ、引き出物、写真撮影など </td></tr> 　　<tr><th scope="row"> オプション </th><td> オリジナルスイーツ、お子様用お料理、キャンドルサービス </td></tr> 　　<tr><th scope="row"> 費用 </th><td> 計 40 名様…1,852,381 円 計 60 名様…2,743,290 円 </td></tr> 　</tbody> </table>	3
	詳細7	1(3) 設定1	★ファイルが site フォルダーにない。または、正しいファイル名でない場合は最大5点減点する。ただし、得点小計が5点未満の場合は、得点小計点数までの減点とする。（大文字や全角文字も減点する。）	
			小計	8
fair.html	詳細1	1(3) 設定1	正答例と比較し、各要素（base.html の詳細 1,3,4,5,7,9,10）の位置と順番が指示通り記述されている。	1
	詳細2	5(1) 設定1	title 要素が指示通り変更されている。 <title> ブライダルフェア - HOTEL IMPERIAL RESORT TOKYO</title>	1
	詳細3	1(4) 設定1	body 要素が指示通り変更されている。 <body id="fair">（採点対象外）</body>	1
	詳細4	5(1) 設定1	<div id="breadcrumb"></div> 内に下記のソースが指示通り記述されている。 <ul> 　<li><a href="index.html"> ホーム </a></li> 　<li> ブライダルフェア </li> </ul>	1

採点対象	詳細	問題	チェック項目	配点

fair.html	詳細5	5(1) 設定1	`<div id="main"></div>` 内に下記のソースが指示通り記述されている。
			`<article>`
			　`<h1>` ブライダルフェア `</h1>`
			　（採点対象外）
			`</article>`
				1

	詳細6	5(2) 設定1
		5(2) 設定2
		5(2) 設定3
			article 要素内の h1 要素の次の行に下記のソースが指示通り記述されている。（1箇所異なるごとに1点減点。配点分までの減点。）
			`<p>` 各会場の様子やお料理、ドレスをはじめ、弊社プランナーがおふたりのウェディングをご提案させていただきます。`</p>`
			`<div class="gallery_box">`
			　`<figure>`
			　　`<img src="images/gallery_photo1.jpg">`
			　　`<figcaption>` 思い出の曲をピアノで弾く演出が人気です。`</figcaption>`
			　`</figure>`
			　`<figure>`
			　　`<img src="images/gallery_photo2.jpg">`
			　　`<figcaption>` 様々なデザインのドレスをご用意しております。`</figcaption>`
			　`</figure>`
			　`<figure>`
			　　`<img src="images/gallery_photo3.jpg">`
			　　`<figcaption>` こだわりのヒレ肉を使った和牛ローストビーフです。`</figcaption>`
			　`</figure>`
			`</div>`
			`<div class="gallery_box">`
			　`<figure>`
			　　`<img src="images/gallery_photo4.jpg">`
			　　`<figcaption>` 優れた採光が人気の会場、アルカンジュです。`</figcaption>`
			　`</figure>`
			　`<figure>`
			　　`<img src="images/gallery_photo5.jpg">`
			　　`<figcaption>` 深紅のカーペットには純白のドレスがよく似合います。`</figcaption>`
			　`</figure>`
			　`<figure>`
			　　`<img src="images/gallery_photo6.jpg">`
			　　`<figcaption>` 真鯛を使った贅沢なカルパッチョです。`</figcaption>`
			　`</figure>`
			`</div>`
				6

	詳細7	1(3) 設定1	★ファイルが site フォルダーにない。または、正しいファイル名でない場合は最大5点減点する。ただし、得点小計が5点未満の場合は、得点小計点数までの減点とする。（大文字や全角文字も減点する。）	
			小計	11
contact.html	詳細1	1(3) 設定1	正答例と比較し、各要素（base.html の詳細 1,3,4,5,7,9,10）の位置と順番が指示通り記述されている。	1
	詳細2	6(1) 設定1	title 要素が指示通り変更されている。 `<title>` お問い合わせ - HOTEL IMPERIAL RESORT TOKYO`</title>`	1
	詳細3	1(4) 設定1	body 要素が指示通り変更されている。 `<body id="contact">` （採点対象外） `</body>`	1

	詳細4	6(1) 設定1	`<div id="breadcrumb"></div>` 内に下記のソースが指示通り記述されている。
			`<ul>`
			　`<li><a href="index.html">` ホーム `</a></li>`
			　`<li>` お問い合わせ `</li>`
			`</ul>`
				1

	詳細5	6(1) 設定1	`<div id="main"></div>` 内に下記のソースが指示通り記述されている。
			`<article>`
			　`<h1>` お問い合わせ `</h1>`
			　（採点対象外）
			`</article>`
				1

採点対象	詳細	問題	チェック項目	配点

contact.html	詳細6	6(2) 設定1	article 要素内の h1 要素の次の行に下記のソースが指示通り記述されている。
			`<p>` 会場やプランについてのお問い合わせは、下記フォームよりお気軽にお寄せください。`</p>`
			`<ul>`
			　`<li>` 必要事項を記入し、「確認する」をクリックしてください。`</li>`
			　`<li>` ご登録いただいた個人情報は、お問い合わせ内容の確認以外には使用いたしません。`</li>`
			`</ul>`
			`<form action="#">`
			（採点対象外）
			`</form>`
				1

	詳細7	6(2) 設定2	form 要素内に下記のソースが指示通り記述されている。（1箇所異なるごとに1点減点。配点分までの減点。） `<p><label>` お名前（必須）` ` `<input type="text" name="name" required></label></p>`	2
	詳細8	6(2) 設定3	form 要素内に下記のソースが指示通り記述されている。（1箇所異なるごとに1点減点。配点分までの減点。） `<p><label>` メールアドレス（必須）` ` `<input type="email" name="mail" required></label></p>`	2
	詳細9	6(2) 設定4	form 要素内に下記のソースが指示通り記述されている。（1箇所異なるごとに1点減点。配点分までの減点。） `<p>` お問い合わせ種類 ` ` `<label><input type="radio" name="kind" value="0">` 事前のご相談 `</label>` `<label><input type="radio" name="kind" value="1">` その他 `</label></p>`	4
	詳細10	6(2) 設定5	form 要素内に下記のソースが指示通り記述されている。（1箇所異なるごとに1点減点。配点分までの減点。） `<p><label>` 内容 ` ` `<textarea name="comment"></textarea></label></p>`	2
	詳細11	6(2) 設定6	form 要素内に下記のソースが指示通り記述されている。 `<p><input type="submit" value=" 確認する "></p>`	1
	詳細12	1(3) 設定1	★ファイルが site フォルダーにない。または、正しいファイル名でない場合は最大5点減点する。ただし、得点小計が5点未満の場合は、得点小計点数までの減点とする。（大文字や全角文字も減点する。）	
			小計	17
style.css 基本 レイアウト	詳細1	1(2) 設定1	下記の CSS ルールが指示通り記述されている。また、common.css 内のソースが正答例と同じである。 `@import url(common.css);`	1

	詳細2	1(2) 設定2	下記の CSS ルールが指示通り記述されている。（1箇所異なるごとに1点減点。配点分までの減点。）
			`body {`
			　`background-color: #f3f2e9;`
			　`color: #5f5039;`
			`}`
				2

	詳細3	1(2) 設定3	下記の CSS ルールが指示通り記述されている。（1箇所異なるごとに1点減点。配点分までの減点。）
			`header, nav, #breadcrumb, #contents, footer {`
			　`width: 840px;`
			　`margin-left: auto;`
			　`margin-right: auto;`
			`}`
				3

	詳細4	1(2) 設定4	下記の CSS ルールが指示通り記述されている。（1箇所異なるごとに1点減点。配点分までの減点。）
			`header h1 {`
			　`margin: 0 0 26px 0;`
			　`padding-top: 28px;`
			　`text-align: center;`
			`}`
				3

採点対象	詳細	問題	チェック項目	配点

style.css
基本
レイアウト
	詳細 5	1(2) 設定 5-1	下記の CSS ルールが指示通り記述されている。（1 箇所異なるごとに 1 点減点。配点までの減点。）
			nav ul {
			　list-style-type: none;
			　margin: 0 0 20px 0;
			　padding-left: 0;
			　overflow: hidden;
			}
				4

	詳細 6	1(2) 設定 5-2	下記の CSS ルールが指示通り記述されている。（1 箇所異なるごとに 1 点減点。配点までの減点。）
			nav ul li {
			　width: 210px;
			　float: left;
			}
				2

	詳細 7	1(2) 設定 5-3	下記の CSS ルールが指示通り記述されている。（1 箇所異なるごとに 1 点減点。配点までの減点。）
			nav ul li a {
			　display: block;
			　height: 0;
			　padding-top: 44px;
			　overflow: hidden;
			}
				4

	詳細 8	1(2) 設定 5-4	下記の CSS ルールが指示通り記述されている。（1 箇所異なるごとに 1 点減点。配点までの減点。）
			nav ul li#nav_concept a {
			　background-image: url(../images/nav1.png);
			}
			nav ul li#nav_plan a {
			　background-image: url(../images/nav2.png);
			}
			nav ul li#nav_fair a {
			　background-image: url(../images/nav3.png);
			}
			nav ul li#nav_contact a {
			　background-image: url(../images/nav4.png);
			}
				4

	詳細 9	1(2) 設定 6	下記の CSS ルールが指示通り記述されている。（1 箇所異なるごとに 1 点減点。配点までの減点。）
			#main {
			　width: 570px;
			　float: left;
			}
				2

	詳細 10	1(2) 設定 7	下記の CSS ルールが指示通り記述されている。（1 箇所異なるごとに 1 点減点。配点までの減点。）
			#sub {
			　width: 230px;
			　float: right;
			}
				2

	詳細 11	1(2) 設定 8	下記の CSS ルールが指示通り記述されている。
			footer {
			　padding-top: 70px;
			}
				1

採点対象	詳細	問題	チェック項目	配点

style.css
基本
レイアウト
	詳細12	1(2) 設定9	下記のCSSルールが指示通り記述されている。（1箇所異なるごとに1点減点。配点までの減点。）
			#main h1 {
			 margin: 0 0 30px 0;
			 padding: 35px 0 35px 65px;
			 background-image: url(../images/bg_h1_head.png), url(../images/bg_h1_bottom.png);
			 background-repeat: no-repeat, no-repeat;
			 background-position: left top, left bottom;
			 font-size: 156.25%;
			}
				8

	詳細13	1(5) 設定1	下記のCSSルールが指示通り記述されている。
			#concept #nav_concept a, #plan #nav_plan a, #fair #nav_fair a, #contact #nav_contact a, nav ul li a:hover {
			 background-position: 0 -45px;
			}
				1

	詳細14	1(2) 1(5)	ここまでの採点対象CSSルールが下記のブロック内に記述されている。（1問でも解答されている場合（正誤不問）のみ対象。1問も解答されていない場合や、1つでもブロック外に記述の場合は0点。） 「/* 基本レイアウト ここから↓ */」と「/* 基本レイアウト ここまで↑ */」の中	1
			小計	38

style.css
トップページ
	詳細1	2(4) 設定1	下記のCSSルールが指示通り記述されている。（1箇所異なるごとに1点減点。配点までの減点。）
			#news ul {
			 list-style-type: none;
			 padding-left: 0;
			}
			#news ul li {
			 padding: 20px 0 20px 175px;
			 border-bottom: 1px dotted #6c5f45;
			 color: #342300;
			 text-indent: -175px;
			}
				6

	詳細2	2(4)	ここまでの採点対象CSSルールが下記のブロック内に記述されている。（1問でも解答されている場合（正誤不問）のみ対象。1問も解答されていない場合や、1つでもブロック外に記述の場合は0点。） 「/* トップページ ここから↓ */」と「/* トップページ ここまで↑ */」の中	1
			小計	7

style.css
「結婚式場の
コンセプト」
ページ
	詳細1	3(2) 設定1	下記のCSSルールが指示通り記述されている。（1箇所異なるごとに1点減点。配点までの減点。）
			.concept_box {
			 margin-bottom: 30px;
			 overflow: hidden;
			}
				2

	詳細2	3(2) 設定2	下記のCSSルールが指示通り記述されている。
			.concept_box:last-child {
			 margin-bottom: 0;
			}
				1

	詳細3	3(2)	ここまでの採点対象CSSルールが下記のブロック内に記述されている。（1問でも解答されている場合（正誤不問）のみ対象。1問も解答されていない場合や、1つでもブロック外に記述の場合は0点。） 「/*「結婚式場のコンセプト」ページ ここから↓ */」と「/*「結婚式場のコンセプト」ページ ここまで↑ */」の中	1
			小計	4

採点対象	詳細	問題	チェック項目	配点

style.css「プランのご案内」ページ	詳細1	4(3) 設定1	下記の CSS ルールが指示通り記述されている。（1 箇所異なるごとに 1 点減点。配点分までの減点。）
			table thead tr th {
			　background-color: #eee8cc;
			}
			table tbody tr:nth-child(odd) {
			　background-color: #ffffff;
			}
				3

	詳細2	4(3)	ここまでの採点対象 CSS ルールが下記のブロック内に記述されている。（1 問でも解答されている場合（正誤不問）のみ対象。1 問も解答されていない場合や、1 つでもブロック外に記述の場合は 0 点。） 「/*「プランのご案内」ページ ここから↓ */」と「/*「プランのご案内」ページ ここまで↑ */」の中	1
			小計	4

style.css「ブライダルフェア」ページ	詳細1	5(3) 設定1	下記の CSS ルールが指示通り記述されている。（1 箇所異なるごとに 1 点減点。配点分までの減点。）
			.gallery_box figure {
			　width: 180px;
			　margin: 0 0 15px 15px;
			　float: left;
			}
				3

	詳細2	5(3) 設定2	下記の CSS ルールが指示通り記述されている。
			.gallery_box figure:first-child {
			　margin-left: 0;
			}
				1

	詳細3	5(3)	ここまでの採点対象 CSS ルールが下記のブロック内に記述されている。（1 問でも解答されている場合（正誤不問）のみ対象。1 問も解答されていない場合や、1 つでもブロック外に記述の場合は 0 点。） 「/*「ブライダルフェア」ページ ここから↓ */」と「/*「ブライダルフェア」ページ ここまで↑ */」の中	1
			小計	5

style.css「お問い合わせ」ページ	詳細1	6(3) 設定1	下記の CSS ルールが指示通り記述されている。（1 箇所異なるごとに 1 点減点。配点分までの減点。）
			input[type="text"] {
			　width: 200px;
			}
				2

	詳細2	6(3) 設定2	下記の CSS ルールが指示通り記述されている。（1 箇所異なるごとに 1 点減点。配点分までの減点。）
			input[type="email"] {
			　width: 300px;
			}
				2

	詳細3	6(3)	ここまでの採点対象 CSS ルールが下記のブロック内に記述されている。（1 問でも解答されている場合（正誤不問）のみ対象。1 問も解答されていない場合や、1 つでもブロック外に記述の場合は 0 点。） 「/*「お問い合わせ」ページ ここから↓ */」と「/*「お問い合わせ」ページ ここまで↑ */」の中	1
			小計	5
			合計	140

実技問題　正答例と解説

「Webクリエイター能力認定試験　エキスパート　サンプル問題　実技問題」の正答例と解説です。

■ HTML ファイル (base.html)

① HTML5の文書型宣言を指定している。

② 文字エンコードをUTF-8に設定している。

③ 基本ページを下層ページにしているため、title要素をconcept.htmlの「結婚式場のコンセプト - HOTEL IMPERIAL RESORT TOKYO」と設定している。

④ 構造（HTML）とデザイン（CSS）を分離するため、CSSファイルを読込み、デザインに関する設定が出来るようにしている。

⑤ header要素は、主にページ上部のヘッダーなどを表す。ここでは、ロゴをヘッダーとして定義している。

⑥ nav要素は、ナビゲーションを表す。ここでは、⑦のリンクをWebサイトの主要なナビゲーションとして定義している。

⑦ リンクごとに違う画像を表示させるため、li要素にid属性を設定している。画像はCSSの設定で表示している。

⑧ パンくずリストは、現在のページ位置を示す。最初に「ホーム」を記述し、次に下層ページ名を記述している。

⑨ メイン領域は、中心となるコンテンツを設定している。ここでは、下層ページのメイン領域内をarticle要素として定義している。

⑩ HTML5では、h1要素を複数使用することができる。ここでは、⑤のヘッダー領域内、⑨のメイン領域内にh1要素を設定している。

⑪ サブ領域は、コンテンツに関係しているが切り離すことができる領域を設定している。ここでは、サブ領域内をaside要素として定義している。

⑫ HTML5では、複数の要素をまとめてa要素に設定することができる。ただし、dt要素やdd要素の外に定義が出来ないなど条件があるため注意すること。

```
                    <footer>
⑬                     <p id="pagetop"><a href="#top">ページの先頭へ戻る</a></p>
⑭                     <address>東京都千代田区X-X-X 電話 0120-000-XXX 営業時間 11:00～
                    20:00(水曜日定休)</address>
                      <p id="copyright"><small>Copyright 2014 HOTEL IMPERIAL RESORT
                    TOKYO All rights reserved.</small></p>
                    </footer>
                  </body>
                </html>
```

⑬ footer要素は、ページ下部のフッターなどを表す。ここでは、「ページの先頭へ戻る」のリンク、住所、コピーライト表記をフッターとして定義している。

⑭ ページ内の上部に戻るリンクを設定している。リンクをクリックすると⑤の<header id="top">に移動するように設定している。縦に長いページでよく使用される。

■CSSファイル（style.css）基本レイアウト

```
                @charset "utf-8";

                /* 基本レイアウト ここから↓ */
①               @import url(common.css);
                body {
②                 background-color: #f3f2e9;
                  color: #5f5039;
                }
                header, nav, #breadcrumb, #contents, footer {
③                 width: 840px;
                  margin-left: auto;
                  margin-right: auto;
                }
                header h1 {
                  margin: 0 0 26px 0;
                  padding-top: 28px;
                  text-align: center;
                }
                nav ul {
                  list-style-type: none;
④                 margin: 0 0 20px 0;
                  padding-left: 0;
                  overflow: hidden;
                }
                nav ul li {
⑤                 width: 210px;
                  float: left;
                }
                nav ul li a {
                  display: block;
⑥                 height: 0;
                  padding-top: 44px;
                  overflow: hidden;
                }
                nav ul li#nav_concept a {
                  background-image: url(../images/nav1.png);
                }
                nav ul li#nav_plan a {
                  background-image: url(../images/nav2.png);
                }
⑦               nav ul li#nav_fair a {
                  background-image: url(../images/nav3.png);
                }
                nav ul li#nav_contact a {
                  background-image: url(../images/nav4.png);
                }
                #main {
⑧                 width: 570px;
                  float: left;
                }
```

① @importでCSSファイル「common.css」を読込み、様々なスタイルの設定を適用している。

② セレクター「body」は、ページ全体を指定し、背景色と文字色を設定している。

③ ヘッダー領域、ナビゲーション領域、パンくずリスト領域、コンテンツ領域、フッター領域を表示領域の中央揃えに設定している。「text-align: center;」の中央揃えは、表示領域ではなく文字や画像が中央揃えになるため使用しない。左右マージンを「auto」で設定している。上下のマージンは設問で指示していないため、「margin: 0 auto 0 auto;」と設定しないこと。

④ ナビゲーション領域のリストマーカーを「list-style-type: none;」で非表示に設定している。⑤の「float: left;」により、親要素であるul要素の高さがなくなるため、「overflow: hidden;」で高さを維持している。

⑤ ナビゲーション領域の項目を横並びに設定している。

⑥ ナビゲーション領域のリンクを「height: 0;」でテキストを非表示にしている。画像に置き換えるため、画像の高さを「padding-top: 44px;」に設定している。

⑦ ナビゲーション領域に表示するリンク画像を背景画像として設定している。⑥と⑦の組み合わせの技法をCSSスプライトという。

⑧ メイン領域を左寄せに設定している。

⑨
```
#sub {
  width: 230px;
  float: right;
}
footer {
  padding-top: 70px;
}
#main h1 {
  margin: 0 0 30px 0;
  padding: 35px 0 35px 65px;
```
⑩
```
  background-image: url(../images/bg_h1_head.png), url(../images/bg_h1_bottom.png);
```
⑩
```
  background-repeat: no-repeat, no-repeat;
```
⑩
```
  background-position: left top, left bottom;
  font-size: 156.25%;
}
```
⑪
```
#concept #nav_concept a, #plan #nav_plan a, #fair #nav_fair a,
#contact #nav_contact a, nav ul li a:hover {
  background-position: 0 -45px;
}
/* 基本レイアウト ここまで↑ */
…略…
```

⑨ サブ領域を右寄せに設定し、⑧と⑨を二段組みに表示している。
⑩ 複数の背景画像を設定する場合は、プロパティ値の区切りに「,」を記述する。
⑪ ページごとの画像の切替えとマウスオーバー時の画像の切替えを設定している。ページごとの画像の切替えは、セレクターを「body要素のid属性␣ナビゲーション領域のli要素のid属性␣a要素」と記述する。この技法をCSSシグネチャという。

■ HTML ファイル（index.html）

① title要素は、ページのタイトルを設定している。ここでは、タイトル名も兼ねてサイト名のみを記述し、ヘッダー領域のh1要素のロゴ名と合わせている。
② レスポンシブWebデザインを設定している。ここでは、Webブラウザーの最大幅が480ピクセルまでレスポンシブWebデザインを適用している。スマートフォンなどに使用されることが多い。
③ JavaScriptで画像のスライド先を指定するため、div要素にid属性「graphic」を設定している。

```html
<div id="contents">
 <div id="main">
  <section id="news">
   <h2>お知らせ</h2>
   <ul>
    <li><time datetime="2014-04-25">2014年04月25日</time>ランチ・ディナーのテイスティングフェア</li>
    <li><time datetime="2014-03-03">2014年03月03日</time>春の特別見学会</li>
    <li><time datetime="2014-02-20">2014年02月20日</time>期間限定の割引プラン</li>
    <li><time datetime="2014-02-14">2014年02月14日</time>バレンタインフェア</li>
   </ul>
  </section>
 </div>
 <div id="sub">
  <aside>
   <div class="bnr_inner">
    <a href="plan.html">
     <dl>
      <dt><img src="images/bnr_plan.jpg" alt="プランのご案内"></dt>
      <dd>標準のプランをご紹介いたします。</dd>
     </dl>
    </a>
   </div>
   <div class="bnr_inner">
    <a href="contact.html">
     <p><img src="images/bnr_contact.png" alt="お問い合わせ"></p>
    </a>
   </div>
  </aside>
 </div>
</div>
<footer>
 <p id="pagetop"><a href="#top">ページの先頭へ戻る</a></p>
 <address>東京都千代田区X-X-X 電話 0120-000-XXX 営業時間 11:00〜20:00(水曜日定休)</address>
 <p id="copyright"><small>Copyright 2014 HOTEL IMPERIAL RESORT TOKYO All rights reserved.</small></p>
</footer>
<script src="js/slideshow.js"></script>
</body>
</html>
```

④ article要素からsection要素に定義を変更している。トップページでは、様々なコンテンツを掲載することがあるため、article要素ではなくsection要素を定義している。

⑤ ロゴをページのタイトル名としてすでに定義しているため、メイン領域内には、タイトル名としてh1要素は定義せず、h2要素を定義している。

⑥ time要素で日付を設定している。datetime属性で日付の形式を設定することで、Webブラウザーなどで日付を認識することができる。

⑦ JavaScriptファイルを読込み、スクリプト言語で③の画像をスライドしている。

■CSSファイル（style.css）トップページ

```css
…略…
/* トップページ ここから↓ */
#news ul {
 list-style-type: none;
 padding-left: 0;
}
#news ul li {
 padding: 20px 0 20px 175px;
 border-bottom: 1px dotted #6c5f45;
 color: #342300;
 text-indent: -175px;
}
/* トップページ ここまで↑ */
…略…
```

① お知らせのリストが、二行以上になっても日付とテキストが分かれるように、paddingプロパティとtext-indentプロパティを設定している。左パディングで余白を設定し、インデントで日付だけ左へ移動している。文字情報が日々変わる箇所によく使用される。

■HTML ファイル（concept.html）

①
```html
<!DOCTYPE html>
<html lang="ja">
<head>
<meta charset="UTF-8">
<title>結婚式場のコンセプト - HOTEL IMPERIAL RESORT TOKYO</title>
<link rel="stylesheet" href="css/style.css">
</head>
```

②
```html
<body id="concept">
<header id="top">
 <h1><a href="index.html"><img src="images/logo.png" alt="HOTEL IMPERIAL RESORT TOKYO"></a></h1>
</header>
<nav>
```

③
```html
 <ul>
  <li id="nav_concept"><a href="concept.html">結婚式場のコンセプト</a></li>
  <li id="nav_plan"><a href="plan.html">プランのご案内</a></li>
  <li id="nav_fair"><a href="fair.html">ブライダルフェア</a></li>
  <li id="nav_contact"><a href="contact.html">お問い合わせ</a></li>
 </ul>
</nav>
<div id="breadcrumb">
 <ul>
  <li><a href="index.html">ホーム</a></li>
```

④
```html
  <li>結婚式場のコンセプト</li>
 </ul>
</div>
<div id="contents">
 <div id="main">
  <article>
```

⑤
```html
   <h1>結婚式場のコンセプト</h1>
   <section class="concept_box">
    <h2>すべてのお客様のご満足のために</h2>
```

⑥
```html
    <p><img src="images/concept_photo1.jpg" alt="" class="image_right">豊富な経験に基づき、お客様のどのようなご要望にもご満足いただけるプランニングを行っております。</p>
    <p>500人までご招待いただける広大なガーデンから、10人ほどでささやかなお祝いができる素敵なお部屋まで、ご要望に応じたぴったりの会場をお選びいただけます。<br>また、妊婦様のためのマタニティプラン、お子様とご一緒のファミリープランなど、多様なニーズにお応えいたします。</p>
    <p>お気に入りの会場を見つけていただくため、見学会やフェアを随時行っております。クリスマスやバレンタインなどには素敵なイベントを行っておりますので、お気軽にご来場ください。</p>
   </section>
   <section class="concept_box">
    <h2>料理へのこだわり</h2>
    <p><img src="images/concept_photo2.jpg" alt="" class="image_left">富士山麓の山で汲みあげた天然水を使い、有機農法で作られた体にやさしい野菜を使用しております。</p>
    <p>また、新郎新婦の思い出の品を模したケーキなど、世界に1つだけのオリジナルスイーツをおつくりいたします。</p>
   </section>
  </article>
 </div>
 <div id="sub">
  <aside>
   <div class="bnr_inner">
    <a href="plan.html">
     <dl>
      <dt><img src="images/bnr_plan.jpg" alt="プランのご案内"></dt>
      <dd>標準のプランをご紹介いたします。</dd>
```

① title要素は、ページのタイトルを設定している。ここでは、「タイトル名 - サイト名」と記述することで、下層ページであることを示している。

② body要素のid属性と③のli要素のid属性を組み合わせ、CSSの設定で③の画像が置き換わるようにしている。

③ li要素のid属性と②のbody要素のid属性を組み合わせ、CSSの設定で画像が置き換わるようにしている。リンク名は①④⑤と統一している。

④ パンくずリスト領域のテキストは、①③⑤と統一している。

⑤ h1要素のタイトル名は、①③④と統一している。

⑥ section要素は、一般的なセクションを表す。ここでは、h2要素（見出し）とp要素（内容）をセクションとして定義している。見出しが複数ある場合は、一つにまとめず、それぞれにsection要素を定義する。

```
      </dl>
     </a>
    </div>
    <div class="bnr_inner">
     <a href="contact.html">
      <p><img src="images/bnr_contact.png" alt="お問い合わせ"></p>
     </a>
    </div>
   </aside>
  </div>
 </div>
 <footer>
  <p id="pagetop"><a href="#top">ページの先頭へ戻る</a></p>
  <address>東京都千代田区X-X-X 電話 0120-000-XXX 営業時間 11:00〜20:00(水曜日定休)</address>
  <p id="copyright"><small>Copyright 2014 HOTEL IMPERIAL RESORT TOKYO All rights reserved.</small></p>
 </footer>
 </body>
</html>
```

■CSSファイル（style.css）「結婚式場のコンセプト」ページ

```
…略…
/* 「結婚式場のコンセプト」ページ ここから↓ */
.concept_box {
 margin-bottom: 30px;
 overflow: hidden;
}
.concept_box:last-child {
 margin-bottom: 0;
}
/* 「結婚式場のコンセプト」ページ ここまで↑ */
…略…
```

① セクションの下マージンを30ピクセルに設定している。
② 最後のセクションのみを指定するため、セレクターの末尾に「:last-child」を追加している。継承されている下マージンを30ピクセルから0に変更し、トップページのメイン領域の余白に合わせている。

■HTMLファイル（plan.html）

```
<!DOCTYPE html>
<html lang="ja">
<head>
<meta charset="UTF-8">
<title>プランのご案内 - HOTEL IMPERIAL RESORT TOKYO</title>
<link rel="stylesheet" href="css/style.css">
</head>

<body id="plan">
<header id="top">
 <h1><a href="index.html"><img src="images/logo.png" alt="HOTEL IMPERIAL RESORT TOKYO"></a></h1>
</header>

<nav>
 <ul>
  <li id="nav_concept"><a href="concept.html">結婚式場のコンセプト</a></li>
  <li id="nav_plan"><a href="plan.html">プランのご案内</a></li>
  <li id="nav_fair"><a href="fair.html">ブライダルフェア</a></li>
  <li id="nav_contact"><a href="contact.html">お問い合わせ</a></li>
```

① title要素のタイトル名は、③④⑤と統一している。
② body要素のid属性と③のli要素のid属性を組み合わせ、CSSの設定で③の画像が置き換わるようにしている。
③ li要素のid属性と②のbody要素のid属性を組み合わせ、CSSの設定で画像が置き換わるようにしている。リンク名は①④⑤と統一している。

```
      </ul>
     </nav>
     <div id="breadcrumb">
      <ul>
       <li><a href="index.html">ホーム</a></li>
       <li>プランのご案内</li>
      </ul>
     </div>
     <div id="contents">
      <div id="main">
       <article>
        <h1>プランのご案内</h1>
        <table>
         <caption>
          <strong>標準的なプラン例</strong><p>標準的な内容のプランをご紹介いたします。実際のプランはお客様に合わせてご提案いたしますので、お気軽にお問い合わせください。</p>
         </caption>
         <thead>
          <tr><th scope="col">項目</th><th scope="col">説明</th></tr>
         </thead>
         <tbody>
          <tr><th scope="row">挙式会場</th><td>アルカンジュ（チャペル）</td></tr>
          <tr><th scope="row">披露宴</th><td>お料理、お飲み物、花嫁衣裳（2種類）、花婿衣裳（2種類）、招待状、ブーケ、引き出物、写真撮影など</td></tr>
          <tr><th scope="row">オプション</th><td>オリジナルスイーツ、お子様用お料理、キャンドルサービス</td></tr>
          <tr><th scope="row">費用</th><td>計40名様…1,852,381円<br>計60名様…2,743,290円</td></tr>
         </tbody>
        </table>
       </article>
      </div>
      <div id="sub">
       <aside>
        <div class="bnr_inner">
         <a href="plan.html">
          <dl>
           <dt><img src="images/bnr_plan.jpg" alt="プランのご案内"></dt>
           <dd>標準のプランをご紹介いたします。</dd>
          </dl>
         </a>
        </div>
        <div class="bnr_inner">
         <a href="contact.html">
          <p><img src="images/bnr_contact.png" alt="お問い合わせ"></p>
         </a>
        </div>
       </aside>
      </div>
     </div>
     <footer>
      <p id="pagetop"><a href="#top">ページの先頭へ戻る</a></p>
      <address>東京都千代田区X-X-X 電話 0120-000-XXX 営業時間 11:00～20:00(水曜日定休)</address>
      <p id="copyright"><small>Copyright 2014 HOTEL IMPERIAL RESORT TOKYO All rights reserved.</small></p>
     </footer>
    </body>
</html>
```

④ パンくずリスト領域のテキストは、①③⑤と統一している。
⑤ h1要素のタイトル名は、①③④と統一している。
⑥ table要素は、表を定義している。
⑦ caption要素は、表のタイトルや説明を表す。ここでは、strong要素で表のタイトルを定義し、p要素で表の説明を定義している。
⑧ thead要素は、表のヘッダーを表す。ここでは、一行目の見出しセルを表のヘッダーとして定義している。
⑨ tbody要素は、表本体を表す。ここでは、二行目以降のセルを表本体として定義している。

■CSS ファイル（style.css）「プランのご案内」ページ

①
```css
…略…
/* 「プランのご案内」ページ ここから↓ */
table thead tr th {
 background-color: #eee8cc;
}
```

②
```css
table tbody tr:nth-child(odd) {
 background-color: #ffffff;
}
/* 「プランのご案内」ページ ここまで↑ */
…略…
```

① 表のヘッダー内の見出しセルを指定し、背景色で表のヘッダーであることをわかりやすくしている。
② 表本体の奇数の行を指定するため、セレクターの末尾に「:nth-child(odd)」を追加し、交互に背景色を変えて表を見やすくしている。

■HTML ファイル（fair.html）

①
```html
<!DOCTYPE html>
<html lang="ja">
<head>
<meta charset="UTF-8">
<title>ブライダルフェア - HOTEL IMPERIAL RESORT TOKYO</title>
<link rel="stylesheet" href="css/style.css">
</head>
```

②
```html
<body id="fair">
<header id="top">
 <h1><a href="index.html"><img src="images/logo.png" alt="HOTEL IMPERIAL RESORT TOKYO"></a></h1>
</header>
```

③
```html
<nav>
 <ul>
  <li id="nav_concept"><a href="concept.html">結婚式場のコンセプト</a></li>
  <li id="nav_plan"><a href="plan.html">プランのご案内</a></li>
  <li id="nav_fair"><a href="fair.html">ブライダルフェア</a></li>
  <li id="nav_contact"><a href="contact.html">お問い合わせ</a></li>
 </ul>
</nav>
```

④
```html
<div id="breadcrumb">
 <ul>
  <li><a href="index.html">ホーム</a></li>
  <li>ブライダルフェア</li>
 </ul>
</div>
```

```html
<div id="contents">
 <div id="main">
  <article>
```

⑤
```html
   <h1>ブライダルフェア</h1>
   <p>各会場の様子やお料理、ドレスをはじめ、弊社プランナーがおふたりのウェディングをご提案させていただきます。</p>
   <div class="gallery_box">
```

⑥
```html
    <figure>
     <img src="images/gallery_photo1.jpg">
```
⑦
```html
     <figcaption>思い出の曲をピアノで弾く演出が人気です。</figcaption>
    </figure>
```
⑥
```html
    <figure>
     <img src="images/gallery_photo2.jpg">
```
⑦
```html
     <figcaption>様々なデザインのドレスをご用意しております。</figcaption>
    </figure>
```

① title 要素のタイトル名は、③④⑤と統一している。
② body 要素の id 属性と③の li 要素の id 属性を組み合わせ、CSS の設定で③の画像が置き換わるようにしている。
③ li 要素の id 属性と②の body 要素の id 属性を組み合わせ、CSS の設定で画像が置き換わるようにしている。リンク名は①④⑤と統一している。
④ パンくずリスト領域のテキストは、①③⑤と統一している。
⑤ h1 要素のタイトル名は、①③④と統一している。
⑥ figure 要素は図表を表す。ここでは、img 要素を図表として定義している。
⑦ figcaption 要素は図表の説明を表す。ここでは、img 要素で挿入した画像の説明を図表の説明として定義している。

```html
      <figure>
        <img src="images/gallery_photo3.jpg">
        <figcaption>こだわりのヒレ肉を使った和牛ローストビーフです。</figcaption>
      </figure>
     </div>
     <div class="gallery_box">
      <figure>
        <img src="images/gallery_photo4.jpg">
        <figcaption>優れた採光が人気の会場、アルカンジュです。</figcaption>
      </figure>
      <figure>
        <img src="images/gallery_photo5.jpg">
        <figcaption>深紅のカーペットには純白のドレスがよく似合います。</figcaption>
      </figure>
      <figure>
        <img src="images/gallery_photo6.jpg">
        <figcaption>真鯛を使った贅沢なカルパッチョです。</figcaption>
      </figure>
     </div>
    </article>
   </div>
   <div id="sub">
    <aside>
     <div class="bnr_inner">
      <a href="plan.html">
       <dl>
        <dt><img src="images/bnr_plan.jpg" alt="プランのご案内"></dt>
        <dd>標準のプランをご紹介いたします。</dd>
       </dl>
      </a>
     </div>
     <div class="bnr_inner">
      <a href="contact.html">
       <p><img src="images/bnr_contact.png" alt="お問い合わせ"></p>
      </a>
     </div>
    </aside>
   </div>
  </div>
  <footer>
   <p id="pagetop"><a href="#top">ページの先頭へ戻る</a></p>
   <address>東京都千代田区X-X-X 電話 0120-000-XXX 営業時間 11:00～20:00(水曜日定休)</address>
   <p id="copyright"><small>Copyright 2014 HOTEL IMPERIAL RESORT TOKYO All rights reserved.</small></p>
  </footer>
 </body>
</html>
```

■CSS ファイル（style.css）「ブライダルフェア」ページ

```
…略…
/* 「ブライダルフェア」ページ ここから↓ */
.gallery_box figure {
 width: 180px;
 margin: 0 0 15px 15px;
 float: left;
}
.gallery_box figure:first-child {
 margin-left: 0;
}
/* 「ブライダルフェア」ページ ここまで↑ */
…略…
```

① figure要素を横並びに設定している。下マージンと左マージンに15ピクセルを設定している。

② 親要素がクラス「gallery_box」であり、最初の子要素にfigure要素を指定するため、セレクターの末尾に「:first-child」を追加している。継承されている左マージンを15ピクセルから0に変更し、figure要素のカラム落ちを防いでいる。

■HTML ファイル（contact.html）

```
<!DOCTYPE html>
<html lang="ja">
<head>
<meta charset="UTF-8">
<title>お問い合わせ - HOTEL IMPERIAL RESORT TOKYO</title>
<link rel="stylesheet" href="css/style.css">
</head>
<body id="contact">
<header id="top">
 <h1><a href="index.html"><img src="images/logo.png" alt="HOTEL IMPERIAL RESORT TOKYO"></a></h1>
</header>
<nav>
 <ul>
  <li id="nav_concept"><a href="concept.html">結婚式場のコンセプト</a></li>
  <li id="nav_plan"><a href="plan.html">プランのご案内</a></li>
  <li id="nav_fair"><a href="fair.html">ブライダルフェア</a></li>
  <li id="nav_contact"><a href="contact.html">お問い合わせ</a></li>
 </ul>
</nav>
<div id="breadcrumb">
 <ul>
  <li><a href="index.html">ホーム</a></li>
  <li>お問い合わせ</li>
 </ul>
</div>
<div id="contents">
<div id="main">
 <article>
  <h1>お問い合わせ</h1>
  <p>会場やプランについてのお問い合わせは、下記フォームよりお気軽にお寄せください。</p>
  <ul>
   <li>必要事項を記入し、「確認する」をクリックしてください。</li>
   <li>ご登録いただいた個人情報は、お問い合わせ内容の確認以外には使用いたしません。</li>
  </ul>
  <form action="#">
   <p><label>お名前（必須）<br>
   <input type="text" name="name" required></label></p>
   <p><label>メールアドレス（必須）<br>
   <input type="email" name="mail" required></label></p>
```

① title要素のタイトル名は、③④⑤と統一している。

② body要素のid属性と③のli要素のid属性を組み合わせ、CSSの設定で③の画像が置き換わるようにしている。

③ li要素のid属性と②のbody要素のid属性を組み合わせ、CSSの設定で画像が置き換わるようにしている。リンク名は①④⑤と統一している。

④ パンくずリスト領域のテキストは、①③⑤と統一している。

⑤ h1要素のタイトル名は、①③④と統一している。

⑥ input要素のtype属性「text」は、テキスト入力や編集ができるフォーム部品を定義している。name属性は、フォーム部品名を設定している。required属性は、必須入力を設定し、Webブラウザーによっては未入力を警告してくれる。label要素でテキストとinput要素を関連付けしている。

⑦ input要素のtype属性「email」は、メールアドレスの入力や編集ができるフォーム部品を定義している。Webブラウザーによってはメールアドレス以外を入力すると間違いを警告してくれる。

337

```
          <p>お問い合わせ種類<br>
          <label><input type="radio" name="kind" value="0">事前のご相談</label>　<label><input type="radio" name="kind" value="1">その他</label></p>
          <p><label>内容<br>
          <textarea name="comment"></textarea></label></p>
          <p><input type="submit" value="確認する"></p>
         </form>
        </article>
       </div>
       <div id="sub">
        <aside>
         <div class="bnr_inner">
          <a href="plan.html">
           <dl>
            <dt><img src="images/bnr_plan.jpg" alt="プランのご案内"></dt>
            <dd>標準のプランをご紹介いたします。</dd>
           </dl>
          </a>
         </div>
         <div class="bnr_inner">
          <a href="contact.html">
           <p><img src="images/bnr_contact.png" alt="お問い合わせ"></p>
          </a>
         </div>
        </aside>
       </div>
      </div>
      <footer>
       <p id="pagetop"><a href="#top">ページの先頭へ戻る</a></p>
       <address>東京都千代田区X-X-X 電話 0120-000-XXX 営業時間 11:00～20:00(水曜日定休)</address>
       <p id="copyright"><small>Copyright 2014 HOTEL IMPERIAL RESORT TOKYO All rights reserved.</small></p>
      </footer>
     </body>
    </html>
```

⑧ input要素のtype属性「radio」は、ラジオボタンを定義している。value属性は、送信される値を設定している。label要素でテキストとinput要素が関連付けられ、テキストをクリックするとラジオボタンに黒丸のチェックが選択される。選択は、一つしかできない。

⑨ textarea要素は、改行を含む複数行のテキスト入力や編集ができるフォーム部品を定義している。

⑩ input要素のtype属性「submit」は、送信ボタンを定義している。

■CSSファイル（style.css）「お問い合わせ」ページ

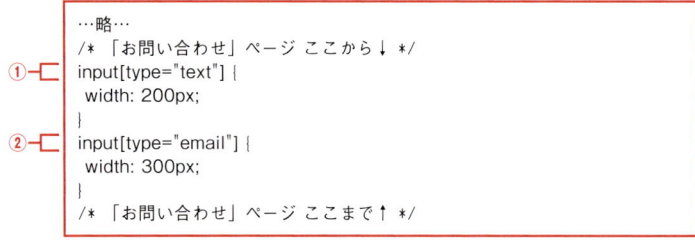

① セレクター「input」にtype属性「text」を指定するため、セレクターの末尾に「[type="text"]」を追加している。

② セレクター「input」にtype属性「email」を指定するため、セレクターの末尾に「[type="email"]」を追加している。

Index

記号

!important キーワード	209
&amp;	73
&copy;	73
&gt;	73
&lt;	73
	73
&quot;	73
&reg;	73
&trade;	73
.css	22
.html	22
.jpg	22
.pdf	22
.txt	22
.zip	22
@charset ルール	78
@import ルール	78, 83, 86
@media	151
@media ルール	78
@ ルール	78

数字

1/3 ルール	253
16 進法	88
2 コラムレイアウト	112
70:25:5 の法則	266

a

a	57, 69
address	71
alt 属性	57
article	56
aside	56
auto	245

b

b	162
background-attachment プロパティ	118
background-color プロパティ	88
background-image プロパティ	109
background-position プロパティ	116
background-repeat プロパティ	116
background プロパティ	119
baseline	185
block	107
bold	93
bolder	93
border	97
border-bottom プロパティ	142
border-collapse プロパティ	181
border-spacing プロパティ	182
border プロパティ	142
bottom	185
br	156

c

caption	174
class 属性	58
clearfix テクニック	113
clear プロパティ	113
col	172
colgroup	172
color プロパティ	88
colspan 属性	169
CSS	24, 76
CSS シグネチャ	126
CSS スプライト	128
CSS のバージョン	79
CSS バリデーション	246
CSS プリプロセッサー	190
CSS プロパティ	96
CSS ルール	206
cursive	93
CyberDuck	19

339

d

dashed	142
dd	66
display プロパティ	107
div	56, 62
dl	66
DOCTYPE 宣言	48
dotted	142
double	142
dt	66

e

em	92, 162

f

fantasy	93
figcaption	195
figure	195
FileZilla	19
first-child 擬似クラス	183
first-of-type 疑似クラス	210
float プロパティ	105
FLV	28
font-family プロパティ	93
font-size プロパティ	91
font-style プロパティ	92
font-weight プロパティ	92
font プロパティ	94
footer	56

g

GIF 形式	25
Google Chrome	21
groove	142

h

h1	56
header	56
height	97
height 属性	57
hidden	142, 245
hsl()	89

i

HSL カラーモデル	261
HTML	24
HTML バリデーション	246

i	162
ID セレクター	80
id 属性	58
img	57
inline	107
inline-block	107
input	224
input type="checkbox"	229
input type="email"	226
input type="radio"	228
input type="submit"	233
inset	142
Internet Explorer	21
italic	92

j

JavaScript	133
JPEG 形式	25

l

label	232
lang 属性	52
large	91
larger	91
last-child 擬似クラス	162
lighter	93
line-height プロパティ	91
line-through	186
link	53, 84
list-style-image プロパティ	103
list-style-position プロパティ	104
list-style-type プロパティ	103
list-style プロパティ	104

m

margin	97
medium	91

middle	185	repeat-y	116
MIME タイプ	54	required 属性	235
monospace	93	rgb()	89
Mozilla Firefox	21	ridge	142
MP3	28	row	172
MP4	28	rowgroup	172
		rowspan 属性	169

n / s

name 属性	225	Safari	21
nav	56	sans-serif	93
none	107, 142, 186	scope 属性	171
no-repeat	116	screen	151
normal	92, 93	script	134
noscript	134	scroll	245
nth-child(n) 擬似クラス	188	section	56
nth-last-child(n) 擬似クラス	239	serif	93
nth-of-type(n) 擬似クラス	188	small	73, 91
		smaller	91

o

oblique	92	solid	142
ol	60	span	62
opacity プロパティ	121	SSL	20
outset	142	strong	162, 174
overflow プロパティ	106, 113, 245	style 属性	81
overline	186	style	82
		sub	162, 185

p

p	67, 156	sup	162
padding	97	super	185
PNG24	25	SVG 形式	26
PNG8	25	SWF ファイル	28

t

PNG 形式	25	table-layout プロパティ	180
position:absolute;	213	tbody	176
position:fixed;	214	td	167
position:static;	214	text-align プロパティ	101
print	151	text-bottom	185
pt	92	text-decoration プロパティ	186
px	92	text-indent プロパティ	144

r

repeat	116	text-top	185
repeat-x	116	textarea	230

tfoot	177
th	167
thead	176
time	140
title	131
top	185
tr	167

u

underline	186
URL	19

v

vertical-align プロパティ	185
visible	245

w

WAVE	28
WebM	28
Web カラー	263
Web サイト	18
Web フォント	27
Web ページ	18
width	97
width 属性	57
WinSCP	19

x

x-large	91
x-small	91
xx-large	91
xx-small	91

z

z-index	215

あ

アクセシビリティ	21
アクセントカラー	266
アコーディオン	152
アシンメトリー	67
アフォーダンス	269
アンチエイリアス	255

い

イタリック体	92
位置指定	211
一般フォントファミリー	93
色の軽重	264
色の三原色	262
色の三属性	259
インラインレベル要素	98

え

エフェクト	268
エム	92

お

黄金比	252
オブリーク体	92
親要素	44
音声ファイル	28
音声ブラウザー	21

か

カーニング	256
開始タグ	42
開閉	152
拡張子	22, 28
箇条書き	60
カスケード	207
カテゴリー	46
カラーキーワード	88
カラー補正	268
カラーモデル	262
空要素	44
寒色	264

き

擬似クラス	120
兄弟要素	45
近接	249

く

クラスセレクター	80
グリッドシステム	250
グリッドデザイン	250

け
継承 ··· 146

こ
構造擬似クラス ·························· 80
コメント文 ····························· 44, 78
子要素 ·· 44
混植 ··· 258
コンテンツモデル ······················· 46
コンテンツ領域 ······················ 32, 63
コントラスト ······················ 250, 270

さ
彩度 ··· 260
サイトマップ ······························· 74
サブドメイン ······························· 19
サブ領域 ································· 32, 63
三分割法 ····································· 253

し
字送り ··· 256
色相 ··· 259
色相環 ··· 261
子孫コンビネーター ···················· 80
子孫セレクター ··························· 80
子孫要素 ······································· 45
終了タグ ······································· 42
ショートハンド ··························· 97
シンメトリー ······························· 67

す
スキーム ······································· 20
スタイル宣言 ······························· 77
スマートフォン ·························· 148

せ
整列 ··· 248
絶対パス ······································· 54
セマンテック要素 ······················· 46
セレクター ···························· 77, 80
宣言 ··· 77
宣言ブロック ······························· 77
全称セレクター ··························· 80

そ
相対パス ······································· 54
属性 ··· 42
属性セレクター ···················· 80, 241
属性値 ··· 42
祖先要素 ······································· 45

た
ダイナミック擬似クラス ·········· 121
対比 ··· 250
タイプセレクター ······················· 80
タグ ··· 42
タグ名 ··· 42
暖色 ··· 264

ち
チェックボックス ······················ 229

て
テーブル ····································· 166
テキストエリア ·························· 230
テキスト色 ··································· 87
テキストフィールド ·················· 230
デフォルト CSS ························· 100

と
動画ファイル ······························· 28
等量分割法 ································· 253
トーン ··· 263
ドメイン ······································· 19
トラッキング ····························· 256
トリミング ································· 267

な
ナビゲーション ················ 108, 152
ナビゲーション領域 ·············· 32, 59

の
ノーマライズ CSS ····················· 101

は
背景画像 ····································· 115
背景色 ··· 87
白銀比 ··· 252

パス ……………………………………… 54
パディング ………………………… 97, 144
バナー …………………………………… 68
パンくずリスト …………………… 32, 61
反復 …………………………………… 249

ひ

光の三原色 …………………………… 262
ピクセル ………………………………… 92
ビットマップ形式 ……………………… 26

ふ

ファーストビュー …………………… 134
ファイル名 ……………………………… 28
ブール属性 ……………………………… 51
フォーム ……………………………… 218
フォントサイズ ………………………… 94
フッター ………………………………… 74
フッター領域 ……………………… 32, 70
プライバシーポリシー ……………… 221
ブラウザー ……………………………… 21
プルダウンメニュー ………………… 235
フレージングコンテンツ ……………… 47
フローコンテンツ ……………………… 47
フロート ……………………………… 105
ブロックレベル要素 …………………… 98
プロパティ ……………………………… 77
プロパティ値 …………………………… 77
文書型宣言 ……………………………… 48

へ

ページ内リンク ………………………… 71
ベースカラー ………………………… 266
ベクター形式 …………………………… 26
ベクトル形式 …………………………… 26
ヘッダー領域 …………………………… 32

ほ

ポイント ………………………………… 92
ホスト名 ………………………………… 19
ボックスモデル ………………………… 96

ま

マージン ……………………………… 95, 97
マージンのたたみ込み ……………… 156

む

無彩色 ………………………………… 259

め

明度 …………………………………… 260
メインカラー ………………………… 266
メイン領域 ………………………… 32, 63
メタファー …………………………… 269
メディアクエリー …………………… 150

も

文字実体参照 ………………………… 73
文字詰め ……………………………… 257

ゆ

ユーザーアクション擬似クラス …… 80, 121
有彩色 ………………………………… 259
ユニバーサルセレクター ……………… 80

よ

要素 …………………………………… 42
要素の内容 …………………………… 42
読み上げブラウザー ……………… 21, 140

り

リサイズ ……………………………… 267
リストボックス ……………………… 235
リセット CSS ………………………… 101
リンク擬似クラス ………………… 80, 121

る

ルール ………………………………… 77

れ

レスポンシブ Web デザイン ……… 149
レンダリング ………………………… 179
レンダリングエンジン ………………… 21

わ

和のシェイプ ………………………… 253

Webクリエイター能力認定試験
HTML5対応
エキスパート　公式テキスト

(FPT1418)

2015年 3月30日　初版発行
2019年 5月30日　初版第9刷発行

著作	狩野　祐東
協力	株式会社サーティファイ
制作	富士通エフ・オー・エム株式会社
発行者	大森　康文
発行所	FOM出版（富士通エフ・オー・エム株式会社） 〒105-6891 東京都港区海岸1-16-1 ニューピア竹芝サウスタワー http://www.fujitsu.com/jp/fom/
印刷／製本	アベイズム株式会社
表紙デザイン	有限会社リンクアップ

● 本書は、構成・文章・プログラム・画像・データなどのすべてにおいて、著作権法上の保護を受けています。
　本書の一部あるいは全部について、いかなる方法においても複写・複製など、著作権法上で規定された権利を侵害する行為を行うことは禁じられています。

● 本書に関するご質問は、ホームページまたは郵便にてお寄せください。
　＜ホームページ＞
　上記ホームページ内の「FOM出版」から「QAサポート」にアクセスし、「QAフォームのご案内」から所定のフォームを選択して、必要事項をご記入の上、送信してください。
　＜郵便＞
　次の内容を明記の上、上記発行所の「FOM出版 デジタルコンテンツ開発部」まで郵送してください。
　・テキスト名　　・該当ページ　　・質問内容（できるだけ操作状況を詳しくお書きください）
　・ご住所、お名前、電話番号
　　※ ご住所、お名前、電話番号など、お知らせいただきました個人に関する情報は、お客様ご自身とのやり取りのみに使用させていただきます。ほかの目的のために使用することは一切ございません。
　なお、次の点に関しては、あらかじめご了承ください。
　・ご質問の内容によっては、回答に日数を要する場合があります。
　・本書の範囲を超えるご質問にはお答えできません。　・電話やFAXによるご質問には一切応じておりません。

● 本製品に起因してご使用者に直接または間接的損害が生じても、富士通エフ・オー・エム株式会社はいかなる責任も負わないものとし、一切の賠償などは行わないものとします。

● 本書に記載された内容などは、予告なく変更される場合があります。

● 落丁・乱丁はお取り替えいたします。

© Sukeharu Kano 2015
Printed in Japan

FOM出版のシリーズラインアップ

定番の よくわかる シリーズ

「よくわかる」シリーズは、長年の研修事業で培ったスキルをベースに、ポイントを押さえたテキスト構成になっています。すぐに役立つ内容を、丁寧に、わかりやすく解説しているシリーズです。

   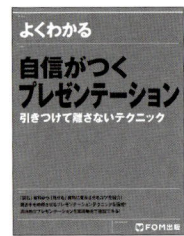 

資格試験の よくわかるマスター シリーズ

「よくわかるマスター」シリーズは、IT資格試験の合格を目的とした試験対策用教材です。

■MOS試験対策　　　　　　　　　■情報処理技術者試験対策

  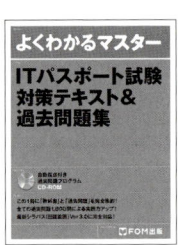 

　　　　　　　　　　　　　　　　　ITパスポート試験　　基本情報技術者試験

FOM出版テキスト 最新情報 のご案内

FOM出版では、お客様の利用シーンに合わせて、最適なテキストをご提供するために、様々なシリーズをご用意しています。

FOM出版　検索

http://www.fom.fujitsu.com/goods/

FAQのご案内

[テキストに関する よくあるご質問]

FOM出版テキストのお客様Q&A窓口に皆様から多く寄せられたご質問に回答を付けて掲載しています。

FOM出版　FAQ　検索

http://www.fom.fujitsu.com/goods/faq/